Eugen Jahnke

Vorlesungen über die Vektorenrechnung

Mit Anwendungen auf Geometrie, Mechanik und mathematische Physik

bremen
university
press

Eugen Jahnke

Vorlesungen über die Vektorenrechnung

Mit Anwendungen auf Geometrie, Mechanik und mathematische Physik

ISBN/EAN: 9783955621933

Auflage: 1

Erscheinungsjahr: 2013

Erscheinungsort: Bremen, Deutschland

@ Bremen-university-press in Access Verlag GmbH, Fahrenheitstr. 1, 28359 Bremen. Alle Rechte beim Verlag und bei den jeweiligen Lizenzgebern.

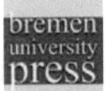
bremen university press

VORLESUNGEN

ÜBER DIE

VEKTORENRECHNUNG.

MIT ANWENDUNGEN AUF GEOMETRIE, MECHANIK UND MATHEMATISCHE PHYSIK.

VON

Dr. E. JAHNKE,

ETATSMÄSSIGER PROFESSOR AN DER KÖNIGL. BERGAKADEMIE ZU BERLIN.

MIT 32 FIGUREN IM TEXT.

LEIPZIG,

DRUCK UND VERLAG VON B. G. TEUBNER.

1905.

Vorwort.

Die Vorlesungen über die Vektorenrechnung sind an der Technischen Hochschule zu Charlottenburg in der Zeit vom Sommersemester 1902 zum Wintersemester 1904/05 vor einem Auditorium gehalten worden, das sich aus Studenten der Technischen Hochschule und der Universität sowie aus Oberlehrern und Ingenieuren zusammensetzte. Es geschah zum erstenmal, daß an einer Berliner und, von wenigen Ausnahmen abgesehen, überhaupt an einer deutschen Hochschule den Vektormethoden ein besonderes Kolleg gewidmet wurde. Es hängt diese Erscheinung mit dem ablehnenden Standpunkt zusammen, den allererste Mathematiker bis in die neueste Zeit hinein der Vektoranalysis gegenüber eingenommen haben. Ist es ja überhaupt noch nicht lange her, daß die mathematische Welt den neuen Methoden ihre Aufmerksamkeit geschenkt hat. Allerdings „verhält es sich mit allen solchen neuen Calculs so, daß man durch sie nichts leisten kann, was nicht auch ohne sie zu leisten wäre; der Vorteil ist aber der, daß, wenn ein solcher Calcul dem innersten Wesen vielfach vorkommender Bedürfnisse correspondirt, jeder, der sich ihn ganz angeeignet hat, auch ohne die gleichsam unbewußten Inspirationen des Genies, die niemand erzwingen kann, die dahin gehörigen Aufgaben lösen, ja selbst in so verwickelten Fällen gleichsam mechanisch lösen kann, wo ohne eine solche Hülfe auch das Genie ohnmächtig wird. So ist es mit der Erfindung der Buchstabenrechnung überhaupt; so mit der Differentialrechnung gewesen. Es werden durch solche Conceptionen unzählige Aufgaben, die sonst vereinzelt stehen, und jedesmal neue Efforts des Erfindungsgeistes erfordern, gleichsam zu einem organischen Reiche“. Diese Worte, welche Gauß 1843 in einem Briefe an Schumacher schrieb, als ihm der baryzentrische Kalkul von F. Möbius zur Beurteilung vorgelegt wurde[1]), finden auch auf die Vektoranalysis, als deren Vater Ferdinand Möbius angesehen werden kann, Anwendung und hätten „dem von der Gedankenökonomie geforderten Instrument“ schon früher die Aufmerksamkeit der Mathematiker zuwenden sollen.

Indessen scheinen erst die Erfolge, welche die Vektormethoden neuerdings in der Elektronentheorie und in der Frage einer elektro-

---

1) Vgl. auch das Vorwort, welches Study seiner Geometrie der Dynamen (Leipzig 1903, B. G. Teubner) vorausgeschickt hat, sowie seine Bemerkungen auf S. 596.

magnetischen Begründung der Mechanik errungen haben, hierin
Wandel geschaffen zu haben.

Die Tatsache, daß die mathematische Welt der Vektoranalysis
nur zögernd Existenzberechtigung zuerkannt hat, ist u. a. durch die
Zweiteilung in deren historischer Entwickelung verschuldet, welche
mit den Namen Graßmann und Hamilton verknüpft ist.

Während Hamilton das Produkt zweier Vektoren sofort
wieder durch den zugehörigen Vektor ersetzt, führt Graßmann
den selbständigen Begriff der Plangröße, des Bivektors, ein und
baut, in weiterem Verfolg dieses Gedankens, sein System auf dem
Begriff der Dimension oder, wie er sagt, der Stufe auf. Begnügt
sich Hamilton mit dem Begriff des freien Vektors, so muß
Graßmann naturgemäß neben dem freien den gebundenen Vektor
unterscheiden. Wenn demnach die Hamiltonsche Ausbildung der
Vektoranalysis auf den ersten Blick sehr viel einfacher erscheint,
so muß doch hervorgehoben werden, daß die Entwickelung der
Hamiltonschen Vektoranalysis zu Konzessionen nach der anderen
Richtung hin gedrängt hat. Schon Maxwell erkannte, daß es
wünschenswert sei, zwei Arten von Vektoren zu unterscheiden, die
translatorischen und die rotatorischen oder, wie man heute sagt, die
polaren und die axialen Vektoren, als deren typische Repräsentanten
die vektorielle Verrückung und das Vektorprodukt zweier solcher
Verrückungen anzusehen sind. Und weiter ist zu bemerken, daß
die geringere Einfachheit des Graßmannschen Kalkuls durch den
größeren Umfang seines Anwendungsgebietes ausgeglichen wird.
Wenn Herr Prandtl in einer Entgegnung auf einen Aufsatz des
Herrn Mehmke die beiden Richtungen als geometrische und physikalische unterscheidet, so ist dieser Bezeichnung in dem Sinne zu-
zustimmen, daß die von Hamilton-Heaviside inaugurierte Richtung in ihrer Anwendung vorzugsweise auf die Physik beschränkt,
auf geometrische Probleme nur in geringem Umfange anwendbar
ist, da sie für das Dualitätsprinzip keinen Platz hat. Dahingegen
läßt die von Graßmann begründete Richtung Anwendungen auf
die Geometrie im weitesten Sinne des Wortes wie auch auf die
mathematische Physik zu.

Der Zweck meiner Vorlesungen war nun der, die Studenten mit
dem fundamentalen Begriff des Vektors vertraut zu machen und die
vielseitige Verwendbarkeit desselben in den Gebieten der Geometrie,
Statik, Kinematik, der Kinetik und der mathematischen Physik
aufzudecken, insbesondere darzulegen, wie man aus einer einzigen
Vektorformel bloß durch verschiedene Deutung zu neuen Sätzen
in verschiedenen Gebieten gelangen kann. Hiermit war von vorn-

herein die Graßmannsche Auffassung der .Vektoranalysis als die naturgemäße gegeben. Anderseits mußte ich mich bei einer Vorlesung, die sich nur über ein Semester erstreckte und mir nur zwei Stunden wöchentlich zur Verfügung stellte, damit begnügen, aus den verschiedenen Gebieten einige wenige charakteristische Beispiele herauszugreifen. Bei der Auswahl der Anwendungen habe ich mich in den verschiedenen Semestern von dem Studiengange meiner Zuhörer leiten lassen, wodurch eine Bevorzugung der geometrischen Mechanik entstanden ist. Und wenn ich auch auf Fragen, die von dem Ideenkreise einer technischen Hochschule weiter abzuliegen scheinen, wie etwa die Kurven- und Oberflächenerzeugung, näher eingegangen bin, so liegt dies an Wünschen, die mir gerade von Studenten der technischen Wissenschaften vielfach ausgesprochen worden sind. Die starke Heranziehung der neueren Dreiecksgeometrie ist durch Rücksichten auf die Interessen der Oberlehrer veranlaßt.

Bei einer Einführung in die Vektorvorstellungen kann man verschiedene Wege einschlagen, man kann, wie es Peano durchgeführt hat, die erforderlichen Rechengesetze aus geometrischen Beziehungen entwickeln oder, wie es Graßmann getan hat, umgekehrt diese Gesetze abstrakt begründen, um sie nachher auf die geometrischen Gebilde anzuwenden. Im Laufe der Vorlesungen hat es sich mir als das einfachste und kürzeste Verfahren erwiesen, den historischen Gang innezuhalten, also von der Punktrechnung auszugehen und aus der Definition des Vektors als Punktdifferenz zunächst die Gesetze der Vektoraddition herzuleiten. Dabei nahm ich Gelegenheit zu betonen, daß diese Definition keine bloße mathematische Abstraktion sei, wie sich zeigt, wenn ich z. B. das Potential als Punkt auffasse. Denn alsdann läßt sich die Punktdifferenz als Potentialdifferenz, also als eine durchaus physikalische Größe deuten. Die Gesetze der Vektormultiplikation führe ich sodann auf Festsetzungen zwischen den Einheitsvektoren zurück und benutze für die Ausdehnung ihres Geltungsbereiches das Prinzip der Permanenz.

Die Vorlesungen zerfallen in zwei Hauptabschnitte dadurch, daß ich neben den räumlichen Vektoren die in den meisten Büchern über Vektoranalysis stiefmütterlich bedachten Vektoren der Ebene ausführlich behandle. Dies geschieht deshalb, weil sich die Theorie hier besonders einfach gestaltet, dann aber auch, um zu zeigen, was sich schon mit diesem elementaren Werkzeug erreichen läßt.

Ich habe Wert darauf gelegt, mit einem Minimum von Begriffen auszukommen und jeden unnötigen Ballast zu vermeiden. Und um dem Studenten Gelegenheit zu geben, das Erlernte an

Beispielen einzuüben und zu befestigen, sind den einzelnen Kapiteln Übungsaufgaben beigegeben.

Was ferner die Bezeichnung anbetrifft, so habe ich die Vektoren durch fettgedruckte kleine Buchstaben dargestellt, und zwar die freien Vektoren durch lateinische, die gebundenen durch deutsche Buchstaben. In den Vorlesungen habe ich mir so geholfen, daß ich an der Tafel unter die betreffenden Buchstaben einen Strich gesetzt habe. Für die Bezeichnung des äußeren Produktes habe ich mich der von Graßmann eingeführten eckigen Klammern bedient, die allerdings in vielen Fällen, wo kein Mißverständnis möglich ist, auch weggelassen worden sind.

Zum Schluß noch ein Wort über die von mir benutzte Literatur, soweit sie nicht im Text selber angemerkt worden ist. Abgesehen von den Originalarbeiten Graßmanns verdanke ich den stärksten Impuls meinem für die Wissenschaft viel zu früh verstorbenen Freunde Ferdinand Caspary, der, neben Viktor Schlegel, von der Tragweite und Fruchtbarkeit der Graßmannschen Methoden frühzeitig eine klare Vorstellung besessen hat, zu einer Zeit, wo der Stettiner Meister in seinem Vaterlande noch wenig Beachtung gefunden hatte (vgl. meinen Nachruf auf Ferdinand Caspary, Leipzig 1903, B. G. Teubner). Außer den wohlbekannten Werken von V. Schlegel (System der Raumlehre, Leipzig 1872, B. G. Teubner), Kelland and Tait (Introduction to quaternions, London 1873, Macmillan and Co.), W. Schell (Theorie der Bewegung und Kräfte, Leipzig 1879, B. G. Teubner), J. Lüroth (Grundriß der Mechanik, München 1881, Ackermann), A. Schoenflies (Geometrie der Bewegung, Leipzig 1886, B. G. Teubner), E. W. Hyde (The directional calculus based upon the methods of Hermann Grassmann, Boston 1890, Ginn and Co.), Peano (Calcolo geometrico, Torino 1888, Bocca) und F. Klein und A. Sommerfeld (Über die Theorie des Kreisels I, Leipzig 1897, B. G. Teubner), habe ich noch die neuerdings erschienenen Bücher: Bucherer, Elemente der Vektoranalysis, Leipzig 1904, B. G. Teubner. — M. Abraham und A. Föppl, Theorie der Elektrizität I. Zweite Auflage, Leipzig 1904, B. G. Teubner. — R. Gans, Einführung in die Vektoranalysis, Leipzig 1905, B. G. Teubner, sowie die betreffenden Enzyklopädieartikel von Timerding und Abraham benutzt.

Es ist mir schließlich eine angenehme Pflicht, der Verlagsbuchhandlung für ihr liebenswürdiges Entgegenkommen und Eingehen auf meine vielfachen Wünsche meinen Dank auszusprechen.

Wilmersdorf, den 9. April 1905.

E. Jahnke.

Inhaltsverzeichnis.

Erster Abschnitt.

Vektoren in der Ebene.

Zweiter Abschnitt.
Vektoren im Raum.

Erster Abschnitt.
Vektoren in der Ebene.

Erstes Kapitel.
Addition und Subtraktion von Punkten.

1. *Definition.* — Ich frage zunächst, was soll es heißen, zwei Punkte zu addieren. Von vornherein ist es ja nicht ohne weiteres klar, was man unter der Summe $\lambda A + \mu B$ zweier Punkte A, B zu verstehen hat. Ich sehe mich daher nach einer Analogie um, denke mir die Punkte als Massenpunkte und übersetze die Frage in die Sprache der Mechanik. Alsdann lautet sie: Wodurch läßt sich das System zweier Massenpunkte, von denen der eine mit der Masse λ, der andere mit der Masse μ belegt ist, ersetzen?

Nun, das Hebelgesetz sagt mir, daß die Summe zweier Massenpunkte in ihrer statischen Wirkung durch *einen* Massenpunkt vertreten werden kann, daß diesem einen Punkt die Massenbelegung $\lambda + \mu$ zu erteilen ist, und endlich daß dieser Punkt auf der Verbindungslinie AB liegt und sie im Verhältnis $\mu : \lambda$ teilt.

Indem ich die mechanische Einkleidung fallen lasse, insbesondere die von der Mechanik geforderte Einschränkung, daß λ, μ positive Zahlen bedeuten, setze ich allgemein fest die *Definition:*

Die Summe $\lambda A + \mu B$ zweier Punkte A, B mit den bezüglichen Gewichten λ, μ soll wieder einen Punkt mit dem Gewicht $\lambda + \mu$ darstellen, und zwar einen Punkt der Geraden AB derart, daß er die Gerade im Verhältnis $\mu : \lambda$ teilt, also

$$(\lambda + \mu)\, C = \lambda A + \mu B,$$

wo λ, μ beliebige Zahlen bedeuten, welche entweder die Gewichte oder die Koeffizienten der Punkte A, B heißen.[1])

Diese Definition läßt sich noch anders schreiben. Setze ich

$$\lambda + \mu = -\nu,$$

so wird

$$\lambda A + \mu B + \nu C = 0, \quad \lambda + \mu + \nu = 0.$$

Und dies ist gleichzeitig die notwendige und hinreichende Bedingung dafür, daß die drei Punkte A, B, C in gerader Linie liegen.

Häufig empfiehlt es sich, jene Formel in der Form $C = \lambda' A + \mu' B$ zu nehmen, wo $\lambda' + \mu' = 1$.

Für das Rechnen mit Punkten setze ich noch fest, daß die Additions- und Subtraktionsregeln der gewöhnlichen Algebra bestehen bleiben sollen. Es ist dies nichts anderes als das Prinzip von der Permanenz der gewöhnlichen Rechenregeln, ein Prinzip, welches die ganze Arithmetik beherrscht. Dieses Prinzip ist nicht etwa logisch notwendig, sondern wird einzig und allein von der auch in der Wissenschaft so wünschenswerten Ökonomie gefordert.

Ich will jetzt an einigen Beispielen das Rechnen mit Punkten erläutern und gleichzeitig zeigen, wie die *analytische* Darstellung eines Punktes unmittelbar zu seiner *geometrischen* Konstruktion führt.

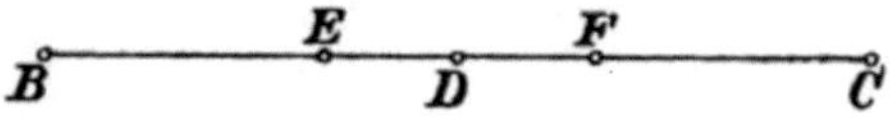

Fig. 1.

2. *Übungen.* — 1) $B + C = 2D$, dann bedeutet D den Mittelpunkt der Strecke BC (Fig. 1).

2) $2B + C = 3E$, $B + 2C = 3F$, dann sind E und F die beiden Drittelungspunkte der Strecke BC, und zwar teilen sie BC im Verhältnis $1:2$ bzw. $2:1$ (Fig. 1).

---

1) Eigentlich hätten wir an Stelle des Plus- und Minuszeichens neue Zeichen einführen müssen, da sie doch hier in einer neuen Bedeutung gebraucht werden. Aus Gründen der Ökonomie behalten wir aber die alten Zeichen bei und erweitern das Feld ihrer Verwendbarkeit.

3) Den Punkt $2B + 3C$ zu konstruieren. Der gesuchte Punkt hat das Gewicht 5 und teilt die Strecke BC im Verhältnis $3:2$.

4) Den Punkt $2B - C$ zu finden. Er heiße G, dann ist $2B = C + G$, also müßte B der Mittelpunkt der Strecke CG sein, d. h. G teilt die Strecke BC außen im Verhältnis $1:2$ (Fig. 2).

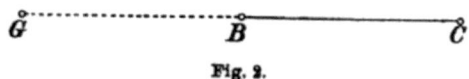

Fig. 2.

5) Den Punkt $5B - 3C$ zu zeichnen.

6) Was bedeutet $B + C - A$? Ich behaupte: einen Punkt. In der Tat, setze ich an

$$B + C - A = H,$$

so folgt

$$B + C = A + H.$$

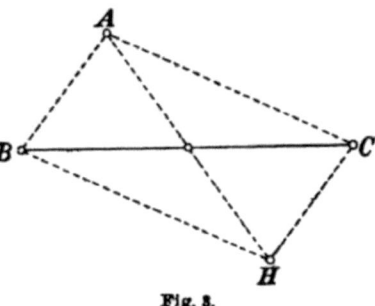

Fig. 3.

Links steht ein Punkt, also muß auch rechts ein solcher stehen, d. h. H kann nur Punkt sein. Wie finde ich H? Es ist der vierte Punkt des Parallelogramms, von dem A, B, C drei Ecken sind, und zwar ist es der Gegenpunkt zu A (Fig. 3).

7) Den Punkt $4B + 3C - 6A$ zu finden.

8) Den Punkt $4B - 2C - A = J$ zu finden. Mit welchen Punkten liegt dieser Punkt J kollinear?

9) Den Punkt $-\frac{3}{2}B + \frac{1}{2}C - \frac{1}{4}A$ zu finden. Es ist zu beachten, daß

$$-\tfrac{3}{2}B + \tfrac{1}{2}C - \tfrac{1}{4}A = -\tfrac{5}{4}X,$$

woraus

$$6B - 2C + A = 5X.$$

Dieser Punkt ergibt sich auch als Schnittpunkt dreier Transversalen des Dreiecks ABC. Nämlich, setze ich

$$3B - C = 2A', \quad 2C - A = B', \quad A + 6B = 7C',$$

so ist

$$5X = A + 4A' = 6B - B' = -2C + 7C',$$

1*

also liegt X kollinear mit den Punktpaaren A, A'; B, B'; C, C' (Fig. 4).

10) Die verschiedene Anordnung

$$A + B + C + D = (A + B) + (C + D) - (A + D) + (B + C)$$
$$= (A + C) + (B + D)$$

führt unmittelbar zu dem folgenden Viereckssatz[1]): Verbinde ich die Mitten je zweier Gegenseiten und der beiden Diagonalen eines Vierecks, so schneiden sich diese Transversalen in einem Punkt, welchen man den Mittelpunkt des Vierecks zu nennen pflegt. Jede der Transversalen wird durch ihn halbiert.

11) Welcher Viereckssatz fließt aus der Gleichheit

$$aA + bB + cC + dD = (aA + bB) + (cC + dD)$$
$$= (aA + dD) + (bB + cC) = (aA + cC) + (bB + dD)?$$

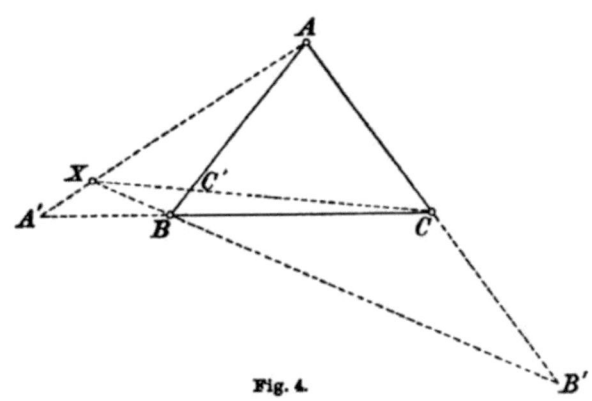

Fig. 4.

3. *Der Schwerpunkt der Ecken des Dreiecks.* — Die in Nr. 1 ausgesprochene mechanische Deutung der Definitionsgleichung führt zu einer einfachen Bestimmung des Schwerpunktes ebener Vielecke.

Ich frage zunächst nach dem Schwerpunkte der drei *Ecken* des Dreiecks ABC. Diese mögen gleiche Gewichte haben, so kann ich nach Nr. 1 die Summe der beiden Punkte

---

1) Bleibt auch noch gültig für den Raum, d. h. für das Tetraeder, vgl. Nr. 58.

B, C durch ihren Schwerpunkt, d. i. Mittelpunkt ersetzen und schreiben $B + C = 2A'$. Jetzt habe ich es nur mit den beiden Punkten A und A' zu tun, von denen der letztere das doppelte Gewicht des anderen trägt. Die Summe $A + 2A'$ läßt sich aber wieder darstellen als ein Punkt mit dem Gewichte 3, so daß $3S = A + 2A'$ oder

$$3S = A + B + C.$$

Die verschiedene Anordnung

$$3S = A + (B + C) = B + (C + A) = C + (A + B)$$

liefert unmittelbar die elementare Konstruktion des Schwerpunktes der Ecken eines Dreiecks.

Die eben angestellte Überlegung läßt sich übertragen auf ein Dreieck, dessen Ecken die Gewichte λ, μ, ν haben, und führt zu der Darstellung

$$(\lambda + \mu + \nu) S = \lambda A + \mu B + \nu C$$

oder

$$S = \lambda A + \mu B + \nu C, \quad \lambda + \mu + \nu = 1$$

für den Schwerpunkt der Ecken des Dreiecks ABC mit den Gewichten λ, μ, ν.

4. *Der Schwerpunkt der Seiten des Dreiecks.* — Ich frage weiter nach dem Schwerpunkt S' der *Seiten* eines Dreiecks und lege dabei folgende *Definition* zugrunde: *Der Schwerpunkt der homogen mit der Masse δ belegten Strecke BC stellt sich dar als*

$$\delta \left(\frac{B + C}{2} \right).$$

Diese Definition führt offenbar den Schwerpunkt einer Massenstrecke auf den Schwerpunkt eines Massenpunktes zurück.

Ich kann hiernach die homogenen Seiten des Dreiecks ersetzen durch die Massenpunkte

$$aD = \frac{a}{2}(B + C), \quad bE = \frac{b}{2}(C + A), \quad cF = \frac{c}{2}(A + B),$$

deren Schwerpunkt sich aus Nr. **3** finden läßt. Er ergibt sich als

$$(a + b + c) S' = aD + bE + cF,$$

wo

$$2D = B + C, \quad 2E = C + A, \quad 2F = A + B.$$

Hieraus folgt sofort eine erste Konstruktion: Zeichne das Mittendreieck DEF, teile EF im Verhältnis $c:b$, FD im Verhältnis $a:c$ und verbinde diese Teilpunkte mit den Gegenecken des Mittendreiecks, so ergibt sich als Schnitt der gesuchte Punkt. Den Schwerpunkt erhalte ich hier als den Inkreismittelpunkt des Mittendreiecks zu ABC. Übrigens kann ich auch EF durch D' im Verhältnis $c:b$ und DD' im Verhältnis $b+c:a$ teilen.

Eine andere Konstruktion ergibt sich, wenn der obige Ausdruck für S' durch Einführung der Darstellung für D, E, F transformiert wird:

$$2(a+b+c)\,S' = (b+c)\,A + (c+a)\,B + (a+b)\,C$$
$$= (a+b+c)\,(A+B+C) - (aA+bB+cC)$$

oder

$$2S' = 3S - J,$$

wo S den Schwerpunkt der drei Ecken und J den Inkreismittelpunkt des Dreiecks ABC bezeichnet. Hiernach finde ich S', indem die Strecke JS über S hinaus um ihre Hälfte verlängert wird (Fig. 5).

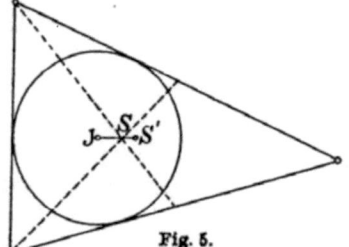

Fig. 5.

5. *Der Schwerpunkt des Vierecks.* — Seien A_1, A_2, A_3, A_4 vier Punkte der Ebene, jeder mit der Masseneinheit behaftet, dann ist ihr Schwerpunkt

$$4M = A_1 + A_2 + A_3 + A_4$$

und wird gefunden als Schnittpunkt der Verbindungslinien der Mitten je zweier Gegenseiten und Diagonalen (vgl. Übung 10 auf S. 4). Ich will den Punkt M den Mittelpunkt des Vierecks nennen.

Wird nach dem Schwerpunkt der vier *Seiten* eines Vierecks gefragt, die homogen mit Masse belegt sind, so ergibt sich derselbe in der Form $a_1 A_1' + a_2 A_2' + a_3 A_3' + a_4 A_4'$, wo A_1', A_2', ... die Mitten der Seiten $A_4 A_1$, $A_1 A_2$, ... bezeichnen, oder in der Form

$$(a_1 + a_2)\,A_1 + (a_2 + a_3)\,A_2 + (a_3 + a_4)\,A_3 + (a_4 + a_1)\,A_4.$$

Er wird daher gefunden, indem ich die Seiten des Mitten-parallelogramms im Verhältnis $a_2 : a_1$, $a_3 : a_2$, ... teile und die Teilpunkte je zweier Gegenseiten verbinde oder die Diagonalen $A_1 A_3$, $A_2 A_4$ des ursprünglichen Vierecks im Verhältnis $a_3 + a_4 : a_1 + a_2$, bzw. $a_4 + a_1 : a_2 + a_3$ teile und die Verbindungslinie halbiere.

Um endlich den Schwerpunkt des *homogenen* Vierecks zu finden, schicke ich folgende *Definition* (vgl. Nr. **24**) voraus: *Der Schwerpunkt der homogenen Dreiecksfläche ABC stellt sich dar in der Form* $\delta\left(\dfrac{A + B + C}{3}\right)$, *wenn* δ *die Gesamtmasse des Dreiecks bedeutet.*

Teile ich daher die homogene Viereckfläche $A_1 A_2 A_3 A_4$ durch die Diagonale $A_2 A_4$ in die beiden Dreiecke $A_2 A_3 A_4$, $A_1 A_2 A_4$, deren Inhalte δ_1 bzw. δ_3 seien, so kann ich diese Dreiecke durch die Punkte $\frac{1}{3}\delta_1(A_2 + A_3 + A_4)$ bzw. $\frac{1}{3}\delta_3(A_1 + A_2 + A_4)$ ersetzen, und ich habe den Punkt zu suchen, der diese beiden Massenpunkte vertreten kann. Ich setze an

$$3\,\delta S = \delta_1(A_2 + A_3 + A_4) + \delta_3(A_1 + A_2 + A_4), \quad \delta_1 + \delta_3 = \delta$$

und finde nach einer leichten Umformung

$$3\,\delta S = \delta(A_1 + A_2 + A_3 + A_4) - (\delta_1 A_1 + \delta_3 A_3).$$

Wird jetzt $\delta_1 A_1 + \delta_3 A_3 = \delta O$ gesetzt, so erhalte ich

$$3 S = A_1 + A_2 + A_3 + A_4 - O.$$

Um die Bedeutung des Punktes O zu erkennen, ziehe ich in dem Viereck die zweite Diagonale $A_1 A_3$ und bezeichne die Inhalte der entstehenden Teildreiecke mit δ_2 bzw. δ_4; ich habe dann in der obigen Rechnung nur die Indices 1,3 gegen 2,4 zu vertauschen, so ergibt sich eine neue Formel

$$3 S' = A_1 + A_2 + A_3 + A_4 - O',$$

wo

$$\delta O' = \delta_2 A_2 + \delta_4 A_4.$$

Setze ich jetzt voraus, daß die homogene Viereckfläche nur *einen* Schwerpunkt habe, so kann ich $S' = S$ setzen, dann aber muß auch $O' = O$ sein, also

$$\delta O = \delta_1 A_1 + \delta_3 A_3 = \delta_2 A_2 + \delta_4 A_4.$$

Hieraus lese ich ab, daß der Punkt O einmal auf $A_1 A_3$, dann aber auch auf $A_2 A_4$ liegen muß, d. h. O ist der Schnittpunkt der Diagonalen $A_1 A_3$, $A_2 A_4$.

Die obige Formel, welche übrigens bereits von H. Graßmann gefunden worden ist (vgl. Ges. W. II 2, S. 82), führt zu zahlreichen Konstruktionen für den Schwerpunkt einer homogenen Viereckfläche, wie man in einer Abhandlung des leider so früh ins Grab gesunkenen Ferdinand Caspary nachlesen kann (Nouvelles Annales (3) **17**, 389—411, 1898; vgl. auch Bull. Soc. Math. F. **28**, 143—146, 1900). Hier genüge es, eine anzugeben. Schreibt man die genannte Formel unter Einführung des Punktes M wie folgt

$$3S = 4M - O,$$

und erinnert sich an die Entstehung der Punkte M und O, so erkennt man folgende Konstruktion: Halbiere die Seiten

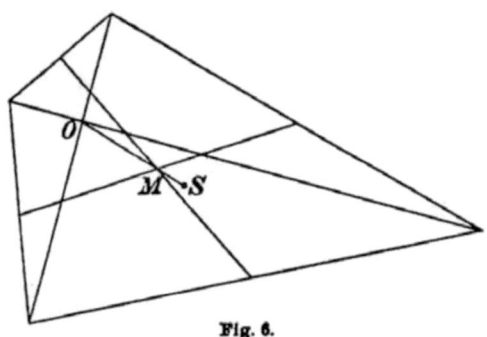

Fig. 6.

des Vierecks und verbinde die Mitten je zweier Gegenseiten, so ergibt sich als Treffpunkt M. Verbinde diesen mit dem Diagonaldurchschnitt O und verlängere die Strecke MO über M hinaus um ihren dritten Teil, so ist der Endpunkt der gesuchte Punkt S (Fig. 6).

6. Übungen. — 1) Den Schwerpunkt des durch seine Ecken gegebenen Fünfecks zu finden.

2) Den Schwerpunkt der Ecken des Mittendreiecks zu finden.

3) Werden die Seiten eines Dreiecks durch drei beliebige Punkte in je zwei Abschnitte geteilt, so liegt der Schwerpunkt des Dreiecks kollinear mit dem Schwerpunkt der drei Teilpunkte sowohl als auch mit dem Schwerpunkt der Mitten dreier nicht anstoßender Abschnitte.

4) Zu beweisen, daß sich der Schwerpunkt des homogenen Fünfecks in der Form darstellt $3S = A_1 + A_2 + A_3 + A_4 + A_5 - 2O$. Welche Bedeutung kommt hier dem Punkte O zu?

5) Der zu B, C und D harmonisch gelegene vierte Punkt, welcher dem Punkte $(\mu + \nu)D = \mu B + \nu C$ zugeordnet ist, stellt sich dar in der Form: $(\mu - \nu)D' = \mu B - \nu C$.

6) Ein n-Eck von ungerader Seitenzahl ist durch die Mittelpunkte seiner Seiten vollständig bestimmt, anders ein n-Eck von gerader Seitenzahl; im letzteren Falle besteht zwischen den Seitenmittelpunkten B_1, B_2, ... die Beziehung:

$$B_1 - B_2 + B_3 - B_4 + \cdots + B_{2n-1} - B_{2n} = 0.$$

7. *Darstellung eines Punktes der Ebene. Historisches.* — Wie aus dem Vorstehenden ersichtlich, läßt sich jeder Punkt der Ebene durch drei beliebige Punkte derselben Ebene linear darstellen. Will man es noch besonders beweisen, so kann man so sagen: Seien gegeben die Punkte E_1, E_2, E_3 und P. Bringe die Linien PE_1 und E_2E_3 zum Durchschnitt X, dann stellt sich dieser Schnittpunkt, weil er sowohl zu E_2, E_3 als zu E_1, P kollinear liegt, in der Form dar

$$X = mE_2 + nE_3, \quad m + n = 1, \quad X = \mu E_1 + \nu P, \quad \mu + \nu = 1,$$

woraus

$$mE_2 + nE_3 = \mu E_1 + \nu P, \quad m + n = \mu + \nu.$$

Setze ich $-\mu = x_1$, $m = x_2$, $n = x_3$, so folgt

$$(x_1 + x_2 + x_3)P = x_1 E_1 + x_2 E_2 + x_3 E_3$$

oder

$$P = x_1 E_1 + x_2 E_2 + x_3 E_3, \quad x_1 + x_2 + x_3 = 1,$$

d. h. jeder Punkt der Ebene läßt sich linear durch die Ecken eines beliebigen Bezugsdreiecks darstellen. Nebenbei bemerkt, folgt hieraus, daß die Geometrie der Ebene bereits in der Geometrie des Dreiecks enthalten sein muß. Die Koeffizienten x_1, x_2, x_3 heißen die Gewichte oder die homogenen Koordinaten des Punktes; bekanntlich sind es die ersten homogenen Koordinaten, welche in der Geschichte der Mathematik aufgetreten sind.

Der fundamentale Gedanke, welcher diesem ersten Kapitel zugrunde liegt: jeden Punkt der Ebene als Schwerpunkt dreier beliebiger Punkte aufzufassen, rührt von Ferdinand Möbius her, der ihn in seinem Werke: *Der baryzentrische Kalkul* (1827) ausgesprochen hat.   Die Koordinaten nennt er baryzentrische Koordinaten.

Da der weitere Ausbau der Vektorrechnung an diesen Möbiusschen Gedanken angeknüpft hat, so muß Ferdinand Möbius als der Vater der Vektorrechnung angesprochen werden. Charakteristisch für den neuen Kalkul ist einmal das Operieren mit den Punkten selber, statt erst den Umweg über die Koordinaten zu nehmen, und zweitens das unmittelbare Umsetzen der Formel in die Zeichnung und umgekehrt, so daß hier der Unterschied zwischen der analytischen und synthetischen Behandlung verschwindet.

Zweites Kapitel.

Die freien Vektoren: Addition und Subtraktion.

8. *Definition des freien Vektors.* — In dem ersten Kapitel haben wir gelernt, an Punkten die Operation der Addition und Subtraktion vorzunehmen. Dabei ist der Fall $\lambda + \mu = 0$, wofür die Definition an der Spitze des ersten Kapitels zu versagen scheint, zunächst beiseite gelassen worden. Ihn wollen wir jetzt näher betrachten. Ich frage also, was bedeutet die Differenz $B - A$? Hierauf antworte ich mit der *Definition:* *Die Differenz $B - A$ stellt der Größe, der Richtung und dem Richtungssinn nach die Strecke AB dar, welche von A nach B gerichtet ist, oder kurz den Vektor AB.*

Statt Vektor, wie Hamilton, sagte man früher auch *gerichtete* oder *orientierte* Strecke oder einfach, wie H. Graßmann, *Strecke.*

Was heißt es nun, zwei Vektoren sind einander gleich? Offenbar werde ich die Vektoren dann einander gleich nennen dürfen, wenn sie in allen Eigenschaften übereinstimmen, welche die Definition als charakteristisch für sie hinstellt. Demnach besagt die Gleichung $B - A = D - C$, daß die beiden Strecken AB und CD in *Größe, Richtung* und *Richtungssinn* übereinstimmen.

Wohlgemerkt, über die Lage eines Vektors wird nichts ausgesagt. Demnach folgt aus der obigen Definition, daß die Vektoren parallel zu sich selber verschiebbar sind. Ein Vektor der Ebene kann parallel sich selber in der Ebene verschoben werden. Er ist frei in seiner Bewegung, deshalb wollen wir den Vektor, wie er durch die obige Definition gegeben ist, einen *freien Vektor* nennen. Wenn ich also von zwei Vektoren nur weiß, daß sie gleiche Länge haben, sind sie immer noch verschieden, denn sie unterscheiden sich ja durch die Richtung.

Ich will hierfür sogleich eine einfache Übung anschließen. Sind vier Punkte in der Ebene derart gegeben, daß

$B - A = C - D$, so folgt hieraus, daß auch $B - C = A - D$, und weiter daß $B + D = A + C$, und diese Gleichungen sprechen elementare Eigenschaften des Parallelogramms aus.

9. *Bezeichnung der freien Vektoren.* — Um die Schreibweise abzukürzen, will ich mich zur Bezeichnung des freien Vektors eines einzigen Buchstabens bedienen. Ich wähle dazu einen kleinen lateinischen, fettgedruckten Buchstaben.[1]) Demnach soll **a** einen freien Vektor, a seine numerische Länge bezeichnen. Die Gleichung **b** = **a** sagt dann aus, daß die beiden Vektoren **a**, **b** parallel sind, gleiche Länge und gleichen Richtungssinn haben; die Gleichung **b** = — **a**, daß sie parallel, gleich lang, aber entgegengesetzt gerichtet sind; ferner die Gleichung **b** = λ**a**, daß sie parallel sind, daß ihre Längen im Verhältnis $a : b = 1 : |\lambda|$ stehen, und daß sie gleich oder entgegengesetzt gerichtet sind, je nachdem λ positiv oder negativ ist.

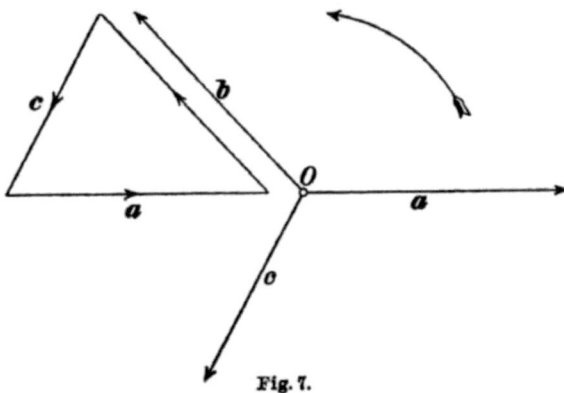

Fig. 7.

Um in den Figuren den Sinn eines Vektors zu bezeichnen, werde ich einen Pfeil verwenden, dessen Spitze die positive Richtung angibt. Für die Winkelbeziehungen zwischen den Vektoren setze ich einen bestimmten Drehungssinn fest, die Drehung entgegen der Richtung des Uhrzeigers sei die positive (Fig. 7).

---

1) Um in der Vorlesung die Vektoren an die Tafel zu schreiben, habe ich mir so geholfen, daß ich die kleinen lateinischen Buchstaben unterstrichen habe.

10. *Addition und Subtraktion der freien Vektoren: Polygonale Methode.* — Seien $\mathfrak{p}_1$, $\mathfrak{p}_2$ zwei beliebige Vektoren, welche addiert werden sollen. Da ich jeden Vektor parallel zu sich selber verrücken darf, verlege ich den zweiten derart, daß sein Anfangspunkt in den Endpunkt des ersten fällt, dann kann ich schreiben:

$$\mathfrak{p}_1 = P_1 - P_0,$$
$$\mathfrak{p}_2 = P_2 - P_1,$$

woraus

$$\mathfrak{p}_1 + \mathfrak{p}_2 = P_2 - P_0.$$

Die Konstruktion der Differenz $\mathfrak{p}_1 - \mathfrak{p}_2$ läßt sich hierauf zurückführen, wenn ich schreibe $\mathfrak{p}_1 + (-\mathfrak{p}_2)$. Ich habe nur nötig an dem gegebenen Vektor $\mathfrak{p}_2$ den Richtungssinn umzukehren. Das liegt daran, daß der Vektor $-\mathfrak{p}_2$ den zu $\mathfrak{p}_2$ parallelen Vektor von gleicher Länge, gleicher Richtung, aber entgegengesetztem Richtungssinn bedeutet.

Sind n beliebige Vektoren $\mathfrak{p}_1$, $\mathfrak{p}_2$, ... $\mathfrak{p}_n$ gegeben und soll die Summe

$$\varepsilon_1 \mathfrak{p}_1 + \varepsilon_2 \mathfrak{p}_2 + \cdots + \varepsilon_n \mathfrak{p}_n \qquad (\varepsilon_1, \varepsilon_2, \ldots \varepsilon_n = \pm 1)$$

konstruiert werden, so setze ich

$$\mathfrak{p}_1 = \varepsilon_1(P_1 - P_0),$$
$$\mathfrak{p}_2 = \varepsilon_2(P_2 - P_1),$$

$$\cdots \cdots \cdots$$

$$\mathfrak{p}_n = \varepsilon_n(P_n - P_{n-1})$$

und finde

$$\varepsilon_1 \mathfrak{p}_1 + \varepsilon_2 \mathfrak{p}_2 + \cdots + \varepsilon_n \mathfrak{p}_n = P_n - P_0.$$

Demnach: *Um die algebraische Summe*

$$\varepsilon_1 \mathfrak{p}_1 + \varepsilon_2 \mathfrak{p}_2 + \cdots + \varepsilon_n \mathfrak{p}_n$$

$$(\varepsilon_1, \varepsilon_2, \ldots \varepsilon_n = \pm 1)$$

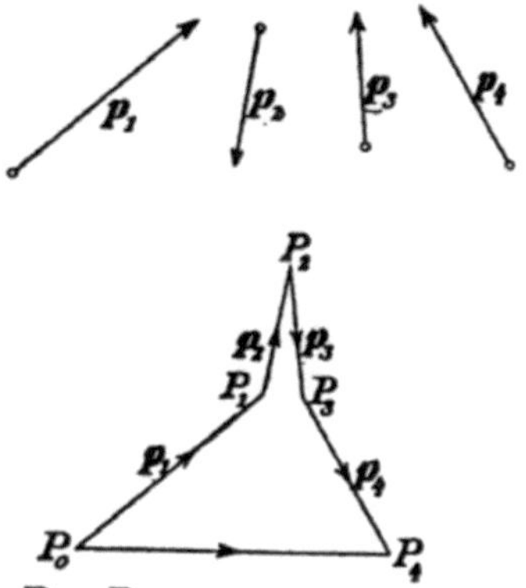

$$P_4 - P_0 = \mathfrak{p}_1 - \mathfrak{p}_2 - \mathfrak{p}_3 - \mathfrak{p}_4$$

Fig. 8.

zu zeichnen, ziehe ich durch einen beliebigen Punkt P_0 den Vektor $P_1 - P_0 = \varepsilon_1 \mathfrak{p}_1$, d. h. parallel mit $\mathfrak{p}_1$, von gleicher Länge mit $\mathfrak{p}_1$ und gleichem oder entgegengesetztem Richtungssinn, je nachdem $\varepsilon_1 = +1$ oder -1 ist; durch den Endpunkt P_1 ziehe

ich den Vektor $P_2 - P_1 = \varepsilon_2\,\mathfrak{p}_2$, usw., schließlich durch den Punkt
P_{n-1} den Vektor $P_n - P_{n-1} = \varepsilon_n\,\mathfrak{p}_n$. Alsdann stellt der Vektor
$P_n - P_0$ die gegebene Vektorsumme dar (Fig. 8 s. S. 13).

Fällt der Punkt P_n mit P_0 zusammen, so ist die Differenz
$P_n - P_0$ gleich Null und das Polygon $P_1 P_2 \ldots P_n$ ist ge-
schlossen. Daher sagt die Gleichung $\varepsilon_1\mathfrak{p}_1 + \varepsilon_2\,\mathfrak{p}_2 + \cdots + \varepsilon_n\mathfrak{p}_n = 0$
aus, daß die Vektoren $\mathfrak{p}_1, \ldots \mathfrak{p}_n$ ein geschlossenes Polygon bilden.

In dem Fall $n = 3$ tritt die Gleichung gewöhnlich in der
Form auf $a + b + c = 0$ und bedeutet, daß sich die Vektoren a, b, c
zu einem Dreieck zusammensetzen lassen.

11. *Addition und Subtraktion der Vektoren: Polare Methode.*
— Ich will für die Addition und Subtraktion der Vektoren
noch eine zweite Methode mitteilen, welche in manchen Fällen
vor der anderen Vorzüge besitzt.

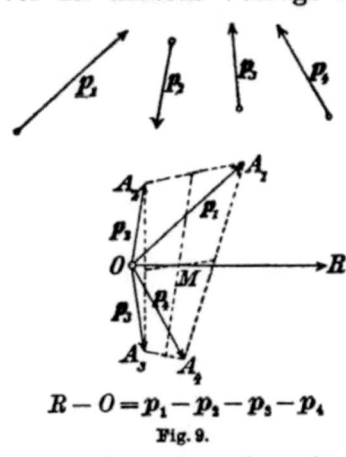

$$R - 0 = p_1 - p_2 - p_3 - p_4$$
Fig. 9.

Die zweite Konstruktion verlangt die Annahme eines beliebigen Punktes O als gemeinsamen Poles. Alsdann kann ich
schreiben

$$\mathfrak{p}_1 = \varepsilon_1\,(A_1 - O),$$
$$\mathfrak{p}_2 = \varepsilon_2\,(A_2 - O),$$
$$\cdot \ \cdot \ \cdot \ \cdot \ \cdot \ \cdot$$
$$\mathfrak{p}_n = \varepsilon_n\,(A_n - O)$$

und finde

$$\varepsilon_1\,\mathfrak{p}_1 + \varepsilon_2\,\mathfrak{p}_2 + \cdots + \varepsilon_n\,\mathfrak{p}_n$$
$$= A_1 + A_2 + \cdots + A_n - n\,O.$$

Setze ich $A_1 + A_2 + \cdots + A_n = n\,M$,

wo M den Mittelpunkt des Polygons bezeichnet, so wird

$$\varepsilon_1\,\mathfrak{p}_1 + \varepsilon_2\,\mathfrak{p}_2 + \cdots + \varepsilon_n\,\mathfrak{p}_n = n\,(M - O) = R - O.$$

Um also die gegebene Vektorsumme zu zeichnen, habe
ich zunächst den Mittelpunkt M des von den Vektorendpunkten
gebildeten Polygons zu finden. Er ergibt sich in analoger
Weise, wie wir bereits $A_1 + A_2 + A_3 + A_4$ konstruiert haben.
Das n-fache des Vektors $M - O$ stellt dann die Vektorsumme
dar (Fig. 9).

In dem Falle $n = 3$ ist M nichts anderes als der Schwerpunkt des homogenen Dreiecks $A_1 A_2 A_3$.

Werfen wir noch einen vergleichenden Blick auf die polygonale und die polare Methode: Während das Poldiagramm hinter dem Polygondiagramm an konstruktiver Einfachheit zurücksteht, hat es vor diesem den Vorzug, daß es die Winkelbeziehungen zwischen den einzelnen Vektoren *unmittelbar* abzulesen gestattet.

Dabei ist hervorzuheben, daß in einem Vektordreieck z. B. die Winkel zwischen den Vektorseiten die Supplemente zu den gewöhnlichen Dreieckswinkeln sind, so daß der Fundamentalsatz der elementaren Geometrie der Ebene die Form annimmt: In einem Vektordreieck ist die Winkelsumme gleich vier Rechten (vgl. Fig. 7).

12. *Deutung der freien Vektoren in der Mechanik und Physik.* — Betrachte ich ein materielles System, dessen Bewegung in der Ebene vor sich geht, so kann ich die *unendlich kleine* Schiebung als einen Vektor auffassen, denn ihr entspricht erstens eine bestimmte Geschwindigkeit im Zeitelement — und diese wird durch die Länge des Vektors gemessen — zweitens eine bestimmte Richtung und Richtungssinn — und diese liefern Richtung und Sinn des Vektors. Alsdann müssen die Regeln, welche wir für die Vektoraddition aufgestellt haben, auch gelten für die Zusammensetzung von Schiebungen — ein wohlbekanntes Resultat. Insbesondere folgt das Parallelogramm der Schiebungen aus dem Polardiagramm für den Fall $n = 2$. Wird die Resultante zu mehr als zwei Schiebungen gesucht, so ist man gewohnt, zum Polygondiagramm überzuspringen. In Nr. 11 ist gezeigt, wie die Methode des Parallelogramms der Schiebungen auf den Fall $n > 2$ ausgedehnt werden kann.

Wann kommt das materielle System wieder in seine ursprüngliche Lage zurück? Die Bedingung hierfür nimmt verschiedene Formen an, je nachdem ich das Polygon- oder das Poldiagramm zugrunde lege. Im ersteren Fall lautet die Bedingung: Das Schiebepolygon muß sich schließen; im anderen: Der Mittelpunkt des von den Endpunkten der Schiebungen gebildeten Polygons muß in den gemeinsamen Pol aller Schiebungen fallen.

Neben dem kinematischen Vektor der Schiebung gibt es einen statischen Vektor der Kraft. Nämlich, ein freier Vektor vermag eine Kraft darzustellen, falls die Lage des Angriffspunktes nicht in Betracht kommt, oder auch solange es sich um Kräfte handelt, die an einem und demselben Punkt angreifen. Das Kräfteparallelogramm und allgemeiner das Krafteck folgen dann ohne weiteres aus unseren Vektordiagrammen. Dagegen läßt sich die Kraft der Kinetik nicht durch einen freien Vektor darstellen.

In der Akustik darf ich die Wellen gleicher Periode als Vektoren auffassen, deren Länge ein Maß der Amplitude gibt, und deren Richtung mit der Fortschreitungs- und longitudinalen Schwingungsrichtung übereinstimmt.

In der Optik lassen sich die Wellen, die keinen Phasenunterschied und sämtlich gleiche Schwingungsrichtung und Farbe zeigen, als Vektoren darstellen. Die Länge des Vektors bestimmt, in einem zugrunde gelegten Maß, die Lichtamplitude; Richtung und Sinn des Vektors stimmen mit der Fortschreitungsrichtung der transversalen Welle überein.

Endlich, denke ich mir das elektrische Potential durch einen Punkt dargestellt, so führt die Differenz zweier Punkte naturgemäß zur Potential- oder Spannungsdifferenz; diese läßt sich graphisch als Vektor, als Spannungsvektor auffassen, dessen Richtung als Phase gedeutet wird. Daneben tritt noch ein Stromvektor auf, dessen Länge durch die Stromamplitude gemessen wird und dessen Richtung ebenfalls zur Phasenverschiebung in Beziehung gesetzt werden kann. Diese Darstellung ist als graphische zu bezeichnen, im Gegensatz zur physikalischen, wie sie eben erörtert worden ist.

13. *Übungen.* — 1) Eine algebraische Punktsumme stellt entweder wieder einen Punkt oder einen Vektor dar; einen Punkt, wenn die algebraische Summe ihrer Gewichte von Null verschieden ist, einen Vektor, wenn sie verschwindet:

$$m_1 A_1 + m_2 A_2 + \cdots + m_i A_i = \begin{cases} m P, & m \gtrless 0, \\ \mathfrak{p}, & m = 0, \end{cases}$$

wo

$$m_1 + m_2 + \cdots + m_i = m.$$

2) Schreibe ich die Formel für den Schwerpunkt eines Dreiecks in der Form

$$S - A + S - B + S - C = 0,$$

so erkenne ich bei kinematischer Deutung der Vektoren: Wird das Dreieck ABC gleichzeitig von A, B und C nach dem Schwerpunkt verschoben, so heben sich die Verrückungen auf, das Dreieck bleibt in seiner ursprünglichen Lage. Die statische Deutung führt zu dem Satz: Ist jeder Punkt eines Dreiecks der Angriffspunkt dreier von den Ecken ausgehender Kräfte, deren Intensitäten

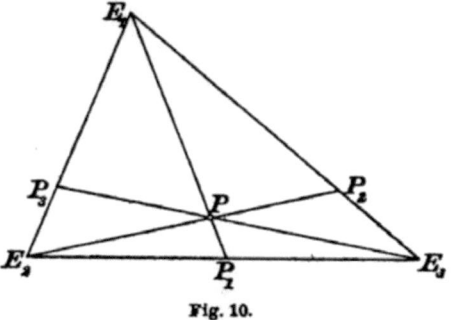

Fig. 10.

den Abständen des Punktes von den Ecken proportional sind, so herrscht im Schwerpunkt Gleichgewicht.

3) Sei P ein beliebiger Punkt des Dreiecks $E_1 E_2 E_3$. Ziehe die zugehörigen Eckenlinien und nenne die Fußpunkte P_1, P_2, P_3 (Fig. 10), dann ist nach Nr. 7:

$$x P = x_1 E_1 + x_2 E_2 + x_3 E_3, \quad x_1 + x_2 + x_3 = x,$$
$$(x_2 + x_3) P_1 = \qquad x_2 E_2 + x_3 E_3,$$
$$(x_3 + x_1) P_2 = x_1 E_1 \qquad + x_3 E_3,$$
$$(x_1 + x_2) P_3 = x_1 E_1 + x_2 E_2.$$

Folglich

$$x (P - E_1) = x_2 E_2 + x_3 E_3 - x_2 E_1 - x_3 E_1 =$$
$$= (x_2 + x_3) P_1 - (x_2 + x_3) E_1 = (x_2 + x_3)(P_1 - E_1),$$

woraus, wenn ich nur die Längen betrachte:

$$x \cdot E_1 P = (x_2 + x_3) E_1 P_1$$

oder

$$\frac{E_1 P}{E_1 P_1} = \frac{x_2 + x_3}{x},$$

$$\frac{E_2 P}{E_2 P_2} = \frac{x_3 + x_1}{x},$$

$$\frac{E_3 P}{E_3 P_3} = \frac{x_1 + x_2}{x}.$$

Hieraus folgen die bekannten Beziehungen:

$$\frac{E_1 P}{E_1 P_1} + \frac{E_2 P}{E_2 P_2} + \frac{E_3 P}{E_3 P_3} = 2$$

und

$$\frac{P P_1}{E_1 P_1} + \frac{P P_2}{E_2 P_2} + \frac{P P_3}{E_3 P_3} = 1.$$

4) *Beweis eines Satzes aus der Graphostatik:* Sind in den Vierecken $A_1 A_2 A_3 A_4$ und $B_1 B_2 B_3 B_4$ die Seiten

$$A_1 A_4, \quad A_2 A_4, \quad A_3 A_4, \quad A_2 A_3, \quad A_3 A_1$$

parallel zu den Seiten

$$B_2 B_3, \quad B_3 B_1, \quad B_1 B_2, \quad B_1 B_4, \quad B_2 B_4,$$

so ist auch $A_1 A_3$ parallel zu $B_3 B_4$.

14. *Zusammenhang der Definition für die Punktaddition mit der Definition des freien Vektors.* — Aus der Definition in Nr. 1, welche für beliebige λ, μ gelten soll, folgt für $\lambda + \mu = 0$:

$$B - A = 0 \cdot C.$$

Da A und B als voneinander verschieden gesetzt sind, steht linker Hand etwas von Null Verschiedenes. Das ist nur möglich, wenn rechter Hand der zweite Faktor unendlich groß ist. Demnach sagt die Definition in Nr. 1 in Verknüpfung mit derjenigen in Nr. 8 aus, daß ich einen freien Vektor auch auffassen kann als einen unendlich entfernten Punkt mit dem Gewicht Null. Und zwar stellt C den unendlich fernen Punkt des Vektors $B - A$ dar. Der Vektor ist also gewissermaßen das Abbild des in seiner Richtung

liegenden unendlich fernen Punktes, d. h. an die Stelle des unendlich fernen Punktes tritt eine endliche Strecke.

15. *Fundamentalrelation zwischen drei beliebigen freien Vektoren der Ebene.* — Wie wir gesehen haben, besteht zwischen
den drei Seiten eines Vektordreiecks die Relation $\mathfrak{a} + \mathfrak{b} + \mathfrak{c} = 0$.
Dieser Satz ist nur ein Spezialfall des folgenden allgemeineren:
Zwischen drei beliebigen Vektoren $\mathfrak{a}_1$, $\mathfrak{a}_2$, $\mathfrak{a}_3$ besteht immer
eine lineare Relation der Form

$$\alpha_1 \mathfrak{a}_1 + \alpha_2 \mathfrak{a}_2 + \alpha_3 \mathfrak{a}_3 = 0,$$

wo α_1, α_2, α_3 beliebige reelle Zahlen bedeuten. Der Beweis
folgt aus der einfachen Überlegung, daß ich immer drei posi-
tive oder negative Zahlen α_1, α_2, α_3 finden und die Vektoren
$\alpha_1 \mathfrak{a}_1$, $\alpha_2 \mathfrak{a}_2$, $\alpha_3 \mathfrak{a}_3$ parallel zu sich selber derart verschieben kann,
daß sie ein geschlossenes Dreieck $A_1 A_2 A_3$ bilden, daß also

$$A_3 - A_2 = \alpha_1 \mathfrak{a}_1, \quad A_1 - A_3 = \alpha_2 \mathfrak{a}_2, \quad A_2 - A_1 = \alpha_3 \mathfrak{a}_3.$$

Je nachdem $A_3 - A_2$, $A_1 - A_3$, $A_2 - A_1$ denselben Richtungs-
sinn haben wie $\mathfrak{a}_1$, $\mathfrak{a}_2$, $\mathfrak{a}_3$ oder entgegengesetzten, sind die
Koeffizienten α_1, α_2, α_3
positiv oder negativ, und,
was ihre numerischen
Werte angeht, stellen
diese Koeffizienten die
Verhältnisse $A_2 A_3 : \alpha_1$,
$A_3 A_1 : \alpha_2$, $A_1 A_2 : \alpha_3$ dar.

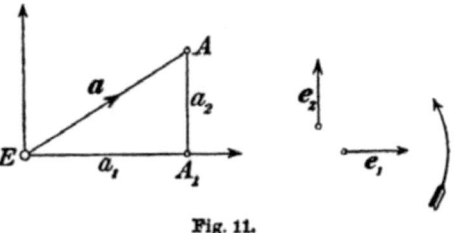

Fig. 11.

16. *Vektor- und Punktdarstellung vermittels der Einheitsvektoren.* — Die obige Relation kann noch in folgender Fassung ausgesprochen werden: *Jeder Vektor der Ebene läßt sich durch zwei
beliebige Vektoren linear darstellen.* Als diese Vektoren will ich nun
die *Einheitsvektoren* $\mathfrak{e}_1$, $\mathfrak{e}_2$ wählen, d. h. zwei Vektoren von der
Länge Eins, von denen der zweite in den ersten übergehen
soll durch eine Drehung um $90°$ im entgegengesetzten Sinne
des Uhrzeigers (Fig. 11). Dann läßt sich jeder beliebige Vektor
der Ebene wie folgt ausdrücken:

$$\mathfrak{a} = a_1 \mathfrak{e}_1 + a_2 \mathfrak{e}_2.$$

Diese Vektordarstellung führt noch zu einer neuen Punkt-darstellung.   Da nämlich

$$a = A - E,$$

so folgt

$$A = E + a_1 e_1 + a_2 e_2.$$

Demnach kann ich im Hinblick auf Nr. 7 sagen: *jeder Punkt der Ebene läßt sich entweder durch drei beliebige Punkte oder durch einen beliebigen Punkt und zwei beliebige Vektoren dar-stellen.*   Die erstere Darstellung wird mit Vorteil bei geo-metrischen, die letztere meist bei Problemen der Mechanik angewendet.

17. *Historisches.* — Die geometrische Addition der Vektoren findet sich zuerst bei Bellavitis in seiner Theorie der Äqui-pollenzen (1835).   Statt zu sagen, zwei Vektoren sind gleich, wenn sie in Länge, Richtung und Sinn übereinstimmen, sagt Bellavitis vorsichtiger, sie sind äquipollent, und wählt dafür ein besonderes Zeichen.

Unabhängig von Bellavitis kommt F. Möbius in seiner Mechanik des Himmels (1843) auf die geometrische Addition der gerichteten Strecken.   Auch Möbius scheut sich noch, das einfache Gleichheitszeichen anzuwenden, und schreibt $\equiv$ statt $=$. In dem gleichen Jahre (1843) ist auch Hamilton unabhängig von den beiden ebengenannten Mathematikern auf den Begriff und die Addition der Vektoren gestoßen.

Endlich kommt Hermann Graßmann, unabhängig von seinen Vorgängern, in seiner Ausdehnungslehre vom Jahre 1844 zu der Definition der „Strecke" als Differenz zweier Punkte und von hier naturgemäß zur Zusammensetzung der Vektoren.

„Es gehört dies zu den merkwürdigen Berührungen wissen-schaftlicher Arbeiten, wie sie so oft zum Erstaunen derer, welche so zusammentreffen, stattfinden." (Graßmann, Ges. W. I 1, 172.)

Drittes Kapitel.

Die gebundenen Vektoren. Multiplikation von Punkten.

18. *Multiplikation zweier Punkte.* — Nachdem wir gesehen, was entsteht, wenn ich zwei Punkte addiere oder subtrahiere, erhebt sich die Frage: Was entsteht, wenn ich sie miteinander multipliziere? Offenbar ein Gebilde höherer Dimension oder, wie Graßmann sagt, ein Gebilde höherer Stufe als das Punktgebilde. Zugrunde lege ich folgende

Definition: Durch Multiplikation zweier Punkte entsteht eine gerade Linie von bestimmter Länge, bestimmter Richtung und bestimmtem Sinne, wobei auch ihre Lage insofern bestimmt ist, als die Strecke nur in ihrer eigenen Richtung verschoben werden darf.

Aus dieser Definition folgt, daß das Produkt zweier Punkte verschwinden muß, wenn die beiden Faktoren, das sind hier die beiden Punkte, zusammenfallen, und ferner, daß es sein Vorzeichen ändern muß bei Vertauschung der beiden Faktoren, da ja doch dann nur der Richtungssinn der Strecke geändert wird. Wir sehen also, daß diese Punktmultiplikation sich von der in der Algebra üblichen wesentlich unterscheidet. Ich will sie deshalb zum Unterschied durch einen besonderen Namen auszeichnen und mit Graßmann *äußere Multiplikation* und das Ergebnis der Operation *äußeres Produkt* nennen. Und um es auch äußerlich kenntlich zu machen, will ich es mit Graßmann in eckige Klammern setzen. Alsdann kann ich die charakteristische Eigenschaft des äußeren Produktes in der Form schreiben

$$[AB] = -[BA],$$

woraus folgt

$$[AA] = 0,$$

d. h. das äußere Produkt zweier Punkte ändert sein Vorzeichen bei Vertauschung der beiden Faktoren; insbesondere verschwindet es, wenn die beiden Faktoren zusammenfallen.

Das Gebilde zweiter Stufe $[AB]$ hat sehr verschiedene Namen bekommen. Graßmann nennt es Linienteil; in Buddes Mechanik findet man den Namen: linienflüchtiger Vektor, der sich wohl kaum Eingang verschafft hat, während Hyde die Bezeichnung: Punktvektor (point-vector) und Graßmann d. J. die Bezeichnung: Stab wählen. Endlich bedient sich Timerding in seinem Enzyklopädieartikel (IV, Heft 2) des Ausdruckes: gebundener Vektor. Ich werde im folgenden das Gebilde, im Gegensatz zum *freien Vektor*, der parallel nach *allen* Richtungen verschoben werden darf, *gebundenen Vektor* oder *Stab* nennen. Freier und gebundener Vektor, die zu den Punkten A, B gehören, stimmen also in Länge, Richtung und Sinn überein, der erstere stellt sich dar als $B - A = \mathfrak{a}$, der andere als $[AB] = \mathfrak{a}$, beide sind von A nach B gerichtet.

Die äußere Multiplikation folgt also nicht mehr dem kommutativen Gesetz. Was die übrigen Gesetze angeht, so *setze ich fest, daß die äußere Multiplikation das assoziative wie das distributive Gesetz befolgen soll.*

Multipliziere ich daher den freien Vektor $B - A$ äußerlich mit dem Punkt A, so wird

$$[A \quad B - A] = [AB] - [AA] = [AB],$$

da $[AA]$ verschwindet. Und nehme ich auf AB einen beliebigen Punkt, der sich darstellt als $A + mB$, an, so wird

$$[A + mB \quad B - A] = [AB] + m[BB] - [AA] - m[BA]$$
$$= (1 + m)[AB],$$

d. h. aus dem freien Vektor wird durch äußere Multiplikation mit einem seiner Punkte ein gebundener Vektor. Diese Multiplikation mit irgendeinem seiner Punkte ist also gleichbedeutend mit einem Festlegen der Verschiebungsrichtung des Vektors, daher die Namen: gebundener Vektor, Punktvektor.

Wann sind zwei gebundene Vektoren einander gleich? Offenbar dann, wenn sie in allen charakteristischen Eigenschaften übereinstimmen, also in ihrer Länge, Richtung, Richtungssinn und Verschiebungsrichtung. Die beiden Vektoren

$AB = A'B'$ müssen sich daher durch Verrücken längs ihrer Richtung zur Deckung bringen lassen.

19. *Relation zwischen vier Punkten der Ebene, von denen drei kollinear liegen.* — Für drei kollineare Punkte A, B, C gelten zunächst die Beziehungen

$$[BC]A + [CA]B + [AB]C = 0, \quad [BC] + [CA] + [AB] = 0.$$

Zum Beweise gehe ich aus von der kollinearen Beziehung

$$C = \lambda A + \mu B, \quad \lambda + \mu = 1$$

und multipliziere sie äußerlich erstens mit B und zweitens mit A, so folgt

$$[BC] = \lambda[BA], \quad [CA] = \mu[BA];$$

$$\lambda = -\frac{[BC]}{[AB]}, \quad \mu = -\frac{[CA]}{[AB]}.$$

Werden diese Werte in die Kollinearitätsbeziehung eingeführt, so ergeben sich die angegebenen Relationen.

Zugleich ist hiermit die Begründung erbracht für den in Nr. **4** als Definition aufgestellten Satz über den Schwerpunkt einer homogen mit Masse belegten Strecke.

Bezeichnet nunmehr D einen beliebigen Punkt der Ebene, so werde die Vektorbeziehung

$$[BC]A + [CA]B + [AB]C = 0$$

äußerlich mit D multipliziert, dann entsteht

$$[BC][AD] + [CA][BD] + [AB][CD] = 0,$$

und das ist eine Relation zwischen vier Punkten der Ebene, von denen drei in gerader Linie liegen.

Alle Relationen dieser Nummer bleiben übrigens bestehen, wenn die gebundenen Vektoren durch freie ersetzt werden.

20. *Addition gebundener Vektoren.* — Um beliebige gebundene Vektoren der Ebene zusammenzusetzen, benutze ich die Eigenschaft, daß ein gebundener Vektor in seiner eigenen Richtung gleichsam wie in einer Schiene hin und her gleiten kann. Soll ich also die Summe $[P_1 Q_1] + [P_2 Q_2]$ konstruieren,

so suche ich den Schnittpunkt der Linien P_1Q_1, P_2Q_2, er
sei O, und verschiebe die gebundenen Vektoren derart, daß
sie in die Lage von OA_1 und OA_2 kommen; alsdann ist, wie
die Figur zeigt, $[P_1Q_1] + [P_2Q_2]$

$$= [OA_1] + [OA_2] = [O\ A_1 + A_2] = 2[OB] = [OR],$$

d. h. die Summe der beiden gebundenen Vektoren ist gleich
der Diagonale des zugehörigen Vektorparallelogramms, welche
von dem gemeinsamen Schnitt jener Vektoren ausgeht (Fig. 12).

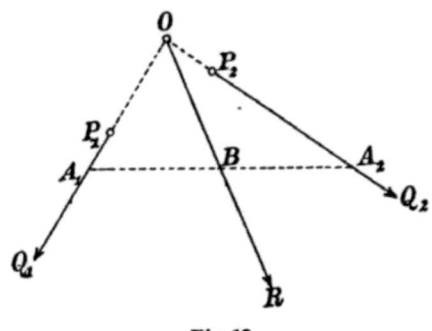

Fig. 12.

Sollen mehr als zwei
Vektoren addiert werden,
so ist nach dem soeben
dargelegten Verfahren die
Resultante der beiden ersten
Vektoren mit dem dritten,
die Resultante der ersten
drei Vektoren mit dem
vierten Vektor usw. zu-
sammenzusetzen.

Beachte ich noch, daß
$[PQ] = -[QP]$, daß also das mitgeteilte Kompositionsverfahren
auch für die Subtraktion gebundener Vektoren Gültigkeit besitzt, dann kann ich allgemein sagen: Die Summe beliebig
vieler gebundener Vektoren in der Ebene läßt sich immer auf
einen einzigen gebundenen Vektor zurückführen.

21. *Zerlegung eines gebundenen Vektors nach drei beliebigen
Richtungen.* — Ich erinnere an das Resultat der Nr. 7, wonach
jeder Punkt der Ebene linear durch drei beliebige Punkte dargestellt werden kann. Demnach lassen zwei Punkte P, Q
folgende Darstellung zu:

$$P = x_1E_1 + x_2E_2 + x_3E_3, \quad x_1 + x_2 + x_3 = 1,$$
$$Q = y_1E_1 + y_2E_2 + y_3E_3, \quad y_1 + y_2 + y_3 = 1.$$

Ich multipliziere die beiden Punkte äußerlich miteinander
und erhalte

$$[PQ] = [x_1 E_1 + x_2 E_2 + x_3 E_3 \quad y_1 E_1 + y_2 E_2 + y_3 E_3]$$
$$= x_1 y_1 [E_1 E_1] + x_2 y_1 [E_2 E_1] + x_3 y_1 [E_3 E_1] + x_1 y_2 [E_1 E_2]$$
$$+ x_2 y_2 [E_2 E_2] + x_3 y_2 [E_3 E_2] + x_1 y_3 [E_1 E_3]$$
$$+ x_2 y_3 [E_2 E_3] + x_3 y_3 [E_3 E_3],$$

woraus wegen

$$[E_1 E_1] = [E_2 E_2] = [E_3 E_3] = 0,$$
$$[E_3 E_2] = -[E_2 E_3], \quad [E_1 E_3] = -[E_3 E_1], \quad [E_2 E_1] = -[E_1 E_2]$$

folgt

$$[PQ] = (x_2 y_3 - x_3 y_2)[E_2 E_3] + (x_3 y_1 - x_1 y_3)[E_3 E_1]$$
$$+ (x_1 y_2 - x_2 y_1)[E_1 E_2],$$

d. h. jeder gebundene Vektor läßt sich nach den Seiten des Vektorbezugsdreiecks $E_1 E_2 E_3$, also nach drei beliebigen Richtungen zerlegen, oder, wie ich auch sagen kann: *Zwischen vier beliebigen gebundenen Vektoren der Ebene besteht immer eine lineare Relation.* Ich erinnere zum Vergleich an den entsprechenden Satz für die freien Vektoren (vgl. Nr. **15**), wonach bereits *drei* beliebige freie Vektoren durch eine lineare Relation verbunden sind.

Die in der Darstellung für $[PQ]$ auftretenden Koeffizienten sind nichts anderes als die homogenen Koordinaten der geraden Linie, es sind die Unterdeterminanten der aus den Punktgewichten gebildeten Matrix

$$\left\| \begin{array}{ccc} x_1 & x_2 & x_3 \\ y_1 & y_2 & y_3 \end{array} \right\|$$

22. *Multiplikation dreier Punkte.* — Stellt der Punkt ein Gebilde nullter Dimension (nach Graßmann erster Stufe) dar, so repräsentiert das Produkt zweier Punkte ein Gebilde erster Dimension (bzw. zweiter Stufe), d. i. der gebundene Vektor oder Linienteil oder Stab. Durch Multiplikation dreier Punkte werde ich naturgemäß zu einem Gebilde zweiter Dimension (bzw. dritter Stufe) aufsteigen, einem Flächenteil. Ich stelle die *Definition* auf: *Durch Multiplikation der Punkte P, Q, R entsteht ein Parallelogramm, wovon drei Ecken in diese*

Punkte fallen, und dessen Umfahrungssinn durch die Reihen-folge der Faktoren bestimmt ist, geschrieben [PQR].

Da man beim Parallelogramm in der Ebene nicht mehr von Richtung reden kann — sonst würden wir ja in den Raum hinaustreten —, so hat das äußere Produkt [PQR] keinen Vektor-charakter mehr, es ist eine Zahlengröße, die von Bewegungen des Koordinatensystems unabhängig ist, oder, wie man nach Hamilton auch sagt, ein *Skalar,* der je nach dem Umfahrungs-sinn im positiven oder negativen Sinn positives oder negatives Vorzeichen erhält, sein Wert wird gegeben durch den Flächen-inhalt des zugehörigen Parallelogramms oder den doppelten Inhalt des zugehörigen Dreiecks PQR.

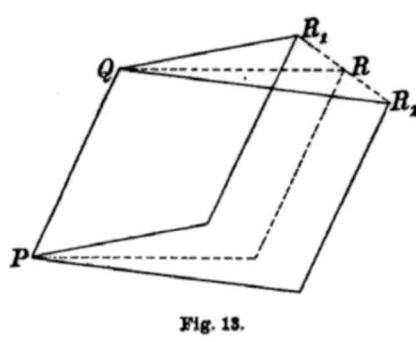

Fig. 13.

Die für die äußere Mul-tiplikation zweier Punkte aufgestellten Rechenregeln sollen auch hier Geltung behalten, insbesondere er-weitert sich eine derselben naturgemäß zu folgender: *das äußere Produkt dreier Punkte ändert sein Vor-zeichen bei Vertauschung zweier Faktoren,* folglich wird es Null, wenn zwei Faktoren einander gleich werden. Daher ist

$$[E_1 E_2 E_3] = \quad [E_2 E_3 E_1] = \quad [E_3 E_1 E_2]$$
$$= -[E_2 E_1 E_3] = -[E_3 E_1 E_2] = -[E_1 E_3 E_2].$$

Der Einfachheit halber kann noch der doppelte Inhalt des Bezugsdreiecks gleich der positiven Einheit gesetzt werden.

23. *Übungen.* — 1) *Addition von Parallelogrammen.* — Die Summe zweier Parallelogramme mit gemeinsamer Seite in ein Parallelogramm zu verwandeln (Fig. 13):

$$[PQR_1] + [PQR_2] = [PQ \quad R_1 + R_2] = 2[PQR];$$

allgemein

$$\sum_{i=1}^{n}[PQR_i] = \left[PQ \quad \sum_{i=1}^{n} R_i\right] = n[PQR],$$

wo R den Mittelpunkt des Polygons $R_1 R_2 \ldots R_n$ bedeutet, der nach dem Früheren leicht zu konstruieren ist.

Die Summe zweier Parallelogramme mit gemeinsamer Ecke in ein Parallelogramm zu verwandeln (vgl. Fig. 14):

$$[P_1 Q_1 R] + [P_2 Q_2 R] = [P_1 Q_1 + P_2 Q_2 \ R] = [P Q R];$$

allgemein

$$\sum_{i=1}^{n} [P_i Q_i R] = [P Q R].$$

2) *Neue Form der Bedingung für die kollineare Lage dreier Punkte.* — Liegen P, Q, R in gerader Linie, so verschwindet der Inhalt des von ihnen gebildeten Dreiecks, also lautet die in Rede stehende Bedingung

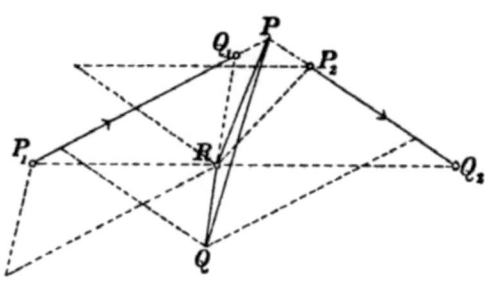

Fig. 14.

$$[P Q R] = 0.$$

Will ich diese Gleichung in die Sprache der analytischen Geometrie umsetzen, so benutze ich die Darstellung

$$P = x_1 E_1 + x_2 E_2 + x_3 E_3,$$
$$Q = y_1 E_1 + y_2 E_2 + y_3 E_3,$$
$$R = z_1 E_1 + z_2 E_2 + z_3 E_3.$$

Hieraus folgt zunächst

$$[P Q] = (x_2 y_3 - x_3 y_2)[E_2 E_3] + (x_3 y_1 - x_1 y_3)[E_3 E_1]$$
$$+ (x_1 y_2 - x_2 y_1)[E_1 E_2].$$

Und wird diese Gleichung äußerlich mit dem Punkte R multipliziert, so entsteht

$$[P Q R] = z_1 (x_2 y_3 - x_3 y_2)[E_1 E_2 E_3] + z_2 (x_3 y_1 - x_1 y_3)[E_2 E_3 E_1]$$
$$+ z_3 (x_1 y_2 - x_2 y_1)[E_3 E_1 E_2] = |x_i \, y_i \, z_i| [E_1 E_2 E_3],$$

wenn die in Nr. **22** gegebenen Rechenregeln beachtet werden. Demnach setzt sich die Bedingung $[P Q R] = 0$ um in die andere

$$|x_i\ y_i\ z_i| = 0,$$

d. h. wenn drei Punkte kollinear liegen, verschwindet die aus ihren neun Gewichten gebildete Determinante

$$\begin{vmatrix} x_1 & x_2 & x_3 \\ y_1 & y_2 & y_3 \\ z_1 & z_2 & z_3 \end{vmatrix},$$

ein aus der analytischen Geometrie wohlbekanntes Resultat.

24. *Die baryzentrischen Koordinaten eines Punktes. Schwerpunkt der Dreiecksfläche.* — Ich gehe aus von der Punktdarstellung

$$P = x_1 E_1 + x_2 E_2 + x_3 E_3, \quad x_1 + x_2 + x_3 = 1$$

und frage nach der geometrischen Bedeutung der Gewichte x_1, x_2, x_3. Zu dem Ende multipliziere ich die Gleichung äußerlich mit $[E_2 E_3]$, so wird

$$[P_1 E_2 E_3] = x_1 [E_1 E_2 E_3],$$

da $[E_2 E_2 E_3]$ und $[E_3 E_2 E_3]$ verschwinden, daher

$$x_1 = \frac{[P\ E_2\ E_3]}{[E_1\ E_2\ E_3]}.$$

Ebenso multipliziere ich die Gleichung mit $[E_3 E_1]$ und $[E_1 E_2]$, so ergibt sich

$$x_2 = \frac{[P E_3 E_1]}{[E_2 E_3 E_1]} = \frac{[P E_3 E_1]}{[E_1 E_2 E_3]},$$

$$x_3 = \frac{[P E_1 E_2]}{[E_3 E_1 E_2]} = \frac{[P E_1 E_2]}{[E_1 E_2 E_3]}.$$

Setze ich diese Ausdrücke ein, so nimmt die Ausgangsgleichung die Gestalt an

$$[E_1 E_2 E_3] P = [P E_2 E_3] E_1 + [P E_3 E_1] E_2 + [P E_1 E_2] E_3.$$

Was heißt das? Die Koeffizienten, welche bei der Darstellung eines beliebigen Punktes der Ebene durch drei gegebene Punkte auftreten, sind den Flächeninhalten jener drei Teildreiecke proportional, welche der beliebige Punkt mit den gegebenen Punkten bildet.

Die gewonnene Gleichung sagt ferner aus, daß ich drei beliebige Punkte E_1, E_2, E_3 der Ebene allemal durch einen einzigen Punkt P ersetzen kann, wenn ich jedem ein Gewicht zuordne, das den Flächeninhalten der Teildreiecke PE_2E_3, PE_3E_1, PE_1E_2 bzw. proportional ist. Oder anders ausgedrückt: ich kann jeden Punkt der Ebene als Schwerpunkt irgendeines Dreiecks derselben Ebene auffassen, wenn ich nur die Ecken des Dreiecks in vorgeschriebener Weise beschwere. Man nennt deshalb die obige Punktdarstellung baryzentrisch und die Gewichte x_1, x_2, x_3 die baryzentrischen Koordinaten des Punktes P.

Hiermit ist der fundamentale Gedanke von Ferdinand Möbius, jeden Punkt der Ebene als Schwerpunkt dreier vorgegebener Punkte aufzufassen, genügend herausgeschält.

Zugleich liegt hierin der Beweis für den in Nr. **5** als Definition hingestellten Satz. Bei einem homogenen Dreieck sei nämlich

$$[PE_2E_3] = [PE_3E_1] = [PE_1E_2] = \tfrac{1}{3}[E_1E_2E_3] = \delta,$$

dann stellt sich sein Schwerpunkt S in der Form dar

$$3\,S = E_1 + E_2 + E_3.$$

25. *Deutung der gebundenen Vektoren in der Statik und Kinematik.* — Da die an einem starren Körper angreifende Kraft bestimmte Intensität, Richtung und Richtungssinn hat, und da ihr Angriffspunkt nur in ihrer eigenen Richtung verlegt werden darf, kommt man dazu, den gebundenen Vektor als Abbild der kinetischen Kraft zu deuten. Ihre nähere Begründung erfährt diese Auffassung dadurch, daß die bekannten Gesetze, welche für die geometrische Addition gebundener Vektoren gelten, sich auf die Kräfte übertragen lassen.

In der Tat, die Konstruktion, welche wir in Nr. **20** für die Zusammensetzung zweier gebundener Vektoren kennen gelernt haben, liefert für die Statik das Gesetz vom Parallelogramm der Kräfte. Und der Satz über die Zusammensetzung beliebig vieler gebundener Vektoren in derselben Nummer läßt sich umdeuten in den bekannten Satz der Statik: Die Summe be-

liebig vieler Kräfte, deren Richtungen sämtlich in eine und
dieselbe Ebene fallen, läßt sich stets auf eine einzige Kraft,
die Resultante, zurückführen.

Betrachte ich anderseits ein starres System, welches nur
Drehungen um Achsen ausführen kann, die einer festen Ebene
angehören, so kann ich die Drehungen dieses starren Körpers
als gebundene Vektoren auffassen, deren Länge durch die
Winkelgeschwindigkeit, deren Richtung und Sinn durch Drehrichtung und Drehsinn bestimmt werden.

Bei dieser kinematischen Deutung setzen sich die Rechengesetze des gebundenen Vektors um in die Sätze über die
Drehungen eines starren Körpers um Achsen einer Ebene. So
liefert die Addition zweier gebundener Vektoren das Gesetz
vom Parallelogramm der Drehungen und der Satz über die
Zusammensetzung beliebig vieler gebundener Vektoren den
kinematischen Satz, daß die Summe beliebig vieler Drehungen,
die ein starres System um Achsen einer Ebene ausführt, auf
eine einzige Drehung reduzierbar ist.

Ich hebe noch die statische Deutung des äußeren Produktes aus drei Punkten hervor oder, wie ich auch sagen kann,
des äußeren Produktes aus einem gebundenen Vektor und
einem Punkt. Nämlich, ich kann $[PQR]$ deuten als das
Moment der Kraft $[PQ]$ in bezug auf den Momentenpunkt R.
Alsdann setzt sich z. B. die in Nr. **23** mitgeteilte Gleichung

$$[P_1Q_1R] + [P_2Q_2R] + \cdots + [P_nQ_nR] = [PQR],$$

wo

$$\sum_{i=1}^{n} [P_iQ_i] = [PQ],$$

in den bekannten Satz um: Die Summe der Momente beliebig
vieler Kräfte in bezug auf einen Punkt ist gleich dem Moment
ihrer Resultante in bezug auf denselben Punkt.

26. *Übungen: Darstellung merkwürdiger Punkte des Dreiecks. Relation zwischen sechs Punkten der Ebene.* — 1) Auf
Grund der baryzentrischen Punktdarstellung nachzuweisen, daß
der Inkreismittelpunkt des Dreiecks ABC sich darstellt als:

$$2sJ = aA + bB + cC, \quad 2s = a + b + c,$$

oder wenn die Berührungspunkte des Inkreises mit den Dreiecks-seiten A_1, B_1, C_1 genannt werden, in der Form:

$$2sJ = aA_1 + bB_1 + cC_1.$$

2) Die Ankreismittelpunkte des Dreiecks ABC stellen sich dar als

$$2(s-a)J_1 = -aA + bB + cC,$$
$$2(s-b)J_2 = \quad aA - bB + cC,$$
$$2(s-c)J_3 = \quad aA + bB - cC.$$

3) Der Umkreismittelpunkt des Dreiecks stellt sich, wenn $\varDelta$ den Dreiecksinhalt bezeichnet, in der Form dar:

$$\frac{2\varDelta}{r^2} M = \sin 2\alpha \cdot A + \sin 2\beta \cdot B + \sin 2\gamma \cdot C$$

oder

$$\frac{2\varDelta}{r} M = a\cos\alpha \cdot A + b\cos\beta \cdot B + c\cos\gamma \cdot C$$

oder $16\varDelta^2 M =$

$$a^2(b^2 + c^2 - a^2)A + b^2(c^2 + a^2 - b^2)B + c^2(a^2 + b^2 - c^2)C.$$

4) Zu beweisen, daß der Höhenschnitt des Dreiecks ABC die Darstellung zuläßt: $16\varDelta^2 H =$

$$[a^4 - (b^2 - c^2)^2]A + [b^4 - (c^2 - a^2)^2]B + [c^4 - (a^2 - b^2)^2]C$$

oder

$$\frac{\varDelta}{r} H = a\cos\beta\cos\gamma \cdot A + b\cos\gamma\cos\alpha \cdot B + c\cos\alpha\cos\beta \cdot C.$$

5) Der Mittelpunkt des Feuerbachschen Kreises ist $\frac{4\varDelta}{r} F$

$$= (b\cos\beta + c\cos\gamma)A + (c\cos\gamma + a\cos\alpha)B + (a\cos\alpha + b\cos\beta)C$$
$$= a\cos(\beta - \gamma) \cdot A + b\cos(\gamma - \alpha) \cdot B + c\cos(\alpha - \beta) \cdot C.$$

6) Das Theorem über die Eulersche Gerade abzuleiten:

$$H + 2M = 3S, \quad H + M = 2F, \quad 2F + M = 3S, \quad 4F = H + 3S.$$

7) Trägt man auf den vom Inkreismittelpunkt auf die Seiten eines Dreiecks gefällten Loten in gleichem Sinne gleiche Strecken ab und zieht von den so erhaltenen Punkten die Ecken-linien, so schneiden sich diese in einem Punkt.

8) Teilt man die vom Umkreismittelpunkt auf die Seiten eines Dreiecks gefällten Lote in demselben Verhältnis und zieht von den so erhaltenen Punkten die Eckenlinien, so schneiden sich diese stets in einem Punkt der Eulerschen Geraden.

9) Teile ich die Seiten eines Dreiecks $A_1 A_2 A_3$ durch drei Punkte im Verhältnis $m:n$, so schließen die nach den Teilpunkten gezogenen Eckenlinien ein Dreieck $C_1 C_2 C_3$ ein, das zum gegebenen baryzentrisch liegt. Dabei stellen sich die neuen Punkte wie folgt dar:

$$(m^2 + mn + n^2)C_1 = m^2 A_1 + n^2 A_2 + mn A_3,$$
$$(m^2 + mn + n^2)C_2 = mn A_1 + m^2 A_2 + n^2 A_3,$$
$$(m^2 + mn + n^2)C_3 = n^2 A_1 + mn A_2 + m^2 A_3.$$

10) Zu beweisen, daß zwei Dreiecke, die zweifach perspektiv sind, auch dreifach perspektiv liegen.

11) Liegt das Dreieck $U_1 U_2 U_3$ dreifach perspektiv zum Dreieck $A_1 A_2 A_3$, so gilt folgende Darstellung:

$$(\alpha_1\beta_1 + \alpha_2\beta_3 + \alpha_3\beta_2) U_1 = \alpha_1\beta_1 A_1 + \alpha_2\beta_3 A_2 + \alpha_3\beta_2 A_3,$$
$$(\alpha_1\beta_3 + \alpha_2\beta_2 + \alpha_3\beta_1) U_2 = \alpha_1\beta_3 A_1 + \alpha_2\beta_2 A_2 + \alpha_3\beta_1 A_3,$$
$$(\alpha_1\beta_2 + \alpha_2\beta_1 + \alpha_3\beta_3) U_3 = \alpha_1\beta_2 A_1 + \alpha_2\beta_1 A_2 + \alpha_3\beta_3 A_3,$$

wo α_1, α_2, α_3; β_1, β_2, β_3 beliebig sind und als die baryzentrischen Koordinaten zweier beliebiger Punkte gedeutet werden können.

12) Die Perspektivitätszentren des Dreiecks $B_1 B_2 B_3$, wo

$$\alpha B_1 = \alpha_1 A_1 + \alpha_2 A_2 + \alpha_3 A_3,$$
$$\alpha B_2 = \alpha_2 A_1 + \alpha_3 A_2 + \alpha_1 A_3,$$
$$\alpha B_3 = \alpha_3 A_1 + \alpha_1 A_2 + \alpha_2 A_3,$$
$$\alpha = \alpha_1 + \alpha_2 + \alpha_3,$$

bezogen auf das Dreieck $A_1 A_2 A_3$, stellen sich dar in der Form

$$(\alpha_2\alpha_3 + \alpha_3\alpha_1 + \alpha_1\alpha_2)P_1 = \alpha_2\alpha_3 A_1 + \alpha_1\alpha_2 A_2 + \alpha_3\alpha_1 A_3,$$
$$(\alpha_2\alpha_3 + \alpha_3\alpha_1 + \alpha_1\alpha_2)P_2 = \alpha_1\alpha_2 A_1 + \alpha_3\alpha_1 A_2 + \alpha_2\alpha_3 A_3,$$
$$(\alpha_2\alpha_3 + \alpha_3\alpha_1 + \alpha_1\alpha_2)P_3 = \alpha_3\alpha_1 A_1 + \alpha_2\alpha_3 A_2 + \alpha_1\alpha_2 A_3;$$

bezogen auf das Dreieck $B_1 B_2 B_3$, in der Form

$$(\omega_2\omega_3 + \omega_3\omega_1 + \omega_1\omega_2)P_1 = \omega_2\omega_3 B_1 + \omega_1\omega_2 B_2 + \omega_3\omega_1 B_3,$$
$$(\omega_2\omega_3 + \omega_3\omega_1 + \omega_1\omega_2)P_2 = \omega_3\omega_1 B_1 + \omega_2\omega_3 B_2 + \omega_1\omega_2 B_3,$$
$$(\omega_2\omega_3 + \omega_3\omega_1 + \omega_1\omega_2)P_3 = \omega_1\omega_2 B_1 + \omega_3\omega_1 B_2 + \omega_2\omega_3 B_3,$$

wo

$$\omega_1 = \alpha_2\alpha_3 - \alpha_1^2, \quad \omega_2 = \alpha_3\alpha_1 - \alpha_2^2, \quad \omega_3 = \alpha_1\alpha_2 - \alpha_3^2.$$

13) Jeder Punkt, der auf der Verbindungslinie der Mitten zweier Diagonalen eines Vierecks liegt, hat die Eigenschaft, daß die Summen der beiden Dreiecke, deren Grundlinien zwei Gegenseiten des Vierecks sind, und deren Spitze der Punkt ist, einander gleich sind (vgl. Fig. 15).

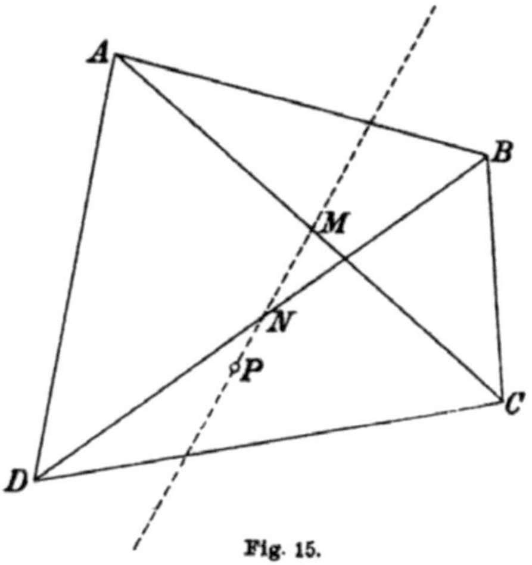

Zum Beweise sei

$$2M = A + C, \quad 2N = B + D;$$
$$P = \lambda M + \mu N, \quad \lambda + \mu = 1,$$

so folgt

Fig. 15.

$$2P = \lambda(A + C) + \mu(B + D);$$
$$2[ABP] = \lambda[ABC] + \mu[ABD],$$
$$2[CDP] = \lambda[CDA] + \mu[CDB],$$
$$2[BCP] = \lambda[BCA] + \mu[BCD],$$
$$2[DAP] = \lambda[DAC] + \mu[DAB],$$

daher

$$[ABP] + [CDP] = [BCP] + [DAP].$$

Zusatz: Diese Relation gilt offenbar für den Mittelpunkt des Umvierecks eines Kreises. Daher ergibt sich der Newtonsche Satz: Im Umviereck eines Kreises geht die Verbindungslinie der Diagonalmitten durch den Kreismittelpunkt.

14) Relation zwischen sechs Punkten, die einer und derselben Ebene angehören. — Die Punkte seien A_1, A_2, $\cdots A_6$, so ist zunächst

$$[A_1 A_2 A_3] A_4 = [A_4 A_2 A_3] A_1 + [A_4 A_3 A_1] A_2 + [A_4 A_1 A_2] A_3.$$

Mit $[A_5 A_6]$ äußerlich multipliziert, finde ich

$$[A_1 A_2 A_3][A_4 A_5 A_6] - [A_2 A_3 A_4][A_1 A_5 A_6] + [A_3 A_4 A_1][A_2 A_5 A_6]$$
$$- [A_4 A_1 A_2][A_3 A_5 A_3] = 0,$$

und das ist eine Beziehung zwischen den Dreiecken eines Sechsecks. Setze ich diese Formel in die Sprache der analytischen Geometrie um (vgl. Nr. **23**), so ergeben sich die seit Cayley bekannten Determinantenidentitäten

$$(x_1 x_2 x_3)(x_4 x_5 x_6) - (x_2 x_3 x_4)(x_1 x_5 x_6) + (x_3 x_4 x_1)(x_2 x_5 x_6)$$
$$- (x_4 x_1 x_2)(x_3 x_5 x_6) = 0,$$

wo $(x_1 x_2 x_3) = \begin{vmatrix} x_1 x_2 x_3 \\ y_1 y_2 y_3 \\ z_1 z_2 z_3 \end{vmatrix}$, $(x_4 x_5 x_6) = \begin{vmatrix} x_4 x_5 x_6 \\ y_4 y_5 y_6 \\ z_4 z_5 z_6 \end{vmatrix}$ usw. gesetzt ist.

Bestehen noch mehr Relationen zwischen sechs Punkten der Ebene?

In dem speziellen Fall, wo A_3 und A_1 zusammenfallen, ergibt sich eine Relation zwischen den Dreiecken eines Fünfecks (vgl. Möbius, Baryzentr. Calcul, Ges. W. I, S. 201).

15) Die vorstehende Relation liefert zugleich die Lösung einer einfachen Aufgabe der Statik:

Von einem System in einer Ebene enthaltener Kräfte sind für drei Punkte E_1, E_2, E_3 der Ebene die Momente des Systems gegeben. Das Moment der Resultante für irgendeinen vierten Punkt P der Ebene zu finden. — Der vektorielle Ansatz knüpft an die Formel an:

$$[E_1 E_2 E_3] P = [PE_2 E_3] E_1 + [PE_3 E_1] E_2 + [PE_1 E_2] E_3.$$

Wird die Resultante der Kräfte gleich $[XY]$ bestimmt, so werde diese Formel äußerlich mit $[XY]$ multipliziert, alsdann lehrt die Relation

$$[E_1 E_2 E_3][PXY] = [PE_2 E_3][E_1 XY] + [PE_3 E_1][E_2 XY]$$
$$+ [PE_1 E_2][E_3 XY]$$

das gesuchte Moment bestimmen (vgl. Möbius, Statik, Ges. W. III, S. 68).

Viertes Kapitel.

Multiplikation der freien Vektoren.

27. *Äußere Multiplikation zweier freier Vektoren.* — Wie ich in Nr. **16** gezeigt habe, läßt sich jeder freie Vektor der Ebene linear durch die beiden Einheitsvektoren e_1, e_2 darstellen. *Es müssen daher die Regeln für die Multiplikation zweier beliebiger Vektoren aus den Regeln für das Multiplizieren der beiden Einheitsvektoren hervorgehen.* Anderseits verlangt das Prinzip von der Permanenz der Rechenregeln, daß die für die äußere Multiplikation von *Punkten* aufgestellten Rechenregeln auch erhalten bleiben für die äußere Multiplikation von *Vektoren*. In diesem Sinne behalte ich die Schreibweise der äußeren Multiplikation bei und setze fest, daß

$$[e_1 e_1] = [e_2 e_2] = 0, \quad [e_2 e_1] = - [e_1 e_2],$$

d. h. *das äußere Produkt zweier Vektoren ändert sein Vorzeichen bei Vertauschung der beiden Faktoren.*

In der Schreibweise will ich indessen eine Vereinfachung eintreten lassen und überall da, wo kein Mißverständnis zu befürchten ist, die eckigen Klammern weglassen. Bei der Multiplikation von Punkten ist diese Vereinfachung nicht zu empfehlen, weil bei Fortlassung der Klammern die vektorielle Strecke AB sich äußerlich in nichts von der numerischen Strecke AB unterscheiden würde. Hier, wo ich die freien Vektoren durch fette Buchstaben äußerlich hervorhebe, ist die Gefahr eines Mißverständnisses im allgemeinen nicht vorhanden. Nur bei komplizierteren Gleichungen werde ich auch bei der äußeren Multiplikation freier Vektoren die eckigen Klammern beibehalten.

Ich komme nun zur geometrischen Deutung des Produktes zweier Vektoren und treffe die Festsetzung: *es soll* $e_1 e_2$

das durch e_1, e_2 *bestimmte Quadrat mit positivem Umfahrungs-sinn darstellen, dessen Inhalt gleich der positiven Einheit gesetzt werde, also*

$$e_1 e_2 = 1.$$

Endlich sei hervorgehoben, daß die übrigen Gesetze der gewöhnlichen Multiplikation (so das assoziative und das distributive Gesetz) ihre Geltung beibehalten sollen. Ich will alsdann untersuchen, wie sich diese Festsetzungen auf die Multiplikation *beliebiger* Vektoren übertragen.

Sei

$$\mathbf{a} = a_1 e_1 + a_2 e_2,$$
$$\mathbf{b} = b_1 e_1 + b_2 e_2,$$

so wird

$$\mathbf{a b} = [a_1 e_1 + a_2 e_2 \quad b_1 e_1 + b_2 e_1] =$$
$$a_1 b_1 [e_1 e_1] + a_1 b_2 [e_1 e_2] + a_2 b_1 [e_2 e_1] + a_2 b_2 [e_2 e_2],$$

woraus mit Rücksicht auf die obigen Bedingungen

$$\mathbf{a b} = a_1 b_2 - a_2 b_1,$$

d. h. auch das äußere Produkt zweier beliebiger freier Vektoren der Ebene ist keine Vektorgröße mehr, sondern ein Skalar, und zwar eine geo-metrische Zahlen-größe von der zweiten Dimension, welche das Vor-zeichen wechselt bei Vertauschung der beiden Faktoren.

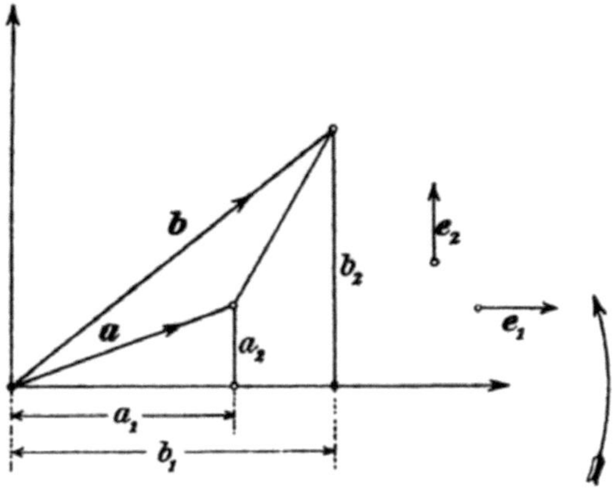

Der Ausdruck für $\mathbf{a b}$ läßt sich noch in eine ein-fache trigonome-trische Form kleiden. Nämlich aus Fig. 16 folgt

Fig. 16.

$$a_1 = a \cos(e_1, \mathbf{a}), \quad b_1 = b \cos(e_1, \mathbf{b}),$$
$$a_2 = a \sin(e_1, \mathbf{a}), \quad b_2 = b \sin(e_1, \mathbf{b}),$$

woraus

$$a_1 b_2 - a_2 b_1 = ab \left\{ \sin(e_1, \mathbf{b}) \cos(e_1, \mathbf{a}) - \cos(e_1, \mathbf{b}) \sin(e_1, \mathbf{a}) \right\}$$
$$= ab \sin \left\{ (e_1, \mathbf{b}) - (e_1, \mathbf{a}) \right\}$$

oder

$$\mathbf{a}\mathbf{b} = ab \sin(\mathbf{a}, \mathbf{b}),$$

d. h. *das äußere Produkt zweier beliebiger Vektoren stellt den Flächeninhalt des von ihnen gebildeten Parallelogramms mit bestimmtem Umfahrungssinn (in der Richtung von* **a** *nach* **b***) dar.*

28. *Innere Multiplikation zweier freier Vektoren.* — Neben der *äußeren* Multiplikation hat Graßmann noch die *innere* Multiplikation zweier freier Vektoren eingeführt. Er schreibt das innere Produkt der beiden Vektoren **a**, **b** in der Form [**a** | **b**]. Ich werde überall da, wo kein Anlaß zum Mißverständnis vorliegt, einfach **a** | **b** schreiben.

Auch die Regeln für die innere Multiplikation zweier *beliebiger* Vektoren müssen hervorgehen aus den Regeln für das innere Multiplizieren der Einheitsvektoren. Es genügt daher, diese den folgenden Bedingungen zu unterwerfen:

$$e_1 \,|\, e_1 = e_2 \,|\, e_2 = 1, \quad e_1 \,|\, e_2 = 0,$$

d. h. *multipliziere ich einen Einheitsvektor innerlich mit sich selber, so erhalte ich eine Zahlengröße und zwar die positive Einheit, während das innere Produkt der beiden Einheitsvektoren verschwindet.*

Sehen wir zu, wie sich diese Festsetzungen auf *beliebige* Vektoren übertragen. Zu dem Ende multipliziere ich

$$\mathbf{a} = a_1 e_1 + a_2 e_2, \quad \mathbf{b} = b_1 e_1 + b_2 e_2$$

innerlich miteinander und erhalte

$$\mathbf{a} \,|\, \mathbf{b} = a_1 b_1 [e_1 \,|\, e_1] + a_1 b_2 [e_1 \,|\, e_2] + a_2 b_1 [e_2 \,|\, e_1] + a_2 b_2 [e_2 \,|\, e_2],$$

woraus im Hinblick auf die obigen Bedingungen

$$\mathbf{a} \,|\, \mathbf{b} = a_1 b_1 + a_2 b_2,$$

d. h. auch das innere Produkt zweier beliebiger freier Vektoren der Ebene ist keine Vektorgröße mehr, sondern ein Skalar und zwar eine geometrische Zahlengröße zweiter Dimension, welche von der Reihenfolge der Faktoren unabhängig ist.

Führe ich noch in den Ausdruck für $a\,|\,b$ die trigonometrischen Ausdrücke für a_1, a_2, b_1, b_2 aus Nr. 27 ein, so wird

$$a\,|\,b = ab\,\{\cos(e_1,\,a)\cos(e_1,\,b) + \sin(e_1,\,a)\sin(e_1,\,b)\}$$
$$= ab\cos\{(e_1,\,b)-(e_1,\,a)\}$$

oder

$$a\,|\,b = ab\cos(a,\,b).$$

Hieraus folgt für $b = a$:

$$a\,|\,a = a^2$$

oder

$$a = \sqrt{a\,|\,a}.$$

Weiter folgt die Bedingung dafür, daß die beiden Vektoren a, b senkrecht aufeinander stehen, in der Form

$$a\,|\,b = 0.$$

Ihrer Wichtigkeit wegen will ich die Ergebnisse der Nummern 27, 28 noch zusammenfassend aussprechen:

Das äußere wie das innere Produkt zweier freier Vektoren der Ebene liefern keine Vektorgrößen mehr, es sind geometrische Zahlengrößen der zweiten Dimension. Doch haben diese Skalare verschiedenen Charakter. Während das äußere Produkt bei Vertauschung der Faktoren sein Vorzeichen (das Parallelogramm seinen Umfahrungssinn) wechselt, besitzt das innere Produkt die kommutative Eigenschaft.

Die Verschiedenheit der beiden Produktformen findet ihren unmittelbarsten Ausdruck in den Formeln

$$ab = ab\sin(a,\,b),\quad a\,|\,b = ab\cos(a,\,b).$$

29. *Ergänzung eines Vektors. Multiplikationstabelle.* — Die beiden letzten Formeln der vorigen Nr. legen den Gedanken nahe, ob es wohl möglich ist, die innere Multiplikation auf die äußere zurückzuführen. Dies gelingt in der Tat durch Einführung eines neuen Vektors, der aus b entsteht durch Drehung dieses Vektors um 90^0 im positiven Sinn. Ich nenne ihn (im Anschluß an Graßmann) die *Ergänzung* des Vektors b

und schreibe ihn $|\mathfrak{b}$, wobei der vorgesetzte Vertikalstrich[1]) die Ergänzung andeuten soll (sprich: Ergänzung $\mathfrak{b}$). Bei Zurückführung auf den Einheitsvektor lautet die *Definition: Die Ergänzung eines Einheitsvektors ist derjenige Einheitsvektor, welcher bei Drehung um 90° im positiven Sinn hervorgeht.*

Hieraus folgt

$$\mathfrak{e}_2 = |\,\mathfrak{e}_1, \quad |\,\mathfrak{e}_2 = \|\,\mathfrak{e}_1 = -\,\mathfrak{e}_1,$$

ferner

$$\mathfrak{a} = a_1\mathfrak{e}_1 + a_2\,|\,\mathfrak{e}_1,$$

$$|\,\mathfrak{a} = a_1\,|\,\mathfrak{e}_1 + a_2\,\|\,\mathfrak{e}_1 = a_1\,|\,\mathfrak{e}_1 - a_2\,\mathfrak{e}_1,$$

$$\|\,\mathfrak{a} = a_1\,\|\,\mathfrak{e}_1 - a_2\,|\,\mathfrak{e}_1 = -\,a_1\mathfrak{e}_1 - a_2\,|\,\mathfrak{e}_1,$$

folglich

$$\|\,\mathfrak{a} = -\,\mathfrak{a}.$$

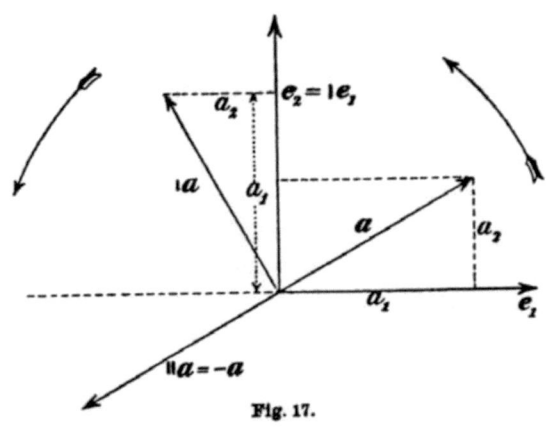

Setze ich diese Formeln in die Zeichnung um, so sehe ich, daß auch der einem beliebigen Vektor vorgesetzte Ergänzungsstrich nur die Richtung des Vektors um 90° im positiven Drehungssinn ändert, seine Länge un-

Fig. 17.

geändert läßt (vgl. Fig. 17).

Danach kann ich sagen, daß das innere Produkt zweier Vektoren sich als äußeres Produkt aus dem ersten Vektor und der Ergänzung des zweiten auffassen läßt: Denn das äußere Produkt, gebildet aus $\mathfrak{a}$ und $|\,\mathfrak{b}$, d. h. $[\mathfrak{a}\,(|\,\mathfrak{b})]$ ist gleich

---

1) Die Berechtigung dazu, den schon beim inneren Produkt verwendeten Vertikalstrich in einer neuen Bedeutung zu verwenden, ergibt sich erst aus dem Folgenden. Eigentlich hätte ich ein neues Zeichen einführen müssen, das erst nach dem Identitätsbeweise durch den Vertikalstrich zu ersetzen gewesen wäre.

$ab \sin(\mathbf{a}, |\mathbf{b})$, da doch der numerische Wert von $|\mathbf{b}$ wieder gleich b ist; und ferner

$$(\mathbf{a}, |\mathbf{b}) = \frac{\pi}{2} + (\mathbf{a}, \mathbf{b}),$$

also

$$\sin(\mathbf{a}, |\mathbf{b}) = \cos(\mathbf{a}, \mathbf{b});$$

folglich

$$[\mathbf{a}(|\mathbf{b})] = [\mathbf{a}\,|\,\mathbf{b}].$$

Hiermit ist nachträglich der Beweis dafür erbracht, daß der Vertikalstrich, welcher zuerst beim inneren Produkt auftrat, mit demjenigen identisch ist, welcher die Ergänzung charakterisiert.

Ich will noch die über das Multiplizieren der Einheitsvektoren getroffenen Festsetzungen in einer Tabelle zusammenstellen:

Tabelle I.

	$\mathbf{e}_1$	$\mathbf{e}_2 = |\,\mathbf{e}_1$	$|\,\mathbf{e}_2 = \|\,\mathbf{e}_1 = -\,\mathbf{e}_1$
$\mathbf{e}_1$	0	1	0
$\mathbf{e}_2$	-1	0	$\cdot 1$
$|\,\mathbf{e}_2$	0	-1	0

Dieselbe gibt das Resultat der äußeren Multiplikation eines Einheitsvektors in der Vertikalen mit einem solchen in der Horizontalen.

30. *Zusammenhang des äußeren Produktes zweier Vektoren mit dem äußeren Produkt dreier Punkte.* — In Nr. **18** habe ich den Zusammenhang zwischen dem gebundenen und dem freien Vektor dargelegt und gezeigt, daß das äußere Produkt $[P_1 P_2]$ sich als äußeres Produkt eines Punktes mit einem freien Vektor, nämlich $[P_1 \ P_2 - P_1]$ auffassen läßt.

Analog läßt sich das äußere Produkt dreier Punkte als Produkt eines Punktes mit dem Produkt zweier freier Vektoren oder eines gebundenen mit einem freien Vektor darstellen:

$$[P_1 P_2 P_3] = [P_1 \ P_2 - P_1 \ P_3 - P_2] = [P_1 P_2 \ P_3 - P_1].$$

Im Anschluß hieran will ich die Bedingungen zusammenstellen, welche wir für die besonderen Lagen zwischen Punkten und Linien der Ebene gefunden haben:

$[P_1 P_2] = 0$ als Bedingung dafür, daß zwei Punkte aufeinander fallen,

$[P_1 P_2 P_3] = 0$ als Bedingung dafür, daß drei Punkte kollinear liegen,

$[P\mathbf{a}] = 0$ als Bedingung dafür, daß ein Punkt in eine Linie fällt,

$\mathbf{a}\,\mathbf{b} = 0$ als Bedingung dafür, daß zwei Linien parallel sind,

$\mathbf{a}\,|\,\mathbf{b} = 0$ als Bedingung dafür, daß zwei Linien aufeinander senkrecht stehen.

31. *Deutung des äußeren und inneren Produktes zweier Vektoren für die Mechanik.* — Das äußere Produkt dreier Punkte $[PQR]$ habe ich bereits als das Moment der Kraft $[PQ]$ in bezug auf den Punkt R gedeutet. Nun ist aber, wie in voriger Nummer gezeigt, das Parallelogramm, wovon P, Q, R drei Ecken bilden, gleich dem Parallelogramm, gebildet aus der Ecke P und den Vektoren $Q - P$, $R - Q$ oder aus den Vektoren $[PQ]$ und $R - Q$, und wenn diese gleich $\mathbf{k}$, $\mathbf{v}$ bzw. $\mathbf{t}$, $\mathbf{v}$ gesetzt werden,

$$[PQR] = [P\,\mathbf{k}\,\mathbf{v}] = [\mathbf{t}\,\mathbf{v}].$$

Kommt es nun bloß auf die Größe des Momentes an, nicht auf die Lage in der Ebene, so kann ich von dem Punkt, der es gewissermaßen in der Ebene festheftet, absehen und $[\mathbf{k}\,\mathbf{v}]$ statt $[P\mathbf{k}\mathbf{v}]$ setzen. Demnach *stellt das äußere Produkt zweier Vektoren das statische Moment einer Kraft in bezug auf einen Punkt dar.*

Das auf den ersten Blick befremdliche Gesetz, wonach ein äußeres Produkt freier Vektoren bei Vertauschung derselben das Vorzeichen wechselt, bedeutet hiernach nichts anderes, als daß die Kräfte einander verstärken, wenn sie vom Drehpunkt aus betrachtet nach derselben Seite gerichtet sind, hingegen einander entgegenarbeiten, wenn sie nach der entgegengesetzten Seite gerichtet sind, so daß, wie Graßmann sagt, „durch den Begriff des Momentes, nach welchem die Natur selbst verfährt, jener Begriff des äußeren Produktes gerechtfertigt wird".

Das innere Produkt zweier Vektoren läßt sich als die Arbeitsleistung, bezogen auf die Zeiteinheit, deuten. Nämlich, da es sich um zwei freie bzw. um einen gebundenen und einen freien Vektor handelt, darf ich einen der freien Vektoren bzw. den gebundenen Vektor als Kraft deuten; den anderen freien Vektor deute ich als Verschiebung des Angriffspunktes der Kraft, dann ist

$$\mathbf{k} \,|\, \mathbf{v} = kv \cos(\mathbf{k},\, \mathbf{v}) \quad \text{oder} \quad \mathfrak{k} \,|\, \mathbf{v} = \mathfrak{k}v \cos(\mathfrak{k},\, \mathbf{v})$$

nichts anderes als das Produkt aus dem in der Zeiteinheit zurückgelegten Weg in die Projektion der Kraft auf die Wegrichtung, d. h. die in der Zeiteinheit geleistete Arbeit.

Hiernach stellt sich für die Ebene das Prinzip der virtuellen Verrückungen in einfacher Weise wie folgt dar: Die n Kräfte einer Ebene $\mathfrak{k}_1, \mathfrak{k}_2, \ldots \mathfrak{k}_n$ mögen auf ein starres System wirken, so ist es nach Nr. 11 möglich, eine Resultante $\mathfrak{k}$ zu finden, derart daß

$$\mathfrak{k} = \sum_{i=1}^{n} \mathfrak{k}_i.$$

Nun mögen die Angriffspunkte der Kräfte eine virtuelle Verrückung erfahren, welche ich, da sie eine bestimmte Länge, bestimmte Richtung und Sinn hat, als Vektor $\mathbf{v}$ darstellen kann; dann werde diese Gleichung innerlich mit $\mathbf{v}$ multipliziert, so wird

$$[\mathfrak{k} \,|\, \mathbf{v}] = \sum_{i=1}^{n} [\mathfrak{k}_i \,|\, \mathbf{v}].$$

Soll nun das System unter dem Einflusse der n Kräfte in Ruhe bleiben, so muß die von der Resultante geleistete Arbeit für jede virtuelle Verrückung verschwinden, folglich auch, wie die Gleichung zeigt, die algebraische Summe der von den Kräften geleisteten Arbeiten.

Es zeigt sich schon hier *die überraschende Tatsache, daß die beiden Verknüpfungen zum äußeren und inneren Produkt gerade diejenigen Verknüpfungen sind, welche für die Mechanik des starren Körpers fundamentale Bedeutung besitzen.*

32. *Höhensatz am Dreieck. Trigonometrische Beziehungen am Dreieck und Viereck.* — 1) Die von A und B auf die Seiten BC bzw. CA gefällten Lote mögen sich in H treffen. Dann ist zu zeigen, daß auch HC auf AB senkrecht steht.

Nach Voraussetzung verschwinden folgende beiden inneren Produkte:

$$[A - H | C - B] = 0, \quad [B - H | A - C] = 0,$$

die ich auch wie folgt schreiben kann

$$[A - H | C - H - (B - H)] = 0, \quad [B - H | A - H - (C - H)] = 0.$$

Durch Ausmultiplizieren folgt

$$[A - H | C - H] = [A - H | B - H],$$
$$[B - H | C - H] = [A - H | B - H],$$

woraus durch Subtraktion

oder

$$[C - H | A - H - B + H] = 0$$
$$[C - H | A - B] = 0,$$

was nichts anderes besagt, als daß CH auf AB senkrecht steht.

2) Um den Sinussatz für das Dreieck herzuleiten, gehe aus von der Relation

$$\mathfrak{a} + \mathfrak{b} + \mathfrak{c} = 0,$$

die zwischen den Seiten eines Vektordreiecks besteht. Multipliziere sie äußerlich mit $\mathfrak{a}$, so folgt

$$\mathfrak{a b} = \mathfrak{c a}$$

oder

$$ab \sin(\mathfrak{a}, \mathfrak{b}) = ac \sin(\mathfrak{c}, \mathfrak{a}),$$

woraus wegen

$$(\mathfrak{c}, \mathfrak{a}) = \pi - \beta, \quad (\mathfrak{a}, \mathfrak{b}) = \pi - \gamma$$
$$b \sin \gamma = c \sin \beta.$$

3) Um den Kosinussatz für das Dreieck zu gewinnen, schreibe die Vektorgleichung in der Form

$$\mathfrak{a} + \mathfrak{b} = -\mathfrak{c}$$

und multipliziere sie innerlich mit sich selber:

$$[\mathbf{a}+\mathbf{b}\,|\,\mathbf{a}+\mathbf{b}] = [\mathbf{c}\,|\,\mathbf{c}],$$

so wird

$$[\mathbf{a}\,|\,\mathbf{a}] + [\mathbf{b}\,|\,\mathbf{b}] + 2\,[\mathbf{a}\,|\,\mathbf{b}] = [\mathbf{c}\,|\,\mathbf{c}]$$

oder

$$a^2 + b^2 + 2ab \cos(\mathbf{a},\ \mathbf{b}) = c^2$$

oder

$$a^2 + b^2 - 2ab \cos \gamma = c^2.$$

4) Es ist leicht, den Sinus- und den Kosinussatz auf das Viereck auszudehnen. Zu dem Ende betrachte ich das Vektorviereck mit den Seiten $\mathbf{a}_1$, $\mathbf{a}_2$, $\mathbf{a}_3$, $\mathbf{a}_4$, zwischen denen die Bedingung besteht

$$\mathbf{a}_1 + \mathbf{a}_2 + \mathbf{a}_3 + \mathbf{a}_4 = 0.$$

Multipliziere ich diese Vektorgleichung nacheinander äußerlich mit $\mathbf{a}_1$, $\mathbf{a}_2$, $\mathbf{a}_3$, $\mathbf{a}_4$, so ergeben sich die skalaren Gleichungen:

$$a_2 \sin \alpha_{12} + a_3 \sin \alpha_{13} + a_4 \sin \alpha_{14} = 0,$$
$$-a_1 \sin \alpha_{12} \qquad\qquad + a_3 \sin \alpha_{23} + a_4 \sin \alpha_{34} = 0,$$
$$-a_1 \sin \alpha_{13} - a_2 \sin \alpha_{23} \qquad\qquad + a_4 \sin \alpha_{34} = 0,$$
$$-a_1 \sin \alpha_{14} - a_2 \sin \alpha_{24} - a_3 \sin \alpha_{34} \qquad\qquad = 0.$$

Aus diesem System linearer homogener Gleichungen, welche die Erweiterung des Sinussatzes auf das Viereck darstellen, folgt noch eine Identität. Es muß die schiefsymmetrische Determinante

$$\begin{vmatrix} 0 & \sin \alpha_{12} & \sin \alpha_{13} & \sin \alpha_{14} \\ -\sin \alpha_{12} & 0 & \sin \alpha_{23} & \sin \alpha_{24} \\ -\sin \alpha_{13} & -\sin \alpha_{23} & 0 & \sin \alpha_{34} \\ -\sin \alpha_{14} & -\sin \alpha_{24} & -\sin \alpha_{34} & 0 \end{vmatrix} = 0$$

sein.

Wird dagegen die obige Vektorgleichung innerlich mit sich multipliziert, so erhalte ich, α_{ik} als Innenwinkel vorausgesetzt,

$$a_1^2 + a_2^2 + a_3^2 + a_4^2 - 2a_2 a_3 \cos \alpha_{23} - 2a_3 a_1 \cos \alpha_{31} - 2a_1 a_2 \cos \alpha_{12}$$
$$- 2a_1 a_4 \cos \alpha_{14} - 2a_2 a_4 \cos \alpha_{24} - 2a_3 a_4 \cos \alpha_{34} = 0.$$

Und wenn die Vektorgleichung in der Form

$$\mathbf{a}_1 + \mathbf{a}_2 + \mathbf{a}_3 = -\mathbf{a}_4$$

innerlich mit sich selber multipliziert wird, so folgt

$$a_4{}^2 = a_1{}^2 + a_2{}^2 + a_3{}^2 - 2 a_2 a_3 \cos \alpha_{23} - 2 a_3 a_1 \cos \alpha_{31} - 2 a_1 a_2 \cos \alpha_{12}.$$

Wird sie dagegen innerlich bzw. mit a_1, a_2, a_3, a_4 multipliziert, so ergibt sich

$$a_1 + a_2 \cos \alpha_{12} + a_3 \cos \alpha_{31} + a_4 \cos \alpha_{14} = 0,$$
$$a_2 + a_3 \cos \alpha_{23} + a_4 \cos \alpha_{24} + a_1 \cos \alpha_{12} = 0,$$
$$a_3 + a_4 \cos \alpha_{34} + a_1 \cos \alpha_{31} + a_2 \cos \alpha_{23} = 0,$$
$$a_4 + a_1 \cos \alpha_{14} + a_2 \cos \alpha_{24} + a_3 \cos \alpha_{34} = 0,$$

und es folgt das Verschwinden der Determinante

$$\begin{vmatrix} 1 & \cos \alpha_{12} & \cos \alpha_{13} & \cos \alpha_{14} \\ \cos \alpha_{12} & 1 & \cos \alpha_{23} & \cos \alpha_{24} \\ \cos \alpha_{13} & \cos \alpha_{23} & 1 & \cos \alpha_{34} \\ \cos \alpha_{14} & \cos \alpha_{24} & \cos \alpha_{34} & 1 \end{vmatrix}$$

Es ist hiernach leicht zu übersehen, wie sich diese Formeln auf beliebige Polygone übertragen lassen.

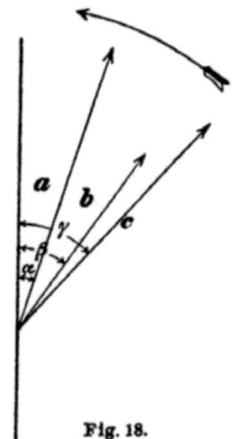

Fig. 18.

33. *Methode, um trigonometrische Identitäten aufzustellen.* — Ich will an einem Beispiel zeigen, wie die Vektormethoden zur Aufstellung trigonometrischer Identitäten benutzt werden können. Zu dem Ende stelle ich mir die Aufgabe, die Beziehung zwischen drei beliebigen Vektoren der Ebene zu finden, wobei die Koeffizienten durch die Vektorlängen und die Winkel auszudrücken sind.

Seien a, b, c drei beliebige Vektoren der Ebene, so kann ich immer voraussetzen, daß sie in einem Punkt zusammentreffen, und durch diesen will ich eine vertikale Achse gezogen denken. Die Lage der Vektoren gegen diese Achse wird dann durch drei Winkel α, β, γ in der Weise, wie die Figur 18 zeigt, bestimmt.

Gemäß Nr. **15** kann ich sofort die folgende Beziehung ansetzen:

$$\mathbf{a} = x\mathbf{b} + y\mathbf{c}.$$

Um x und y zu bestimmen, multipliziere ich diese Gleichung äußerlich mit $\mathbf{c}$ und erhalte

$$\mathbf{a}\mathbf{c} = x[\mathbf{b}\mathbf{c}],$$

woraus

$$x = \frac{\mathbf{a}\mathbf{c}}{\mathbf{b}\mathbf{c}}.$$

Wird anderseits jene Identität mit $\mathbf{b}$ äußerlich multipliziert, so ergibt sich

$$y = \frac{\mathbf{a}\mathbf{b}}{\mathbf{c}\mathbf{b}}.$$

Demnach nimmt die allgemeinste Beziehung zwischen drei Vektoren der Ebene die Form an:

$$[\mathbf{b}\mathbf{c}]\mathbf{a} + [\mathbf{c}\mathbf{a}]\mathbf{b} + [\mathbf{a}\mathbf{b}]\mathbf{c} = 0.$$

Beiläufig eine Bemerkung, welche der Vergleich dieser Formel mit der aus Nr. **19** hergenommenen Formel

$$[BC]A + [CA]B + [AB]C = 0$$

eingibt, wo A, B, C drei kollineare Punkte bedeuten. Diese Relation behält ihre Gültigkeit, wenn ich die Punkte ersetze durch freie Vektoren. Wie Graßmann allgemein bewiesen hat, lassen sich alle Gleichungen zwischen äußeren Produkten von Punkten durch Gleichungen zwischen äußeren Produkten von freien Vektoren ersetzen.

Nun ist, wie unmittelbar aus der Figur ersichtlich, der Winkel, den der Vektor $\mathbf{c}$ mit $\mathbf{a}$ bildet, gleich $(\gamma - \alpha)$ und der Winkel des Vektors $\mathbf{b}$ gegen $\mathbf{c}$ gleich $360 - (\gamma - \beta)$, daher, wenn ich noch die numerischen Längen von $\mathbf{a}$, $\mathbf{b}$, $\mathbf{c}$ mit a, b, c bezeichne,

$$\mathbf{a}\mathbf{c} = -ac\sin(\gamma - \alpha),$$
$$\mathbf{b}\mathbf{c} = +bc\sin(\beta - \gamma),$$

und entsprechend

$$\mathbf{a}\mathbf{b} = + ab \sin(\alpha - \beta),$$
$$\mathbf{c}\mathbf{b} = - bc \sin(\beta - \gamma).$$

Demnach

$$x = - \frac{a \sin(\gamma - \alpha)}{b \sin(\beta - \gamma)}, \quad y = - \frac{a \sin(\alpha - \beta)}{c \sin(\beta - \gamma)}.$$

Folglich gewinnt obige Identität die Form

$$bc \sin(\beta - \gamma) \cdot \mathbf{a} + ca \sin(\gamma - \alpha) \cdot \mathbf{b} + ab \sin(\alpha - \beta) \cdot \mathbf{c} = 0.$$

Will ich jetzt von dieser Vektoridentität zur skalaren Identität übergehen, so multipliziere ich sie innerlich mit sich selber und erhalte

$$b^2 c^2 \sin^2(\beta - \gamma) \cdot a^2 + c^2 a^2 \sin^2(\gamma - \alpha) \cdot b^2 + a^2 b^2 \sin^2(\alpha - \beta) \cdot c^2$$
$$+ 2 a^2 bc \sin(\gamma - \alpha) \sin(\alpha - \beta) [\mathbf{b} \mid \mathbf{c}]$$
$$+ 2 ab^2 c \sin(\alpha - \beta) \sin(\beta - \gamma) [\mathbf{c} \mid \mathbf{a}]$$
$$+ 2 abc^2 \sin(\beta - \gamma) \sin(\gamma - \alpha) [\mathbf{a} \mid \mathbf{b}] = 0,$$

oder unter Substitution der Werte für die inneren Produkte:

$$\sin^2(\beta - \gamma) + \sin^2(\gamma - \alpha) + \sin^2(\alpha - \beta) - 2 \sin(\gamma - \alpha) \sin(\alpha - \beta) \cos(\beta - \gamma)$$
$$- 2 \sin(\alpha - \beta) \sin(\beta - \gamma) \cos(\gamma - \alpha) - 2 \sin(\beta - \gamma) \sin(\gamma - \alpha) \cos(\alpha - \beta) = 0.$$

Eine andere Identität ergibt sich, wenn die Vektoridentität in der Form

$$bc \sin(\beta - \gamma) \cdot \mathbf{a} = - ca \sin(\gamma - \alpha) \cdot \mathbf{b} - ab \sin(\alpha - \beta) \cdot \mathbf{c} = 0$$

innerlich mit sich selber multipliziert wird, nämlich

$$\sin^2(\beta - \gamma) = \sin^2(\gamma - \alpha) + \sin^2(\alpha - \beta)$$
$$- 2 \sin(\gamma - \alpha) \sin(\alpha - \beta) \cos(\beta - \gamma).$$

34. *Die Umkehrung des Ptolemäischen Satzes.* — Bezeichnen a, b, c, d die Seiten, e und f die Diagonalen eines Vierecks und besteht zwischen ihnen die Relation

$$ac + bd = ef,$$

so ist zu beweisen, daß diese Relation durch Umformung zu der bekannten Winkelbeziehung am Kreisviereck führt. Diese Frage hat durch einen interessanten Aufsatz, welchen Herr

Franz Meyer im 7. Bande des Archivs der Math. und Phys. veröffentlicht hat, erneutes Interesse gewonnen. Der nachstehende Beweis für die Umkehrbarkeit des Ptolemäischen Satzes ist von bemerkenswerter Einfachheit.

Ich quadriere die Relation, so daß

$$- b^2 d^2 + e^2 f^2 = + a^2 c^2 + 2\,abcd,$$

und fasse das Viereck als Vektorviereck auf, dann bestehen zwischen dessen Seiten und Diagonalen $\mathbf{a}$, $\mathbf{b}$, $\mathbf{c}$, $\mathbf{d}$, $\mathbf{e}$, $\mathbf{f}$ folgende einfachen Beziehungen

$$\mathbf{e} = \mathbf{a} + \mathbf{b}, \quad \mathbf{f} = \mathbf{b} + \mathbf{c}, \quad \mathbf{d} = -\mathbf{a} - \mathbf{b} - \mathbf{c},$$

woraus

$$e^2 = a^2 + b^2 + 2\,[\mathbf{a}\,|\,\mathbf{b}], \quad f^2 = b^2 + c^2 + 2\,[\mathbf{b}\,|\,\mathbf{c}],$$
$$d^2 = a^2 + b^2 + c^2 + 2\,[\mathbf{b}\,|\,\mathbf{c}] + 2\,[\mathbf{c}\,|\,\mathbf{a}] + 2\,[\mathbf{a}\,|\,\mathbf{b}].$$

Diese Ausdrücke führe ich ein, so ergibt sich nach einigen Kürzungen

$$c^2\,[\mathbf{a}\,|\,\mathbf{b}] - [\mathbf{b}\,|\,\mathbf{c}]\,[\mathbf{c}\,|\,\mathbf{a}] - b^2\,[\mathbf{c}\,|\,\mathbf{a}] + [\mathbf{a}\,|\,\mathbf{b}]\,[\mathbf{b}\,|\,\mathbf{c}]$$
$$+ [\mathbf{a}\,|\,\mathbf{a} + \mathbf{b} + \mathbf{c}]\,[\mathbf{b}\,|\,\mathbf{c}] = abcd.$$

Nun benutze ich folgende identischen Umformungen der Ebene

$$b^2\,[\mathbf{c}\,|\,\mathbf{a}] - [\mathbf{a}\,|\,\mathbf{b}]\,[\mathbf{b}\,|\,\mathbf{c}] = ab^2 c\,\{\cos(\mathbf{c}, \mathbf{a}) - \cos(\mathbf{c}, \mathbf{b})\cos(\mathbf{a}, \mathbf{b})\}$$
$$= ab^2 c\,\sin(\mathbf{c}, \mathbf{b})\sin(\mathbf{a}, \mathbf{b}) = -[\mathbf{b}\,\mathbf{c}]\,[\mathbf{a}\,\mathbf{b}],$$

und entsprechend

$$c^2\,[\mathbf{a}\,|\,\mathbf{b}] - [\mathbf{b}\,|\,\mathbf{c}]\,[\mathbf{c}\,|\,\mathbf{a}] = -[\mathbf{c}\,\mathbf{a}]\,[\mathbf{b}\,\mathbf{c}],$$

folglich

$$c^2\,[\mathbf{a}\,|\,\mathbf{b}] - [\mathbf{b}\,|\,\mathbf{c}]\,[\mathbf{c}\,|\,\mathbf{a}] - b^2\,[\mathbf{c}\,|\,\mathbf{a}] + [\mathbf{a}\,|\,\mathbf{b}]\,[\mathbf{b}\,|\,\mathbf{c}] = [\mathbf{b}\,\mathbf{c}]\,[\mathbf{a}\quad\mathbf{b} + \mathbf{c}]$$
$$= [\mathbf{b}\,\mathbf{c}]\,[\mathbf{a}\quad\mathbf{a} + \mathbf{b} + \mathbf{c}].$$

Nehme ich noch die Gleichheit $\mathbf{d} = -\mathbf{a} - \mathbf{b} - \mathbf{c}$ hinzu, so vereinfacht sich die obige Relation in

$$[\mathbf{b}\,\mathbf{c}]\,[\mathbf{a}\,\mathbf{d}] + [\mathbf{a}\,|\,\mathbf{d}]\,[\mathbf{b}\,|\,\mathbf{c}] = -abcd,$$

welche auch so geschrieben werden kann

$$a\,b\,c\,d\,\{\sin(\mathbf{b},\mathbf{c})\sin(\mathbf{a},\mathbf{d})+\cos(\mathbf{b},\mathbf{c})\cos(\mathbf{a},\mathbf{d})\}=-\,a\,b\,c\,d,$$

woraus
$$\cos\{(\mathbf{a},\mathbf{d})-(\mathbf{b},\mathbf{c})\}=-1,$$

also
$$(\mathbf{a},\mathbf{d})-(\mathbf{b},\mathbf{c})=180^{\circ},$$

d. h. in der üblichen Winkelbezeichnung $\alpha+\gamma=180^{\circ}$.

35. *Entfernung zweier Punkte eines Dreiecks.* — Gegeben die beiden Punkte P und Q und

$$P=\alpha A+\beta B+\gamma C, \qquad \alpha+\beta+\gamma=1$$

dann wird

$$Q-P=\alpha(Q-A)+\beta(Q-B)+\gamma(Q-C)=\alpha\mathbf{r}_1+\beta\mathbf{r}_2+\gamma\mathbf{r}_3.$$

Daraus durch innere Multiplikation $PQ^2=$

$$\alpha^2 r_1^2+\beta^2 r_2^2+\gamma^2 r_3^2+2\beta\gamma[\mathbf{r}_2\,|\,\mathbf{r}_3]+2\gamma\alpha[\mathbf{r}_3\,|\,\mathbf{r}_1]+2\alpha\beta[\mathbf{r}_1\,|\,\mathbf{r}_2],$$

und wegen

$$2[\mathbf{r}_2\,|\,\mathbf{r}_3]=2r_2 r_3\cos(\mathbf{r}_2,\,\mathbf{r}_3)=r_2^2+r_3^2-a^2,\ \text{usw.}$$

folgt

$$PQ^2=\alpha^2 r_1^2+\beta^2 r_2^2+\gamma^2 r_3^2+\beta\gamma(r_2^2+r_3^2-a^2)+\gamma\alpha(r_3^2+r_1^2-b^2)$$
$$+\alpha\beta(r_1^2+r_2^2-c^2)=(\alpha^2+\alpha\beta+\alpha\gamma)r_1^2+(\beta^2+\beta\gamma+\beta\alpha)r_2^2$$
$$+(\gamma^2+\gamma\alpha+\gamma\beta)r_3^2-(\beta\gamma a^2+\gamma\alpha b^2+\alpha\beta c^2)$$

oder

$$PQ^2=\alpha r_1^2+\beta r_2^2+\gamma r_3^2-(\beta\gamma a^2+\gamma\alpha b^2+\alpha\beta c^2)$$

oder

$$PQ^2=\alpha\cdot QA^2+\beta\cdot QB^2+\gamma\cdot QC^2-(\beta\gamma a^2+\gamma\alpha b^2+\alpha\beta c^2),$$
$$\alpha+\beta+\gamma=1,$$

d. i. der gesuchte Ausdruck für die Entfernung zweier Punkte P, Q in der Ebene des Dreiecks ABC mit den Seiten a, b, c. Ich will diesen Ausdruck für einige Fälle spezialisieren.

1) Ist Q der Umkreismittelpunkt M, so wird $r_1=r_2=r_3=r$, folglich

$$PM^2=r^2-(\beta\gamma a^2+\gamma\alpha b^2+\alpha\beta c^2).$$

Ist außerdem P der Schwerpunkt S, so wird

$$SM^2=r^2-\frac{a^2+b^2+c^2}{9}.$$

2) Fällt P in den Inkreismittelpunkt J, so wird $\alpha = \dfrac{a}{2s}$, $\beta = \dfrac{b}{2s}$, $\gamma = \dfrac{c}{2s}$, wo $2s = a + b + c$, und

$$2s \cdot JQ^2 = a \cdot QA^2 + b \cdot QB^2 + c \cdot QC^2 - abc.$$

Ist insbesondere Q der Umkreismittelpunkt M, so ergibt sich die Eulersche Relation

$$JM^2 = r^2 - 2r\varrho.$$

3) Wird P zum Lemoineschen Punkt K, also

$$\alpha = \frac{a^2}{a^2 + b^2 + c^2}, \quad \beta = \frac{b^2}{a^2 + b^2 + c^2}, \quad \gamma = \frac{c^2}{a^2 + b^2 + c^2},$$

so folgt

$$(a^2 + b^2 + c^2) \cdot KQ^2 = a^2 \cdot QA^2 + b^2 \cdot QB^2 + c^2 \cdot QC^2 - \frac{3a^2 b^2 c^2}{a^2 + b^2 + c^2}.$$

Fällt insbesondere Q in den Schwerpunkt, so wird

$$KS^2 = \frac{2}{3} \frac{b^2 c^2 + c^2 a^2 + a^2 b^2}{a^2 + b^2 + c^2} - \frac{3 a^2 b^2 c^2}{(a^2 + b^2 + c^2)^2} - \frac{1}{9}(a^2 + b^2 + c^2).$$

36. Übungen. — 1) Bezeichnen A, B, C, D beliebige Größen, so besteht die Identität

$$(A - B)(C - D) + (A - C)(D - B) + (A - D)(B - C) = 0.$$

Dieselbe bleibt erhalten, wenn ich unter A, B, C, D Punkte verstehe und die algebraischen Produkte durch innere ersetze.

2) Die allgemeine Beziehung zwischen drei beliebigen Vektoren der Ebene läßt sich in die Form bringen:

$$[\mathbf{b}\,\mathbf{c}]^2 \mathbf{a} = \{c^2 [\mathbf{a}\,|\,\mathbf{b}] - [\mathbf{b}\,|\,\mathbf{c}][\mathbf{c}\,|\,\mathbf{a}]\}\,\mathbf{b} + \{b^2 [\mathbf{c}\,|\,\mathbf{a}] - [\mathbf{a}\,|\,\mathbf{b}][\mathbf{b}\,|\,\mathbf{c}]\}\,\mathbf{c}.$$

Durch Vergleich mit der in Nr. **33** gegebenen Formel folgt

$$b^2 [\mathbf{c}\,|\,\mathbf{a}] - [\mathbf{a}\,|\,\mathbf{b}][\mathbf{b}\,|\,\mathbf{c}] = -[\mathbf{a}\mathbf{b}][\mathbf{b}\mathbf{c}],$$
$$c^2 [\mathbf{a}\,|\,\mathbf{b}] - [\mathbf{b}\,|\,\mathbf{c}][\mathbf{c}\,|\,\mathbf{a}] = -[\mathbf{b}\mathbf{c}][\mathbf{c}\mathbf{a}].$$

3) Bedeuten $\mathbf{a}$, $\mathbf{b}$, $\mathbf{c}$, $\mathbf{d}$ vier beliebige Vektoren der Ebene, so ist identisch

$$\frac{\mathbf{a}\,|\,\mathbf{a}}{[\mathbf{a}\mathbf{b}][\mathbf{a}\mathbf{c}][\mathbf{a}\mathbf{d}]} + \frac{\mathbf{b}\,|\,\mathbf{b}}{[\mathbf{b}\mathbf{a}][\mathbf{b}\mathbf{c}][\mathbf{b}\mathbf{d}]} + \frac{\mathbf{c}\,|\,\mathbf{c}}{[\mathbf{c}\mathbf{a}][\mathbf{c}\mathbf{b}][\mathbf{c}\mathbf{d}]} + \frac{\mathbf{d}\,|\,\mathbf{d}}{[\mathbf{d}\mathbf{a}][\mathbf{d}\mathbf{b}][\mathbf{d}\mathbf{c}]} = 0.$$

Welche Relation folgt hieraus für die Winkel des vollständigen Vierseits, also für den speziellen Fall, daß a, b, c, d die Seitenlängen eines Vierecks bedeuten? Wie lautet die entsprechende allgemeine Formel für m Elemente?

4) Die Winkelhalbierenden, gerechnet von der Ecke bis zur Gegenseite, sind bestimmt durch

$$(b + c)\, w_a = 2\, bc \cos \frac{\alpha}{2},$$

$$(c + a)\, w_b = 2\, ca \cos \frac{\beta}{2},$$

$$(a + b)\, w_c = 2\, ab \cos \frac{\gamma}{2}.$$

5) Der Abstand des Schwerpunktes S vom Inkreismittelpunkt J fließt aus

$$SJ^2 = \tfrac{1}{3}\,(bc + ca + ab) - \tfrac{1}{9}\,(a^2 + b^2 + c^2) - \frac{abc}{s}.$$

6) Die Abstände des Höhenschnittes H vom Schwerpunkt S und Inkreismittelpunkt J folgen aus

$$HS^2 = 4r^2 - \tfrac{4}{9}\,(a^2 + b^2 + c^2),$$
$$HJ^2 = 4r^2 - (a^2 + b^2 + c^2) + (bc + ca + ab) - \frac{2abc}{s}.$$

7) Es ist zu beweisen, daß die Bedingung dafür, daß drei Punkte A, B, C mit dem Punkt $D = \alpha A + \beta B + \gamma C$, $\alpha + \beta + \gamma = 1$, auf demselben Kreise liegen, lautet

$$\frac{a^2}{\alpha} + \frac{b^2}{\beta} + \frac{c^2}{\gamma} = 0,$$

wenn a, b, c die Längen der Seiten des Dreiecks ABC bedeuten.

Die vorstehende Relation ist nichts anderes als die Gleichung des Umkreises eines Dreiecks in Dreieckskoordinaten.

Wie folgt hieraus der Satz des Ptolemäus?

Nenne ich noch die Gegenseiten des vollständigen Vierecks a, a'; b, b'; c, c', so stellt sich der Punkt D in folgender Weise dar:

$$ab'c'A - bc'a'B + ca'b'C - abcD = 0,$$

wobei

$$ab'c' - bc'a' + ca'b' - abc = 0.$$

8) Liegen vier Punkte A_1, A_2, A_3, A_4 auf einem Kreise, so besteht zwischen ihnen folgende Beziehung

$$a_{23}a_{24}a_{34} \cdot A_1 - a_{31}a_{34}a_{14} \cdot A_2 + a_{12}a_{14}a_{24} \cdot A_3 - a_{23}a_{31}a_{12} \cdot A_4 = 0,$$

$$a_{23}a_{24}a_{34} - a_{31}a_{34}a_{14} + a_{12}a_{14}a_{24} - a_{23}a_{31}a_{12} = 0,$$

wo die a_{ik} die Längen der Verbindungsstrecken A_iA_k bedeuten.

9) Für ein beliebiges Viereck $ABCD$ gilt

$$[A - B \,|\, C - D] + [B - C \,|\, A - D] + [C - A \,|\, B - D] = 0$$

oder

$$bd \cos(\mathbf{b}, \mathbf{d}) - ac \cos(\mathbf{a}, \mathbf{c}) = ef \cos(\mathbf{e}, \mathbf{f}),$$

ferner

$$a^2 - b^2 + c^2 - d^2 = 2ac \cos(\mathbf{a}, \mathbf{c}) - 2bd \cos(\mathbf{b}, \mathbf{d}),$$

$$a^2 - b^2 + c^2 - d^2 + 2ef \cos(\mathbf{e}, \mathbf{f}) = 0, \text{ usw.}$$

10) In Erweiterung eines Steinerschen Satzes, der für das Viereck gilt (Ges. W. I, 162), die folgende Formel für das Fünfeck zu beweisen:

$$3(a_{12}^2 + a_{23}^2 + a_{34}^2 + a_{45}^2 + a_{51}^2) = a_{13}^2 + a_{24}^2 + a_{35}^2 + a_{41}^2 + a_{52}^2$$
$$+ 4(m_1^2 + m_2^2 + m_3^2 + m_4^2 + m_5^2),$$

wo die m_i die Verbindungsstrecken der Diagonalmitten bedeuten, und zwar bezieht sich m_1 auf die beiden Diagonalen A_2A_4, A_3A_5, usw.

11) Haben die Teildreiecke des Dreiecks ABC den Inkreismittelpunkt zur gemeinsamen Spitze, so verhalten sich die Radien der zugehörigen Umkreise wie

$$a \cos\frac{\beta}{2} \cos\frac{\gamma}{2} : b \cos\frac{\gamma}{2} \cos\frac{\alpha}{2} : c \cos\frac{\alpha}{2} \cos\frac{\beta}{2}.$$

12) Von einem beliebigen Punkt seien auf die Dreiecksseiten Lote gefällt und die Abschnitte um A, B, C herum bzw. λ_1, λ_1'; λ_2, λ_2'; λ_3, λ_3' genannt, alsdann bestehen die Beziehungen

$$\lambda_1 a_1 + \lambda_2 a_2 + \lambda_3 a_3 = \lambda_1' a_1 + \lambda_2' a_2 + \lambda_3' a_3 = \tfrac{1}{2}(a_1^2 + a_2^2 + a_3^2).$$

13) In Erweiterung des Satzes von der Eulerschen Geraden besteht folgender Satz für das Kreisviereck $E_1E_2E_3E_4$:

Konstruiert man zu jedem Teildreieck $E_iE_kE_l$ den Höhenschnitt H_m, so schneiden sich die Verbindungslinien H_mE_m
in *einem* Punkt H und werden durch H halbiert. Nennt man
ferner S den Schwerpunkt der Ecken des Vierecks und O den
Umkreismittelpunkt, so liegen diese Punkte H, S, O auf einer
Geraden derart, daß S den Abstand HO halbiert.

14) Sind auf den Seiten eines Dreiecks $A_1A_2A_3$ drei beliebige Punkte bzw. A_1', A_2', A_3' gegeben, so schneiden sich
nach einem bekannten Satz von Mannheim die Umkreise der
drei Dreiecke $A_1A_2'A_3'$, $A_2A_3'A_1'$, $A_3A_1'A_2'$ in einem Punkte R.
Zu beweisen, daß

$$k \cdot A_iR = a_i'a_ka_l \qquad (i,\, k,\, l = 1,\, 2,\, 3;\ 2,\, 3,\, 1;\ 3,\, 1,\, 2)$$

ist, wo

$$k^2 = 8\Delta\Delta' + a_1{}^2a_2'a_3' \cos\alpha_1' + a_2{}^2a_3'a_1' \cos\alpha_2' + a_3{}^2a_1'a_2' \cos\alpha_3'.$$

Dabei bedeuten Δ, Δ' die Inhalte der Dreiecke $A_1A_2A_3$,
$A_1'A_2'A_3'$; a_1, a_2, a_3, a_1', a_2', a_3' die zugehörigen Seitenlängen
und α_1', α_2', α_3' die Winkel des zweiten Dreiecks.

15) Fällt man von einem Punkte P auf die Seiten des
Dreiecks ABC Lote, welche auf den Seiten BC, CA, AB
bzw. die Abschnitte a_2, a_3; b_3, b_1; c_1, c_2 liefern, so bestehen
folgende Beziehungen:

$$aa_2 + bb_3 + cc_1 = \tfrac{1}{2}(a^2 + b^2 + c^2),$$
$$aa_3 + bb_1 + cc_2 = \tfrac{1}{2}(a^2 + b^2 + c^2).$$

16) Vom Lemoine-Grebeschen Punkt seien auf die Seiten
des Dreiecks Lote gefällt, dann fällt der Schwerpunkt des
entstehenden Fußpunktendreiecks in den Lemoine-Grebeschen
Punkt.

Fünftes Kapitel.

Anwendungen auf Mechanik und Physik.

37. *Eine kinematische Aufgabe.* — Gegeben ein ebenes Gelenkviereck. In seiner Ebene sitze auf jedem Stab in starrer Verbindung ein gleichschenklig-rechtwinkliges Stabdreieck. Wie bewegen sich die Verbindungsstäbe je zweier Gegenecken der vier Drei-eckssitzen gegen-einander, und wie verhalten sich ihre Längen zueinander?

Ich fasse das Gelenkviereck als ein Vektorviereck auf mit den Seiten (Fig. 19)

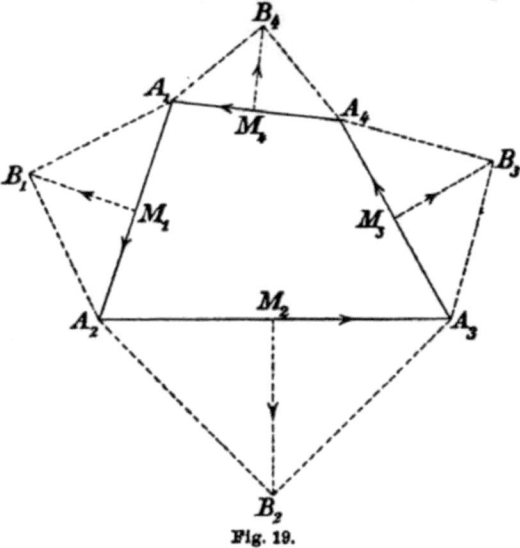

Fig. 19.

$$A_2 - A_1 = \mathbf{a}_1,$$
$$A_3 - A_2 = \mathbf{a}_2,$$
$$A_4 - A_3 = \mathbf{a}_3,$$
$$A_1 - A_4 = \mathbf{a}_4.$$

Die Mittelpunkte dieser Seiten stellen sich dar als

$$A_1 + A_2 = 2\,M_1,$$
$$A_2 + A_3 = 2\,M_2,$$
$$A_3 + A_4 = 2\,M_3,$$
$$A_4 + A_1 = 2\,M_4.$$

Heißen die Spitzen der auf den Vierecksseiten errichteten gleichschenklig-rechtwinkligen Dreiecke $B_i\,(i = 1, 2, 3, 4)$, so ist der Vektor $B_i - M_i$ ebenso lang wie der halbe Vektor $\mathfrak{a}_i$, steht aber senkrecht auf ihm, also ist

$$2(B_i - M_i) = | \mathfrak{a}_i \qquad (i = 1, 2, 3, 4),$$

woraus

$$2 B_1 = A_1 + A_2 + | \mathfrak{a}_1,$$
$$2 B_2 = A_2 + A_3 + | \mathfrak{a}_2,$$
$$2 B_3 = A_3 + A_4 + | \mathfrak{a}_3,$$
$$2 B_4 = A_4 + A_1 + | \mathfrak{a}_4.$$

Jetzt bilde ich die Differenzen:

$$2(B_1 - B_3) = | \mathfrak{a}_1 - (A_3 - A_2) - | \mathfrak{a}_3 + (A_1 - A_4) = | \mathfrak{a}_1 - \mathfrak{a}_2 - | \mathfrak{a}_3 + \mathfrak{a}_4,$$
$$2(B_2 - B_4) = (A_2 - A_1) + | \mathfrak{a}_2 - (A_4 - A_3) - | \mathfrak{a}_4 = \mathfrak{a}_1 + | \mathfrak{a}_2 - \mathfrak{a}_3 - | \mathfrak{a}_4.$$

Nehme ich von dem zweiten Vektor die Ergänzung, so folgt wegen $\| \mathfrak{a} = - \mathfrak{a}$:

$$2 \mid (B_2 - B_4) = | \mathfrak{a}_1 + \| \mathfrak{a}_2 - | \mathfrak{a}_3 - \| \mathfrak{a}_4 = | \mathfrak{a}_1 - \mathfrak{a}_2 - | \mathfrak{a}_3 + \mathfrak{a}_4,$$

daher

$$2 \mid (B_2 - B_4) = 2 (B_1 - B_3)$$

oder

$$\mid (B_2 - B_4) = B_1 - B_3,$$

d. h. die Stäbe $B_3 B_1$ und $B_4 B_2$ sind gleichlang und bewegen sich senkrecht gegeneinander.

Dieser Satz ist die Verallgemeinerung eines von Collignon mitgeteilten Theorems. Auch steht er in naher Beziehung zum Peaucellierschen Inversor, der die exakte Geradführung eines Punktes bezweckt.

Unmittelbar fließt aus den Formeln, welche die Punkte B_i durch die A_i ausdrücken, die Beziehung

$$B_1 + B_2 + B_3 + B_4 = A_1 + A_2 + A_3 + A_4,$$

d. h. die Schwerpunkte der Ecken der beiden Vierecke fallen zusammen.

Es mag außerdem der Inhalt des Vierecks $B_1 B_2 B_3 B_4$ bestimmt werden, wenn das Viereck $A_1 A_2 A_3 A_4$ als gegeben angesehen wird. Er heiße V, dann ist

$$2 V_1 = [B_1 - B_3 \quad B_2 - B_4].$$

Benutze ich die eben gefundene Darstellung der Punkte B_i, so wird

$$8 V_1 = - (a_1^2 + a_2^2 + a_3^2 + a_4^2) + 2 (a_1 a_2 \sin \alpha_{12} + a_2 a_3 \sin \alpha_{23}$$
$$+ a_3 a_4 \sin \alpha_{34} + a_4 a_1 \sin \alpha_{41}) + 2 (a_3 a_1 \cos \alpha_{31} + a_2 a_4 \cos \alpha_{24}),$$

wo der Winkel

$$\alpha_{ik} = (a_i, a_k) \qquad (i, k = 1, 2, 3, 4).$$

Da nun der Inhalt V des gegebenen Vierecks

$$4 V = a_1 a_2 \sin \alpha_{12} + a_2 a_3 \sin \alpha_{23} + a_3 a_4 \sin \alpha_{34} + a_4 a_1 \sin \alpha_{41}$$

ist, so folgt

$$8 V_1 = 8 V + 2 (a_3 a_1 \cos \alpha_{31} + a_2 a_4 \cos \alpha_{24}) - (a_1^2 + a_2^2 + a_3^2 + a_4^2)$$

oder

$$8 (V - V_1) = [a_1 - a_3 \,|\, a_1 - a_3] + [a_2 - a_4 \,|\, a_2 - a_4].$$

Endlich läßt sich beweisen, daß die Summe der Quadrate zweier Gegenseiten eines Collignonschen Vierecks', d. h. eines Vierecks, dessen Diagonalen gleichlang sind und aufeinander senkrecht stehen, gleich der Summe der Quadrate der beiden anderen ist.

38. *Herleitung der Formeln für die Intensitäten des partiell reflektierten und gebrochenen Lichtes.* — Die übliche Herleitung der Formeln, welche F r e s n e l und F. N e u m a n n für die Intensitäten des partiell reflektierten und gebrochenen Lichtes aufgestellt haben, setzt für die elektromagnetische Welle die Form der *Sinusschwingung* voraus. An die Stelle dieser Voraussetzung tritt hier die allgemeinere, daß ich die Welle als einen *Vektor* auffasse, dessen Länge durch die Schwingungsamplitude gemessen und dessen Richtung und Richtungssinn durch die Fortschreitungsrichtung der Welle bestimmt wird. Hierdurch gewinnt die Herleitung einen durchaus elementaren Charakter.

Ich bemerke noch, daß die in Rede stehenden Formeln aus *reinen Identitäten* hervorgehen, zu denen die Energiegleichung hinzugenommen wird.

Der Physik entnehme ich nun erstens, daß eine elektromagnetische Welle, welche auf die Grenzebene zweier Medien

auftrifft, sich im allgemeinen in eine reflektierte und eine gebrochene Welle zerlegt; zweitens, daß die Fortpflanzungs-
richtungen der drei Wellen, der einfallenden, der reflektierten
und der gebrochenen in einer Ebene liegen; und drittens, daß
der Reflexionswinkel gleich dem Einfallswinkel ist. Nun gibt
es an einer Welle zu unterscheiden: Amplitude, Schwingungsrichtung, Fortpflanzungsrichtung, Frequenz und Phase. Indem
ich eine ideale Trennungsebene der Medien zugrunde lege, bei
welcher allein die in Rede stehenden Formeln physikalische
Gültigkeit beanspruchen, darf ich von der Phase absehen und
annehmen, daß die Wellen gegeneinander keinen Phasenunterschied zeigen. Aber auch von der Frequenz und Schwingungsrichtung will ich absehen. Das ist gestattet, wenn alle Wellen,
welche in die Rechnung eintreten, gleiche Schwingungszahl
und Schwingungsrichtung haben. Dabei ist es, vom *analytischen*
Standpunkt aus, gleichgültig, welchen Winkel die Schwingungsrichtung mit der Einfallsebene bildet, wenn sie nur für alle
drei Wellen die gleiche ist. *Physikalisch* ist diese Bedingung
in dem Fall, daß die Schwingungsrichtung nicht in die Einfallsebene fällt, nur dann erfüllt, wenn die Schwingungsebene senkrecht zur Einfallsebene verläuft. Diese Voraussetzung soll
gemacht werden; die folgenden Betrachtungen beziehen sich
demnach zunächst auf den Fall einer linear polarisierten Welle,
die senkrecht zur Einfallsebene schwingt.

Hiernach kann ich eine elektromagnetische Welle als einen
Vektor auffassen, dessen Länge durch die Schwingungsamplitude
gemessen und dessen Richtung und Sinn durch die Fortschreitungsrichtung der Welle bestimmt wird.

*Erster Fall, wo die Schwingungsebene senkrecht zur Einfalls-
ebene steht.* — Nenne ich die Vektoren, welche die einfallende,
die reflektierte und die gebrochene Welle darstellen, e, r, d,
die zugehörigen Amplituden E_s, R_s, D_s, wo der Index s andeuten soll, daß die Schwingungen senkrecht gegen die Einfallsebene verlaufen, dann kann ich sofort ansetzen

$$\mathfrak{e} = x\mathfrak{r} + y\mathfrak{d}.$$

Wie sich x und y bestimmen, geht aus den Identitäten in Nr. **33** hervor. Man hat nur nötig, in Rücksicht auf Fig. 20, die Winkel β, γ der Nr. **33** durch $- \alpha$ bzw. $180 + \beta$ zu ersetzen, damit das Reflexionsgesetz erfüllt werde, und damit β die Bedeutung des Brechungswinkels erhalte. Die Vektorgleichung nimmt alsdann die Form an:

$$\mathbf{e} + \frac{E \sin (\alpha - \beta)}{R \sin (\alpha + \beta)} \mathbf{r} + \frac{E \sin 2\alpha}{D \sin (\alpha + \beta)} \mathbf{d} = 0.$$

Anderseits kann ich folgende physikalische Überlegung anstellen. Ich habe es hier mit drei elektromagnetischen Kräften zu tun, die durch das Produkt aus Wellenamplitude und Ätherdichte gemessen werden. Wird noch die Richtung

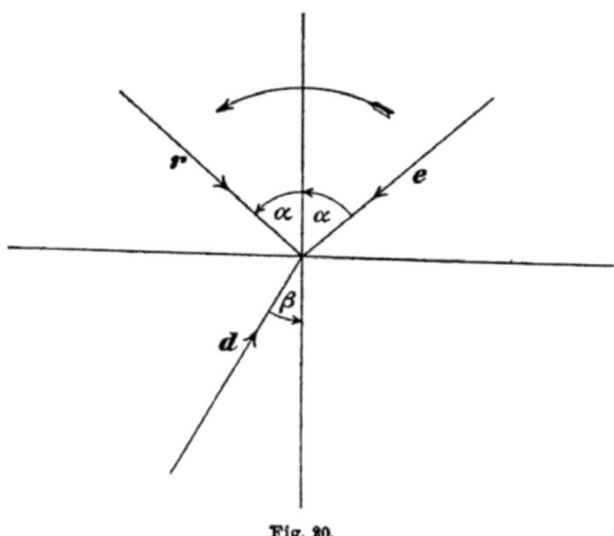

Fig. 20.

hinzugenommen, so lassen sich die Kräfte durch Vektoren darstellen, deren Länge durch jenes Produkt bestimmt wird. Nun sagt mir die Physik, daß sich der einfallende Vektor umsetzt in einen reflektierten und einen gebrochenen. Es muß also zwischen den drei elektromagnetischen Kräften (ihrer Größe und Richtung nach betrachtet) Gleichgewicht bestehen. Wird noch das Verhältnis der Ätherdichten der beiden Medien, in

denen sich die Lichtvektoren bewegen, mit n bezeichnet, so
lautet der vektorielle Ausdruck des Gleichgewichts

$$\mathbf{e} + \mathbf{r} + n\mathbf{d} = 0.$$

Hat der Äther überall gleiche Dichte — und das ist die von
F. Neumann gemachte Hypothese —, so hebt sich der auf
die Ätherdichte bezügliche Faktor heraus, n wird gleich Eins,
und die Vektorbeziehung nimmt die einfache Form an

$$\mathbf{e} + \mathbf{r} + \mathbf{d} = 0.$$

Die Hypothese, daß n von Eins verschieden sei, rührt von
Fresnel her. Dabei ist $n = \dfrac{\sin \alpha}{\sin \beta}$.

Der Vergleich der beiden Relationen, welche sich so
zwischen den Vektoren $\mathbf{e}$, $\mathbf{r}$, $\mathbf{d}$ ergeben haben, führt zu den
Formeln

$$\frac{E \sin (\alpha - \beta)}{R \sin (\alpha + \beta)} = 1, \qquad \frac{E \sin 2\alpha}{D \sin (\alpha + \beta)} = n,$$

woraus

$$R = \frac{E \sin (\alpha - \beta)}{R \sin (\alpha + \beta)}, \qquad D = \frac{E \sin 2\alpha}{n \sin (\alpha + \beta)}.$$

Und das sind die bekannten, von Fresnel und F. Neumann
aufgestellten Ausdrücke für die Verhältnisse der Amplituden
des reflektierten und des gebrochenen Lichtes zu derjenigen
des einfallenden Lichtes. Und zwar setzt F. Neumann $n = 1$
und findet

$$(N_s) \qquad R_s = \frac{E \sin (\alpha - \beta)}{\sin (\alpha + \beta)}, \quad D_s = \frac{E \sin 2\alpha}{\sin (\alpha + \beta)}.$$

Fresnel setzt $n = \dfrac{\sin \alpha}{\sin \beta}$ und findet

$$(F_s) \qquad R_s = \frac{E \sin (\alpha - \beta)}{\sin (\alpha + \beta)}, \quad D_s = \frac{2 E \cos \alpha \sin \beta}{\sin (\alpha + \beta)}.$$

Will ich zeigen, daß das Gesetz von der Erhaltung der
Energie erfüllt ist, so schreibe ich die obige Vektorgleichung
in der Form

$$-\mathbf{e} = \mathbf{r} + n\mathbf{d}$$

und multipliziere sie innerlich mit sich selber, dann folgt

$$E_s^2 = R_s^2 + n^2 D_s^2 + 2n\,[\mathbf{r}\,|\,\mathbf{d}]$$

oder

$$E_s^2 = R_s^2 + n^2 D_s^2 - 2n\,R_s D_s \cos{(\alpha + \beta)}.$$

Diese Relation, welche bei Einführung der in (F_s) oder (N_s) aufgestellten Ausdrücke zu trigonometrischen *Identitäten* führt, liefert unmittelbar das Gesetz von der Erhaltung der Energie, wenn an Stelle der Amplituden die Intensitäten J eingeführt werden durch die bekannten Definitionen der Physik:

$$J_e = E^2, \quad J_r = R^2, \quad J_d = n^2 D^2 \frac{\sin 2\beta}{\sin 2\alpha},$$

wo im **Neumann**schen Fall $n = 1$, im **Fresnel**schen $n = \frac{\sin \alpha}{\sin \beta}$ zu setzen ist. Diese Definitionen gelten, welches die Schwingungsrichtung des Lichtes auch sein mag. Hier sind E, R, D durch E_s, R_s, D_s zu ersetzen. Ich finde hiernach

$$E_s^2 = R_s^2 + n^2 D_s^2 \frac{\sin 2\beta}{\sin 2\alpha}, \quad \text{d. h.} \quad J_e = J_r + J_d,$$

indem sich unschwer nachweisen läßt, daß die rechts eigentlich noch hinzutretenden Summanden einander aufheben, so daß die Energiegleichung in der Tat erfüllt ist.

Zweiter Fall, wo die Schwingungsebene der Einfallsebene parallel ist. — Ich betrachte nunmehr den Fall, daß das Licht in der Einfallsebene schwingt. Ich schicke zunächst die Bemerkung voraus, daß die Formeln (F_s), (N_s), wie bei ihrer Herleitung bereits ausgesprochen worden ist, nicht bloß in dem Falle gelten, wo das Licht senkrecht gegen die Einfallsebene schwingt, sondern in dem allgemeineren Falle, wo die Schwingungen der einfallenden, der reflektierten und der gebrochenen Welle einander parallel verlaufen. Vom physikalischen Standpunkt aus ist allerdings, wenn die Schwingungsebene nicht in die Einfallsebene fällt, nur der spezielle Fall realisierbar, daß die gemeinsame Schwingungsrichtung dieser drei Wellen auf der Einfallsebene senkrecht steht. Aber rein analytisch betrachtet, beanspruchen die in (F_s), (N_s) aufgestellten Ausdrücke auch noch Gültigkeit, wenn das Licht nicht gerade senkrecht gegen die Einfallsebene schwingt, so-

bald nur die Bedingung erfüllt ist, daß die drei Wellen
einander parallel schwingen.

*Hiernach müssen also die für R_i und D_i gewonnenen Aus-
drücke bestehen bleiben für Wellen, die in der Einfallsebene,
aber einander parallel schwingen.* Nun lehrt die Physik, daß
bei einer Lichtwelle die Schwingungsrichtung stets auf der
Fortschreitungsrichtung senkrecht steht, mit anderen Worten,
daß es nur transversale, keine longitudinalen Lichtwellen gibt.
Zerlege ich daher die drei soeben betrachteten Wellen mit
den Amplituden E_i, R_i, D_i innerhalb der Einfallsebene in je
zwei Komponenten, deren eine zur Fortschreitungsrichtung der
betreffenden Welle senkrecht steht, deren andere ihr parallel
läuft, so haben die letzteren Komponenten für eine Lichtwelle
keine physikalische Bedeutung. Eine solche kommt bloß den
anderen Komponenten zu, deren Amplituden ich E_p, R_p, D_p
nennen will.

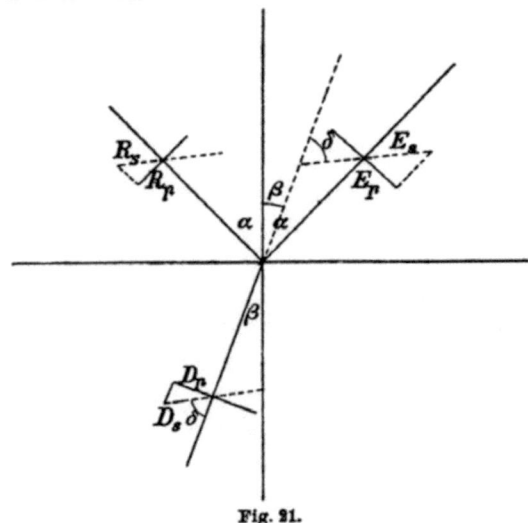

Fig. 21.

So erhalte ich
in der Einfallsebene
an Stelle der drei
Wellen mit den
Amplituden E_i, R_i,
D_i, welche in dem
Fall, daß die einfal-
lende, die reflek-
tierte und die gebro-
chene Welle parallel
zur Einfallsebene
schwingen, doch
nur mathematische
Existenz besitzen,
drei andere Wellen
mit den Amplituden
E_p, R_p, D_p, welche physikalisch möglich sind.

Zwischen den Amplituden dieser Wellentripel bestehen
nun einfache Beziehungen, die sich, wie folgt, herleiten lassen.

Ich will die gemeinsame, in der Einfallsebene liegende
Schwingungsrichtung der Wellen mit den Amplituden E_i, R_i, D_i

durch den Winkel δ festlegen, welchen sie mit der Fort-schreitungsrichtung der gebrochenen Welle bildet, dann ist (Fig. 21 s. S. 62)

$$E_p = E_s \sin(\delta - \alpha + \beta),$$
$$R_p = R_s \sin(\alpha + \beta + \delta),$$
$$D_p = D_s \sin \delta.$$

Um den Winkel δ zu bestimmen, benutze ich die physi-kalische Tatsache, daß auch in dem Fall, wo das Licht parallel der Einfallsebene schwingt, das Gesetz von der Erhaltung der Energie besteht. Es wird sich zeigen, daß der Winkel $\delta = 90^0$ sein muß.

Dazu gehe ich aus von der Energiegleichung

$$J_e = J_r + J_d,$$

die bei Einführung der Amplituden die Form annimmt

$$E_p^2 = R_p^2 + n^2 D_p^2 \frac{\sin 2\beta}{\sin 2\alpha}.$$

Setze ich hier die eben gefundenen Werte ein, so erhalte ich

$$E_s^2 \sin^2(\delta - \alpha + \beta) = R_s^2 \sin^2(\alpha + \beta + \delta) + n^2 D_s^2 \sin^2 \delta \frac{\sin 2\beta}{\sin 2\alpha}.$$

Nun ist aber

$$E_s^2 = R_s^2 + n^2 D_s^2 \frac{\sin 2\beta}{\sin 2\alpha},$$

daher durch Kombination mit der vorhergehenden Gleichung

$$E_s^2 [\sin^2(\delta - \alpha + \beta) - \sin^2 \delta] = R_s^2 [\sin^2(\alpha + \beta + \delta) - \sin^2 \delta],$$

woraus

$$E_s^2 \sin(2\delta - \alpha + \beta) \sin(\alpha - \beta) + R_s^2 \sin(\alpha + \beta + 2\delta) \sin(\alpha + \beta) = 0$$

oder mit Benutzung des Ausdrucks für $\frac{R_s}{E_s}$ aus (F_s) oder (N_s):

$$\sin(\alpha + \beta) \sin(2\delta - \alpha + \beta) + \sin(\alpha - \beta) \sin(\alpha + \beta + 2\delta) = 0$$

oder

$$[\sin(\alpha + \beta) \cos(\alpha - \beta) + \cos(\alpha + \beta) \sin(\alpha - \beta)] \sin 2\delta = 0,$$

d. h.

$$2\delta = 180^0; \quad \delta = 90^0.$$

Die analytisch noch mögliche Lösung $\delta = 0$ ist für die Optik unbrauchbar. Demnach ergibt sich:

$$E_p = E_s \cos (\alpha - \beta),$$
$$R_p = R_s \cos (\alpha + \beta),$$
$$D_p = D_s.$$

Werden hier die Werte der E_s, R_s, D_s eingeführt, so ergeben sich schließlich die gesuchten Formeln

$$(N_p) \quad \begin{cases} R_p = \dfrac{E_p \sin (\alpha - \beta) \cos (\alpha + \beta)}{\sin (\alpha + \beta) \cos (\alpha - \beta)} = E_p \dfrac{\operatorname{tg} (\alpha - \beta)}{\operatorname{tg} (\alpha + \beta)}, \\[3mm] D_p = \dfrac{E_p \sin 2\alpha}{\sin (\alpha + \beta) \cos (\alpha - \beta)}; \end{cases}$$

$$(F_p) \quad \begin{cases} R_p = \dfrac{E_p \sin (\alpha - \beta) \cos (\alpha + \beta)}{\sin (\alpha + \beta) \cos (\alpha - \beta)} = E_p \dfrac{\operatorname{tg} (\alpha - \beta)}{\operatorname{tg} (\alpha + \beta)}, \\[3mm] D_p = \dfrac{2 E_p \cos \alpha \sin \beta}{\sin (\alpha + \beta) \cos (\alpha - \beta)}. \end{cases}$$

Und das sind die bekannten Formeln, wie sie von Fresnel und F. Neumann für den Fall, daß das Licht parallel der Einfallsebene schwingt, aufgestellt worden sind.

39. *Reflexion und Brechung longitudinaler Wellen.* — Die obige Methode läßt unmittelbar *eine merkwürdige Übereinstimmung* erkennen, welche *zwischen den Formeln für die Reflexion und Brechung von transversalen Lichtwellen einerseits und longitudinalen Schallwellen anderseits* besteht.

Ich knüpfe an die vorstehenden Überlegungen an, wo ich die einfallende, die reflektierte und die gebrochene Welle mit den Amplituden E_s, R_s, D_s innerhalb der Einfallsebene in je zwei Komponenten zerlegt habe, deren eine zur Fortschreitungsrichtung der betreffenden Welle senkrecht steht, deren andere ihr parallel läuft. Während nun beim Licht die letztere Komponente wegen ihrer physikalischen Bedeutungslosigkeit verworfen wird, findet sie beim Schall ihre physikalische Deutung als longitudinale Schwingung.

Bezeichne ich die Amplituden der longitudinalen einfallenden, reflektierten und gebrochenen Wellen mit $\mathfrak{E}$, $\mathfrak{R}$, $\mathfrak{D}$, und behalte ich den vorhin eingeführten Winkel δ bei, so ergeben sich zunächst die Beziehungen

$$\mathfrak{E} = E_{\iota} \cos (\delta - \alpha + \beta),$$
$$\mathfrak{R} = R_{\iota} \cos (\alpha + \beta + \delta),$$
$$\mathfrak{D} = D_{\iota} \cos \delta.$$

Nun setzt die Herleitung der Ausdrücke für die Verhältnisse $E_{\iota} : R_{\iota} : D_{\iota}$ erstens das Reflexionsgesetz voraus, zweitens die Tatsache der Brechung und drittens die Grenzbedingung $\mathbf{e} + \mathbf{r} + n\mathbf{d} = 0$. Ich kann daher die Gültigkeit der Formeln (F_{ι}), (N_{ι}) auch auf den Schall ausdehnen, soweit er sich in *ebenen* Wellen ausbreitet.

Nehme ich ferner den oben definierten Zusammenhang zwischen Amplitude und Intensität einer Welle auch für den Schall als gültig an, so führt das Gesetz von der Erhaltung der Energie auf demselben Wege wie in der vorhergehenden Nummer zu dem Ergebnis $\sin 2\delta = 0$; denn die daselbst für transversale Wellen entwickelte Rechnung geht in die entsprechende für longitudinale Wellen über, wenn ich δ durch $90 - \delta$ ersetze. Daraus folgt einzig und allein $\delta = 0$, wenn ich mich auf die longitudinalen Wellen beschränke.

Alsdann führen obige Formeln in Verbindung mit (F_{ι}), (N_{ι}) zu Ausdrücken für die Verhältnisse $\mathfrak{E} : \mathfrak{R} : \mathfrak{D}$, welche mit den Ausdrücken für $E_p : R_p : D_p$ genau übereinstimmen.

Auf diesen Zusammenhang haben übrigens bereits Poisson (Mémoire sur le mouvement de deux fluides élastiques superposés. Mém. de l'Ac. d. Sc. **10**, 317, 1823. Paris 1903) und später G. Green (On the reflexion and refraction of sound. Mathematical Papers of the late George Green. Edited by M. Ferrers, Paris, A. Hermann, 233—242) aufmerksam gemacht.

40. *Der Fall der totalen Reflexion.* — Mit ein paar Worten will ich noch auf den vektoranalytischen Grund für die bekannte Tatsache eingehen, daß bei der Totalreflexion eine Phasenverschiebung eintritt. Dabei kann ich mich gemäß den obigen Überlegungen auf den Fall homogenen Lichtes beschränken, welches senkrecht gegen die Einfallsebene schwingt.

Wird das Licht total reflektiert, so habe ich es nur mit zwei Vektoren, dem einfallenden und dem reflektierten Lichtvektor, zu tun. Würden sich die Wellen auch jetzt noch bloß in Amplitude und Fortschreitungsrichtung, die Vektoren also bloß in Länge und Richtung unterscheiden, so würde folgen $e + r = 0$; es würde sich also ergeben, daß die beiden Vektoren in der Länge und Richtung (bei entgegengesetztem Richtungssinn) übereinstimmten. Der reflektierte Vektor hätte also gleiche Richtung mit dem einfallenden — und das trifft physikalisch im allgemeinen nicht zu. Die Voraussetzung ist daher falsch: Die einfallende und die reflektierte Welle müssen sich, außer durch Amplitude und Fortschreitungsrichtung, noch durch etwas unterscheiden, und das kann, da sie doch, wie verabredet, in der Schwingungsrichtung übereinstimmen sollen, nur die Phase sein. Die total reflektierte Welle muß daher gegen die einfallende eine Phasenverschiebung zeigen.

41. *Analogie zwischen dem Gleichgewicht an einem Faden und der Bewegung eines materiellen Punktes.* — F. Möbius hat zuerst bemerkt, daß zwischen dem Gleichgewicht an einem Faden und der Bewegung eines materiellen Punktes in mehrfacher Hinsicht Ähnlichkeit stattfindet. Wie ein Faden, auf den nur an seinen Enden Kräfte wirken, sich geradlinig ausdehnt, bewegt sich auch ein Punkt unter dem Einfluß eines Impulses geradlinig. Ebenso wie ein über eine krumme Oberfläche gespannter Faden die Gestalt der kürzesten Linie zwischen den beiden Endpunkten annimmt, beschreibt auch ein materieller Punkt, der gezwungen ist, sich auf dieser Fläche unter dem Einfluß eines Impulses zu bewegen, den Weg der kürzesten Linie.

Dieser Zusammenhang zwischen dem Gleichgewicht an einem Faden und der Bewegung eines materiellen Punktes läßt sich, worauf Herr Laisant aufmerksam gemacht hat, mit Hilfe von Vektoren in einfacher Weise darlegen.

Der materielle Punkt befinde sich in M_1 und bewege sich im Zeitelement dt nach dem unendlich benachbarten Punkt M_2 und sodann nach dem unendlich benachbarten Punkt M_3. Die zugehörigen Geschwindigkeitsvektoren seien v_1, v_2, dann kann ich setzen (Fig. 22)

$$M_2 - M_1 = v_1, \quad M_3 - M_2 = v_2 = M - M_1,$$

woraus

$$M_2 - M = v_1 - v_2.$$

Nun stellt der Zuwachs des Geschwindigkeitsvektors, dividiert durch das Zeitelement, den Beschleunigungsvektor w dar, ich kann also setzen

$$M_2 - M = w\,dt$$

und daher

$$v_1 - v_2 - w\,dt = 0.$$

Anderseits sei $M_1 M_2$ das Linienelement ds eines unausdehnbaren Fadens, der unter dem Einfluß des äußeren Impulses f, bezogen auf die Längeneinheit, steht; dann wirkt auf das Linienelement der Impuls $f\,ds$, und dieser rufe in den Endpunkten von ds die Spannungen T_1 und T_2 hervor. Diese drei Kräfte müssen einander aufheben, wenn an dem Faden Gleichgewicht bestehen soll.

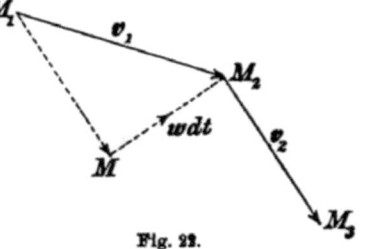

Fig. 22.

Stelle ich nun die Kräfte durch die Vektoren $f\,ds$, T_1, T_2 dar, so lautet die Gleichgewichtsbedingung

$$T_1 + T_2 + f\,ds = 0.$$

Es ergeben sich also bei den beiden in Rede stehenden Problemen Vektorbeziehungen der Form $a + b + c = 0$. Ich kann daher in Analogie setzen die Spannung mit der Geschwindigkeit und den Impuls $f\,ds$ mit der Beschleunigung $w\,dt$. Die Analogie wird vollständig festgelegt, wenn ich setze

$$T = kv, \quad f\,ds = -kw\,dt,$$

wo k einen Proportionalitätsfaktor bezeichnet.

Hiernach lauten die Formeln, welche den Übergang von der Gleichgewichtsform eines unausdehnbaren Fadens zu der Bahnkurve eines materiellen Punktes vermitteln, wegen $ds = vdt$:

$$T = kv, \quad f = -\frac{kw}{v}$$

und umgekehrt

$$v = \frac{T}{k}, \quad w = -\frac{fv}{k} = -\frac{fT}{k^2}.$$

Ich begnüge mich, auf drei Anwendungen dieser Analogie hinzuweisen. Bei der parabolischen Bewegung eines schweren Körpers im leeren Raum ist bekanntlich die Horizontalkomponente der Geschwindigkeit konstant. Aus den Umsetzungsformeln ist zu schließen, daß, wenn die Horizontalkomponente der Spannung konstant ist, die Gleichgewichtsform des schweren Fadens eine Parabel darstellt.

Wie man umgekehrt aus dem Gleichgewicht zwischen Kräften, die auf einen Faden wirken, auf die Bewegung eines Körpers einen Schluß ziehen kann, zeigt das Beispiel der Kettenlinie. Wird ein schwerer Faden an seinen Endpunkten befestigt, so nimmt er die Form der Kettenlinie an. In diesem Fall ist also der Impuls f von konstanter Größe und Richtung. Dementsprechend wird ein Körper unter dem Einfluß einer beschleunigenden Kraft, die seiner jeweiligen Geschwindigkeit proportional ist und konstante Richtung hat, eine Kettenlinie beschreiben.

Endlich, bei der elastischen Linie ist bekanntlich die Differenz der Spannungen in irgend zwei Punkten proportional der Differenz der zugehörigen Krümmungsquadrate. Demnach beschreibt derjenige Körper die Bahn der elastischen Linie, für welchen sich die Geschwindigkeit in irgendeinem Punkt dem zugehörigen Krümmungsquadrat proportional ändert.

42. Das Ohm sche *Gesetz für Wechselstrom.* — In einem Stromkreise herrsche eine E. M. K. und bringe einen Wechselstrom hervor. Unter den veränderlichen Strömen nehmen diejenigen eine ausgezeichnete Stellung ein, welche sich nur durch Amplitude, Phase und Frequenz unterscheiden. Ich beschränke die Betrachtung auf diese besondere Art von Wechselströmen. Ferner sollen sich Spannung und Strom eines und desselben Wechselstroms nur noch durch Amplitude und Phase unterscheiden. Ich kann daher die Spannung eines solchen Wechselstroms als einen Vektor auffassen, dessen Länge ein Maß der Spannungsamplitude gibt, und dessen Richtung die Phase der Wechselstromspannung bestimmt. Dieser Vektor heiße Spannungsvektor.

Ebenso läßt sich der Strom als Vektor darstellen, wenn ich seine Länge zur Stromamplitude und seine Richtung zur Phase des Stromes in Beziehung setze. Dieser Vektor heiße Stromvektor.

Indem ich Widerstand, Selbstinduktion und Kapazität als konstant voraussetze, erhalte ich einen Wechselstromkreis, dessen physikalischer Zustand durch jene beiden Vektoren vollständig charakterisiert ist, einen „ebenen" Wechselstromkreis.

Noch einen Vektor führe ich ein, der dem Stromvektor um 90^0 in seiner Richtung, d. i. Phase, vorauseilt, dessen Länge aber mit derjenigen des Stromvektors übereinstimmt, ich nenne ihn den magnetischen oder wattlosen Vektor.

Endlich entnehme ich der Physik das Prinzip von der Erhaltung der Energie in der Form, daß die Arbeit, welche die E. M. K. in der Zeiteinheit leistet, sich einmal aus dem Jouleschen Effekt, d. i. der in Wärme umgesetzten Energie zusammensetzt und zweitens aus der inneren Stromenergie oder magnetischen Energie. Die erstere wird aufgewendet, um den Stromvektor, die letztere, um den dazu senkrechten magnetischen Vektor hervorzubringen. Jene ist gleich JR^2, diese gleich

$$\left(L\omega - \frac{1}{\omega C}\right) J^2,$$

wo R den Ohmschen Widerstand, L die Selbstinduktion, C die Kapazität, $\frac{\omega}{2\pi}$ die Frequenz und J die Intensität des Wechselstroms bedeuten.

Nenne ich nunmehr den Spannungsvektor $\mathfrak{e}$ und den Stromvektor $\mathfrak{i}$, so läßt sich durch diese beiden jeder andere Vektor desselben „ebenen" Wechselstromkreises linear darstellen.

Derselben Ebene gehört aber der wattlose Vektor an, welcher, unter Benutzung des Ergänzungsstriches, mit $|\mathfrak{i}$ bezeichnet werden darf. Demnach kann ich ansetzen

$$\mathfrak{e} = x\mathfrak{i} + y\,|\mathfrak{i}.$$

Um die Koeffizienten x, y zu bestimmen, multipliziere ich die Gleichung zunächst innerlich mit $\mathfrak{i}$:

$$\mathfrak{e}\,|\,\mathfrak{i} = x\,[\mathfrak{i}\,|\,\mathfrak{i}] + y\,[\,|\,\mathfrak{i}\,|\,\mathfrak{i}]$$

und finde, da $|\mathfrak{i}\,|\,\mathfrak{i}$ verschwindet:

$$x = \frac{\mathfrak{e}\,|\,\mathfrak{i}}{\mathfrak{i}\,|\,\mathfrak{i}}.$$

Ebenso liefert die äußere Multiplikation mit $\mathfrak{i}$

$$\mathfrak{i}\mathfrak{e} = x\,[\mathfrak{i}\mathfrak{i}] + y\,[\mathfrak{i}\,|\,\mathfrak{i}],$$

woraus, da $[\mathfrak{i}\mathfrak{i}]$ verschwindet:

$$y = \frac{\mathfrak{i}\mathfrak{e}}{\mathfrak{i}\,|\,\mathfrak{i}}.$$

Die Amplituden von Strom und Spannung seien J bzw. E, dann ist der gemeinsame Nenner

$$\mathfrak{i}\,|\,\mathfrak{i} = J^2.$$

Um die Zähler auszuwerten, erinnere ich an die mechanische Deutung, welche das innere Produkt aus Kraft- und Wegvektor zuläßt (Nr. 31). Die entsprechende Deutung für die Theorie der veränderlichen Ströme ergibt sich, wenn ich an die Stelle des Kraftvektors den Vektor, der die E. M. K. darstellt, und an die Stelle des Wegvektors den Stromvektor setze. Daher wird das innere Produkt $\mathfrak{e}\,|\,\mathfrak{i}$ den von der E. M. K. des Wechselstroms in der Zeiteinheit geleisteten Jouleschen Effekt darstellen:

$$\mathfrak{e}\,|\,\mathfrak{i} = RJ^2.$$

Was endlich das äußere Produkt $[\mathfrak{i}\mathfrak{e}]$ angeht, so läßt sich dasselbe als inneres Produkt aus $\mathfrak{e}$ und $|\mathfrak{i}$ auffassen; nämlich

$$\mathfrak{i}\mathfrak{e} = -\mathfrak{e}\mathfrak{i} = [\mathfrak{e} - \mathfrak{i}] = [\mathfrak{e}\,|\,(|\,\mathfrak{i})],$$

weil ja $\|\mathfrak{i} = -\mathfrak{i}$. Demnach bedeutet $[\mathfrak{i}\mathfrak{e}]$ die Arbeit, welche die E. M. K. des Wechselstroms in der Zeiteinheit leistet, in-

dem sie das magnetische Feld hervorbringt. Also kann ich
setzen

$$ie = \left(L\omega - \frac{1}{\omega C}\right)J^2.$$

Hiernach nimmt obige Identität folgende Form an (vgl. Fig. 23)

$$e = Ri + \left(L\omega - \frac{1}{\omega C}\right)|i.$$

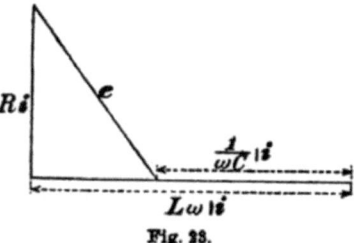

Fig. 23.

Um von den Vektorgrößen zu
den Skalargrößen überzugehen,
nehme ich von dieser Gleichung
die Ergänzung:

$$|e = R|i - \left(L\omega - \frac{1}{\omega C}\right)i$$

und multipliziere die beiden letzterhaltenen Vektorgleichungen
äußerlich miteinander, so entsteht

$$E^2 = R^2 J^2 + \left(L\omega - \frac{1}{\omega C}\right)^2 J^2$$

oder

$$E = J\sqrt{R^2 + \left(L\omega - \frac{1}{\omega C}\right)^2},$$

und das ist das Ohmsche Gesetz für den Wechselstrom, wenn
Ohmscher Widerstand, Induktanz und Kapazität als konstant
angesehen werden dürfen.

Es verdient besonders hervorgehoben zu werden, daß die
vorstehende Herleitung an die Stelle der üblichen Voraussetzung
von sinoidalen Wechselströmen die andere setzt, daß sich der
Wechselstrom als Vektor darstellen läßt sowie daß sie von
dem Differentialzeichen keinen Gebrauch macht.

Weiter ist es lehrreich, auf den Unterschied hinzuweisen,
welcher zwischen den hier benutzten Vektoren und denen besteht, die ich bei der Herleitung von Fresnels und Neumanns
Intensitätsformeln verwendet habe (vgl. Nr. 38). Während
diesen physikalische Bedeutung zukommt, sind jene nur als
graphische Vektoren, im Gegensatz zu den *physikalischen* Vektoren, anzusprechen.

43. *Die* Wheatstonesche *Brücke für Wechselstrom.* — Die Wheatstonesche Brücke dient dazu, Widerstände zu messen. Seien vier Leitungen I, II, III, IV gegeben, von denen I und II sowie III und IV in Reihe geschaltet sind (Fig. 24). Ich stelle zunächst die Frage: Was heißt Reihenschaltung bei Wechselströmen gleicher Frequenz? Es müssen die Stromintensitäten der Größe und der Phase nach übereinstimmen. Führe ich daher graphische Vektoren ein und nenne die Stromvektoren i_1, i_2, i_3, i_4, wobei die Länge des Vektors die Stromamplitude und seine Richtung die Phase des Stromes bestimmt, dann verlangt die Reihenschaltung an der Wheatstoneschen Brücke, daß

$$i_2 = i_1, \quad i_4 = i_3.$$

Weiter seien die Vektoren der Klemmenspannung e_1, e_2, e_3, e_4. Nun lautet die einfachste, bei der Widerstandsmessung zu er-

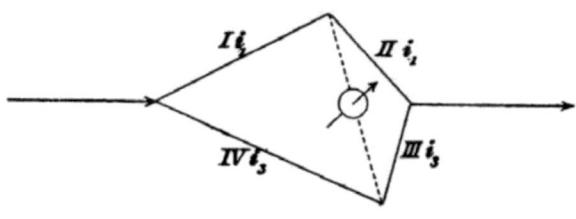

Fig. 24.

füllende Bedingung, es soll die Brücke stromlos sein. Dann müssen die Spannungsvektoren an den Enden der Brücke einander gleich sein, also

$$e_4 = e_1.$$

Wenn aber durch die Brücke kein Strom fließt, müssen die Klemmenspannungen in der zweiten und dritten Leitung in Amplitude und Phase übereinstimmen, d. h.

$$e_3 = e_2.$$

Nunmehr seien die Widerstände der Leitungen R_ν, die Selbstinduktionskoeffizienten L_ν, die Kapazitäten C_ν ($\nu = 1, 2, 3, 4$) und die Frequenz der Ströme $\frac{\omega}{2\pi}$. Alsdann liefert das Ohmsche Gesetz in seiner vektoriellen Form (vgl. Nr. **42**) mit Rücksicht auf die obigen Bedingungen

$$e_1 = R_1 i_1 + \varDelta_1 \,|\, i_1,$$
$$e_2 = R_2 i_1 + \varDelta_2 \,|\, i_1,$$
$$e_3 = R_3 i_3 + \varDelta_3 \,|\, i_3,$$
$$e_1 = R_4 i_3 + \varDelta_4 \,|\, i_3,$$

wobei zur Abkürzung

$$\varDelta_\nu = L_\nu \omega - \frac{1}{\omega C_\nu} \qquad (\nu = 1, 2, 3, 4)$$

gesetzt ist. Multipliziere ich die einzelnen Gleichungen innerlich *mit sich selber*, so entsteht

$$E_1^2 = (R_1^2 + \varDelta_1^2)J_1^2 = (R_4^2 + \varDelta_4^2)J_3^2,$$
$$E_2^2 = (R_2^2 + \varDelta_2^2)J_1^2 = (R_3^2 + \varDelta_3^2)J_3^2,$$

woraus

$$\frac{R_1^2 + \varDelta_1^2}{R_4^2 + \varDelta_4^2} = \frac{R_2^2 + \varDelta_2^2}{R_3^2 + \varDelta_3^2}.$$

Multipliziere ich anderseits dieselben Gleichungen äußerlich
bzw. innerlich *miteinander*, so wird

$$e_1 e_2 = (R_1 \varDelta_2 - R_2 \varDelta_1)J_1^2 = (R_4 \varDelta_3 - R_3 \varDelta_4)J_3^2,$$
$$e_1 \,|\, e_2 = (R_1 R_2 + \varDelta_1 \varDelta_2)J_1^2 = (R_3 R_4 + \varDelta_3 \varDelta_4)J_3^2,$$

woraus

$$\frac{R_1 \varDelta_2 - R_2 \varDelta_1}{R_4 \varDelta_3 - R_3 \varDelta_4} = \frac{R_1 R_2 + \varDelta_1 \varDelta_2}{R_3 R_4 + \varDelta_3 \varDelta_4}.$$

Und das sind die Relationen zwischen den Widerständen
an der Wheatstoneschen Brücke für Wechselstrom, welche
zuerst Herr Görges aufgestellt hat.

44. *Ein Satz von* Blondel *über den Drehstrom.* — Die
Ströme eines Dreiphasensystems, denen verschieden große
Intensitäten und Phasen zukommen, mögen an den Ecken des
Dreiecks $A_1 A_2 A_3$ eintreten (Fig. 25 s. S. 74), dann entsteht die
Frage nach der Arbeit, welche die drei Ströme an irgendeiner
Stelle, sagen wir im Punkte O, leisten.

Ich nenne die zugehörigen Stromvektoren i_1, i_2, i_3, so
muß nach dem Kirchhoffschen Gesetz der Stromteilung

$$i_1 + i_2 + i_3 = 0$$

sein, was besagt, daß es möglich ist, aus den Stromvektoren
ein Dreieck zu konstruieren.

Nun ist die Arbeit, welche der Stromvektor i_1 leistet, indem er sich um die Strecke $O - A_1$ parallel verschiebt, gleich $[i_1 \mid O - A_1]$, daher die gesamte Arbeit, welche geleistet wird, indem sich i_1, i_2, i_3 bzw. um die Strecken $O - A_1$, $O - A_2$, $O - A_3$ parallel verschieben, gleich

$$[i_1 \mid O - A_1] + [i_2 \mid O - A_2] + [i_3 \mid O - A_3];$$

und dieser Ausdruck läßt sich wegen der Kirchhoffschen Bedingung wie folgt umformen:

$$[i_1 \mid O - A_1] + [i_2 \mid O - A_2] - [(i_1 + i_2) \mid O - A_3]$$
$$= [i_1 \mid (O - A_1 - O + A_3)] + [i_2 \mid (O - A_2 - O + A_3)]$$
$$= [i_1 \mid A_3 - A_1] + [i_2 \mid A_3 - A_2],$$

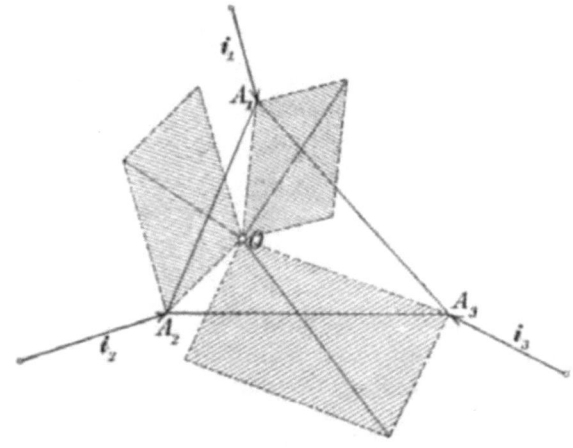

Fig. 25.

d. h. die in Rede stehende Arbeit des Drehstroms ist unabhängig von dem Punkt O, und zwar ist sie an allen Stellen dieselbe, wie wenn O nach einer Ecke A rückte.

Bei der graphischen Darstellung des Dreiphasenstroms bedient man sich gewöhnlich des gleichseitigen Dreiecks und benutzt den Blondelschen Satz nur für diesen speziellen Fall. Der obige Beweis macht über die Form des Dreiecks gar keine Voraussetzung, Blondels Satz gilt allgemein für jedes Dreieck.

Sechstes Kapitel.

Die regressive Multiplikation.

45. *Tabellarische Zusammenfassung der eingeführten extensiven Größen. Definition der regressiven Multiplikation.* — Ich will zunächst einen Rückblick werfen auf die eingeführten, von Graßmann *extensiv* genannten Richtungsgrößen und sie sämtlich in einer Tabelle zusammenstellen, zugleich mit ihrer Bezeichnung. Nebenbei sei bemerkt, daß Graßmann dem Punkte die Stufenzahl Eins, der Geraden die Stufe Zwei und der Ebene die Stufe Drei zuerteilt.

Tabelle II.

Gebilde der Ebene	Bezeichnung
Punkt	A
freier Vektor	$B - A = \mathfrak{a}$
Ergänzung des freien Vektors	$\mid B - A = \mid \mathfrak{a}$
gebundener Vektor = Stab	$[AB] = [A\,\mathfrak{a}] = \mathfrak{a}$
äußeres Produkt zweier freier Vektoren	$[B - A \quad C - B] = [\mathfrak{a}\,\mathfrak{b}]$
äußeres Produkt dreier Punkte	$[ABC] \doteq [A\,\mathfrak{a}\,\mathfrak{b}] = [\mathfrak{a}\,b]$
skalares Produkt zweier freier Vektoren	$[B - A \mid C - B] = [\mathfrak{a} \mid \mathfrak{b}]$

Die bisher betrachteten Verbindungen von Punkten und freien Vektoren überschreiten nicht die Dimension 2. Wie ist es nun mit den extensiven Verbindungen, deren Dimension > 2 ist?

Auf diese Frage will ich jetzt, am Schluß des ersten Abschnitts, noch kurz eingehen. Wir haben gesehen, daß das

äußere Produkt zweier Punkte die Verbindung derselben, nämlich die Gerade, und das äußere Produkt dreier Punkte
das durch sie bestimmte Dreieck liefert. Ich will dieses
Resultat verallgemeinern, indem ich von der *Dualität* Gebrauch
mache, welche in der Ebene zwischen Punkten und Geraden
besteht. Dann kann ich festsetzen, daß das äußere Produkt
zweier Geraden den Schnittpunkt derselben darstellen soll,
ferner das äußere Produkt dreier Geraden das von ihnen um-
schlossene Dreiseit. Dementsprechend soll in dem Vektordreieck $E_1 E_2 E_3$ sein:

$$[E_2 E_3 \ E_2 E_3] = \quad [E_3 E_1 \ E_3 E_1] = [E_1 E_2 \ E_1 E_2] = 0,$$

$$[E_3 E_1 \ E_1 E_2] = - \ [E_1 E_2 \ E_3 E_1] = E_1 [E_1 E_2 E_3],$$

$$[E_1 E_2 \ E_2 E_3] = - \ [E_2 E_3 \ E_1 E_2] = E_2 [E_1 E_2 E_3],$$

$$[E_2 E_3 \ E_3 E_1] = - \ [E_3 E_1 \ E_2 E_3] = E_3 [E_1 E_2 E_3];$$

$$[E_2 E_3 \ E_3 E_1 \ E_1 E_2] = - [E_2 E_3 \ E_1 E_2 \ E_3 E_1] = [E_1 E_2 E_3]^2.$$

Vektorielle Produkte dieser Art nennt Graßmann *regres-
sive* Produkte und spricht von einer *regressiven* Multiplikation im
Gegensatze zu der *progressiven* Multiplikation, welche den
Gegenstand der vorhergehenden Kapitel bildet.

Den Nutzen und die Verwendung der regressiven Produkte
will ich an einigen Beispielen darlegen.

46. *Ein Satz von* Schröter *aus der Dreiecksgeometrie.* —
Die Fußpunkte zweier Tripel von Eckenlinien, welche zu zwei
beliebigen Punkten eines Dreiecks gehören, liegen auf einem
Kegelschnitt. Gleichung und Mittelpunkt dieses Kegelschnitts
zu bestimmen.

Das Dreieck heiße $E_1 E_2 E_3$, die beiden Punkte seien

$$\alpha P = \alpha_1 E_1 + \alpha_2 E_2 + \alpha_3 E_3, \quad \alpha_1 + \alpha_2 + \alpha_3 = \alpha,$$

$$\beta Q = \beta_1 E_1 + \beta_2 E_2 + \beta_3 E_3, \quad \beta_1 + \beta_2 + \beta_3 = \beta.$$

Nenne ich die Eckenpunkte P_i, Q_i ($i = 1, 2, 3$), so ist
zunächst

$$(\alpha_2 + \alpha_3)P_1 = \alpha_2 E_2 + \alpha_3 E_3, \quad (\beta_2 + \beta_3)Q_1 = \beta_2 E_2 + \beta_3 E_3,$$
$$(\alpha_3 + \alpha_1)P_2 = \alpha_3 E_3 + \alpha_1 E_1, \quad (\beta_3 + \beta_1)Q_2 = \beta_3 E_3 + \beta_1 E_1,$$
$$(\alpha_1 + \alpha_2)P_3 = \alpha_1 E_1 + \alpha_2 E_2, \quad (\beta_1 + \beta_2)Q_3 = \beta_1 E_1 + \beta_2 E_2.$$

Um zu beweisen, daß die Kurve, auf welcher die Punkte P_i, Q_i liegen, ein Kegelschnitt ist, mache ich von dem *Pascalschen* Satze Gebrauch. Ich betrachte das Sechseck, gebildet aus den Seiten

$$Q_3 P_3, \quad P_3 P_2, \quad P_2 Q_2,$$
$$Q_2 Q_1, \quad Q_1 P_1, \quad P_1 Q_3,$$

bestimme die Schnittpunkte

$$[Q_3 P_3 \; Q_2 Q_1], \quad [P_3 P_2 \; Q_1 P_1], \quad [P_2 Q_2 \; P_1 Q_3]$$

und zeige, daß das vektorielle Produkt dieser drei Schnittpunkte verschwindet, daß also diese Punkte kollinear liegen.

Will ich sodann die Gleichung dieses Kegelschnitts aufstellen, so führe ich den beliebigen Punkt

$$X = x_1 E_1 + x_2 E_2 + x_3 E_3$$

ein und betrachte das Sechseck, gebildet aus den Seiten

$$Q_3 P_3, \quad P_3 X, \quad X P_2,$$
$$P_2 Q_2, \quad Q_2 Q_1, \quad P_1 Q_3.$$

Dann müssen die Schnittpunkte

$$[Q_3 P_3 \; P_2 Q_2], \quad [P_3 X \; Q_2 P_1], \quad [X P_2 \; P_1 Q_3]$$

in gerader Linie liegen, ihr vektorielles Produkt muß verschwinden. Die Gleichung des Kegelschnitts lautet daher

$$[Q_3 P_3 \; P_2 Q_2 \quad P_3 X \; Q_2 P_1 \quad X P_2 \; P_1 Q_3] = 0.$$

Durch Ausführung der Multiplikation, unter Verwendung der obigen Darstellungen für die P_i, Q_i, X, ergibt sich

$$\frac{x_1^2}{\alpha_1 \beta_1} + \frac{x_2^2}{\alpha_2 \beta_2} + \frac{x_3^2}{\alpha_3 \beta_3} - \left(\frac{1}{\alpha_3 \beta_3} + \frac{1}{\alpha_3 \beta_2}\right) x_2 x_3 - \left(\frac{1}{\alpha_3 \beta_1} + \frac{1}{\alpha_1 \beta_3}\right) x_3 x_1$$
$$- \left(\frac{1}{\alpha_1 \beta_2} + \frac{1}{\alpha_2 \beta_1}\right) x_1 x_2 = 0.$$

Sind die beiden Punkte P, Q der Schwerpunkt bzw. Höhenschnittpunkt, so geht der Kegelschnitt in den Feuerbachschen Kreis über, dessen Gleichung lautet

$$[\mathfrak{a}_2|\mathfrak{a}_3]x_1^2+[\mathfrak{a}_3|\mathfrak{a}_1]x_2^2+[\mathfrak{a}_1|\mathfrak{a}_2]x_3^2+a_1^2x_2x_3+a_2^2x_3x_1+a_3^2x_1x_2=0$$

oder

$$(a_2^2+a_3^2-a_1^2)x_1^2+(a_3^2+a_1^2-a_2^2)x_2^2+(a_1^2+a_2^2-a_3^2)x_3^2$$
$$-2a_1^2x_2x_3-2a_2^2x_3x_1-2a_3^2x_1x_2=0,$$

wenn die Seiten des Bezugsdreiecks mit a_1, a_2, a_3 bezeichnet werden.

Der Mittelpunkt des Schröterschen Kegelschnitts ist

$$*M=\beta_1\beta_2\beta_3\,\alpha^2\Sigma\alpha_k\alpha_i\beta_i\cdot P+\alpha_1\alpha_2\alpha_3\beta^2\Sigma\beta_k\beta_i\alpha_i\cdot Q$$
$$+\alpha_1\alpha_2\alpha_3\beta_1\beta_2\beta_3\alpha\beta\cdot(P+Q)$$
$$-(\alpha_2\beta_3+\alpha_3\beta_2)(\alpha_3\beta_1+\alpha_1\beta_3)(\alpha_1\beta_2+\alpha_2\beta_1)\cdot\Sigma\alpha_i\beta_iE_i$$

$$(i=1,\ 2,\ 3;\ i,\ k,\ l=1,\ 2,\ 3;\ 2,\ 3,\ 1;\ 3,\ 1,\ 2),$$

wo der Stern links die Gewichtssumme andeuten soll.

Endlich die Pascalsche Gerade stellt sich dar in der Form $\alpha_3\beta_2\mathfrak{a}_1+\alpha_1\beta_3\mathfrak{a}_2+\alpha_2\beta_1\mathfrak{a}_3$, wo $\mathfrak{a}_i=E_l-E_k$ ist.

47. Carnots *Satz über sechs Punkte eines Kegelschnitts.* — Seien 1, 2, 3, 4, 5, 6, sechs Punkte und die äußeren Produkte [1 2], [2 3], [3 4], [4 5], [5 6], [6 1] die Seiten eines von ihnen gebildeten Sechsecks. Ich drücke drei dieser Seiten, etwa [1 2], [3 4], [5 6] durch ihre Gegenseiten aus

$$[1\,2]=p_1[2\,3]+q_1[4\,5]+r_1[6\,1],$$
$$[3\,4]=p_2[2\,3]+q_2[4\,5]+r_2[6\,1],$$
$$[5\,6]=p_3[2\,3]+q_3[4\,5]+r_3[6\,1].$$

Die Verhältnisse $p_i:q_i:r_i$ lassen sich bestimmen, indem ich die Gleichungen der Reihe nach mit 1 und 2, 3 und 4, 5 und 6 äußerlich multipliziere. Es folgt:

$$p_1[1\,2\,3] + q_1[1\,4\,5] = 0, \qquad q_1[2\,4\,5] + r_1[2\,6\,1] = 0,$$
$$q_2[3\,4\,5] + r_2[3\,6\,1] = 0, \qquad p_2[4\,2\,3] + r_2[4\,6\,1] = 0,$$
$$p_3[5\,2\,3] + r_3[5\,6\,1] = 0, \qquad p_3[6\,2\,3] + q_3[6\,4\,5] = 0,$$

woraus insbesondere

$$\frac{p_1}{r_1} = \frac{[1\,4\,5][2\,6\,1]}{[1\,2\,3][2\,4\,5]}, \qquad \frac{q_2}{p_2} = \frac{[3\,6\,1][4\,2\,3]}{[3\,4\,5][4\,6\,1]}, \qquad \frac{r_3}{q_3} = \frac{[5\,2\,3][6\,4\,5]}{[5\,6\,1][6\,2\,3]}.$$

Sollen nun die sechs Punkte auf einem Kegelschnitt liegen, so muß nach dem Satze des *Pascal* sein

$$[1\,2 \quad 4\,5 \quad 3\,4 \quad 6\,1 \quad 5\,6 \quad 2\,3] = 0.$$

Aus den obigen Gleichungen folgt aber

$$[1\,2 \quad 4\,5] = p_1[2\,3 \quad 4\,5] + r_1[6\,1 \quad 4\,5],$$
$$[3\,4 \quad 6\,1] = p_2[2\,3 \quad 6\,1] + q_2[4\,5 \quad 6\,1],$$
$$[5\,6 \quad 2\,3] = q_3[4\,5 \quad 2\,3] + r_3[6\,1 \quad 2\,3]$$

und daher durch äußere Multiplikation

$$[1\,2\ 4\,5\ 3\,4\ 6\,1\ 5\,6\ 2\,3] = p_1 q_2 r_3 [2\,3\ 4\,5\ 4\,5\ 6\,1\ 6\,1\ 2\,3] +$$
$$+\, r_1 p_2 q_3 [6\,1\ 4\,5\ 2\,3\ 6\,1\ 4\,5\ 2\,3] =$$
$$= (p_1 q_2 r_3 - r_1 p_2 q_3)[2\,3\ 4\,5\ 4\,5\ 6\,1\ 6\,1\ 2\,3].$$

Hiernach führt die Kegelschnittsbedingung dazu, die rechte Seite gleich Null zu setzen. Da nun der zweite Faktor i. a. nicht identisch verschwindet, muß $p_1 q_2 r_3 - r_1 p_2 q_3$ verschwinden. Führe ich hier die oben gefundenen Werte ein, so ergibt sich die Relation

$$[1\,4\,5][2\,6\,1][3\,6\,1][4\,2\,3][5\,2\,3][6\,4\,5] -$$
$$[1\,2\,3][2\,4\,5][3\,4\,5][4\,6\,1][5\,6\,1][6\,2\,3] = 0,$$

und das ist die bekannte Carnotsche Relation zwischen sechs Punkten auf dem Kegelschnitt, wenn man bedenkt (vgl. Nr. **23**), daß ein äußeres Produkt wie z. B. [145] nichts anderes ist als der doppelte Flächeninhalt des durch die Punkte 1, 4, 5 bestimmten Dreiecks, also mit der Determinante, gebildet aus den neun baryzentrischen Koordinaten dieser Punkte, übereinstimmt.

48. Pappus' *Satz über sechs Punkte eines Kegelschnitts.* —
Aus dem ersten Gleichungssystem der vorigen Nr. folgt

$$[1\,2\,4] = p_1[2\,3\,4] + r_1[6\,1\,4],$$
$$[3\,5\,6] = q_3[3\,4\,5] + r_3[3\,6\,1]$$

und hieraus, wenn die erste Gleichung mit $r_3[3\,6\,1]$, die zweite
mit $-r_1[6\,1\,4]$ erweitert wird, durch Addition

$$r_3[1\,2\,4][3\,6\,1] - r_1[3\,5\,6][6\,1\,4] = p_1 r_3[2\,3\,4][3\,6\,1] -$$
$$- q_3 r_1[3\,4\,5][6\,1\,4].$$

Wegen der in voriger Nr. gewonnenen Beziehung

$$\frac{q_3}{p_1} = \frac{[3\,6\,1][2\,3\,4]}{[3\,4\,5][6\,1\,4]}$$

wird die rechte Seite proportional dem Ausdruck

$$p_1 q_2 r_3 - r_1 p_2 q_3,$$

welcher nach dem **Carnot**schen Theorem verschwindet. Daher muß auch die linke Seite verschwinden. Um nun r_1 und r_2 durch die gegebenen Punkte auszudrücken, gehe ich wieder von dem ersten Gleichungssystem voriger Nr. aus und multipliziere die erste sowohl wie die dritte Gleichung äußerlich mit $[2\,3\quad 4\,5]$, so erhalte ich

$$r_1[6\,1\quad 2\,3\quad 4\,5] = [1\,2\,3][2\,4\,5],$$
$$r_3[6\,1\quad 2\,3\quad 4\,5] = [2\,3\,5][4\,5\,6].$$

Werden diese Ausdrücke oben eingeführt, so ergibt sich die gesuchte Relation

$$[1\,2\,4][1\,3\,6][2\,3\,5][4\,5\,6] - [1\,2\,3][1\,4\,6][2\,4\,5][3\,5\,6] = 0,$$

und das ist der Satz des **Pappus**.

49. *Übungen aus der Dreiecksgeometrie.* — 1) Der Umkegelschnitt des Dreiecks $E_1 E_2 E_3$ mit dem beliebigen Punkt $2\alpha \cdot M = \alpha_1 E_1 + \alpha_2 E_2 + \alpha_3 E_3$, $2\alpha = \alpha_1 + \alpha_2 + \alpha_3$, als Mittelpunkt, hat die baryzentrische Gleichung

$$\alpha_1(\alpha - \alpha_1) x_2 x_3 + \alpha_2(\alpha - \alpha_2) x_3 x_1 + \alpha_3(\alpha - \alpha_3) x_1 x_2 = 0,$$

wo x_1, x_2, x_3 die homogenen Koordinaten eines beliebigen Punktes X des Kegelschnitts bedeuten.

Rückt insbesondere der Punkt M in den Schwerpunkt des Dreiecks, so wird die Gleichung des zugehörigen Umkegelschnitts

$$x_2 x_3 + x_3 x_1 + x_1 x_2 = 0 \quad \text{oder} \quad \frac{1}{x_1} + \frac{1}{x_2} + \frac{1}{x_3} = 0,$$

und das ist die kleinste Umellipse des Dreiecks.

Rückt M in den Mittelpunkt des Umkreises

$$a_1{}^2(a_2{}^2 + a_3{}^2 - a_1{}^2) E_1 + a_2{}^2(a_3{}^2 + a_1{}^2 - a_2{}^2) E_2 + a_3{}^2(a_1{}^2 + a_2{}^2 - a_3{}^2) E_3,$$

so ergibt sich die Gleichung des Umkreises

$$a_1{}^2 x_2 x_3 + a_2{}^2 x_3 x_1 + a_3{}^2 x_1 x_2 = 0 \quad \text{oder} \quad \frac{a_1{}^2}{x_1} + \frac{a_2{}^2}{x_2} + \frac{a_3{}^2}{x_3} = 0$$

in Übereinstimmung mit der in Nr. **36**, 7) angegebenen Bedingung für das Kreisviereck $E_1 E_2 E_3 X$.

2) Der Kegelschnitt, welcher die Seiten des Dreiecks $A_1 A_2 A_3$ in den Eckenpunkten von $\alpha P = \alpha_1 A_1 + \alpha_2 A_2 + \alpha_3 A_3$ (d. i. in den Schnittpunkten der Eckenlinien $A_1 P$, $A_2 P$, $A_3 P$ bzw. mit $A_2 A_3$, $A_3 A_1$, $A_1 A_2$) berührt, hat zur Gleichung

$$\frac{x_1{}^2}{\alpha_1{}^2} + \frac{x_2{}^2}{\alpha_2{}^2} + \frac{x_3{}^2}{\alpha_3{}^2} - \frac{2 x_2 x_3}{\alpha_2 \alpha_3} - \frac{2 x_3 x_1}{\alpha_3 \alpha_1} - \frac{2 x_1 x_2}{\alpha_1 \alpha_2} = 0.$$

Es ist eine Ellipse, Parabel oder Hyperbel, je nachdem $\frac{1}{\alpha_1} + \frac{1}{\alpha_2} + \frac{1}{\alpha_3} \gtrless 0$. Sein Mittelpunkt stellt sich dar als

$$2(\alpha_2 \alpha_3 + \alpha_3 \alpha_1 + \alpha_1 \alpha_2) M = \alpha_1 (\alpha_2 + \alpha_3) A_1 + \alpha_2 (\alpha_3 + \alpha_1) A_2 + \alpha_3 (\alpha_1 + \alpha_2) A_3.$$

Die einfache Umformung vermittelst $\alpha = \alpha_1 + \alpha_2 + \alpha_3$:

$$*M = \alpha (\alpha_1 A_1 + \alpha_2 A_2 + \alpha_3 A_3) - (\alpha_1{}^2 A_1 + \alpha_2{}^2 A_2 + \alpha_3{}^2 A_3)$$

läßt erkennen, daß der Mittelpunkt mit dem beliebig vorgegebenen Punkt P und dem verallgemeinerten Lemoineschen Punkt des Dreiecks kollinear liegt.

Der Mittelpunkt M ist ferner, wie zuerst Schroeter und Pisani bemerkt haben, der Schnittpunkt der drei Verbindungslinien $D_1 D_1{}'$, $D_2 D_2{}'$, $D_3 D_3{}'$, wo D_1, D_2, D_3 die Seitenmitten und $D_1{}'$, $D_2{}'$, $D_3{}'$ die Mitten der Eckenlinien bezeichnen.

3) Liegen zwei demselben Kegelschnitt einbeschriebene Dreiecke zueinander dreifach perspektiv, so liegen ihre Perspektivitätszentren in einer Geraden.

4) Liegt ein Dreieck zum Bezugsdreieck $A_1 A_2 A_3$ dreifach perspektiv, und hat es mit ihm den Schwerpunkt gemein, so liegen auf seinem Umkreise der Lemoinesche Punkt

$$a_1{}^2 A_1 + a_2{}^2 A_2 + a_3{}^2 A_3$$

und zwei der Perspektivitätszentren, nämlich $\frac{A_1}{a_2{}^2} + \frac{A_2}{a_3{}^2} + \frac{A_3}{a_1{}^2}$ und $\frac{A_1}{a_3{}^2} + \frac{A_2}{a_1{}^2} + \frac{A_3}{a_2{}^2}$.

5) Der Veronesesche Satz für dreifach perspektive Dreiecke ist ein spezieller Fall des folgenden Theorems: Sind zwei Dreiecke $U_1 U_2 U_3$, $V_1 V_2 V_3$ zu einem dritten $A_1 A_2 A_3$ dreifach perspektiv, so lassen sich aus den neun Punkten

$$W_{11} = [U_2 A_3\ V_3 A_2], \quad W_{21} = [U_1 A_3\ V_2 A_2], \quad W_{31} = [U_3 A_3\ V_1 A_2],$$
$$W_{12} = [U_1 A_1\ V_2 A_3], \quad W_{22} = [U_3 A_1\ V_1 A_3], \quad W_{32} = [U_2 A_1\ V_3 A_3],$$
$$W_{13} = [U_3 A_2\ V_1 A_1], \quad W_{23} = [U_2 A_2\ V_3 A_1], \quad W_{33} = [U_1 A_2\ V_2 A_1]$$

sechs Dreiecke $W_{i1} W_{k2} W_{l3}$, $W_{i1} W_{l2} W_{k3}$ ($i, k, l = 1, 2, 3$; 2, 3, 1; 3, 1, 2) bilden derart, daß dieselben zum Dreieck $A_1 A_2 A_3$ dreifach perspektiv gelegen sind.

Lasse ich hier das Dreieck $V_1 V_2 V_3$ mit dem Dreieck $U_1 U_2 U_3$ zusammenfallen, so ergibt sich der Veronesesche Satz.

6) Ist in der Ebene des Dreiecks $A_1 A_2 A_3$ der Punkt

$$(\alpha_1 + \alpha_2 + \alpha_3) B = \alpha_1 A_1 + \alpha_2 A_2 + \alpha_3 A_3$$

gegeben, so sollen die Punkte

$$(\alpha_1{}^2 + \alpha_2{}^2 + \alpha_3{}^2) B^{(2)} = \alpha_1{}^2 A_1 + \alpha_2{}^2 A_2 + \alpha_3{}^2 A_3,$$
$$(\alpha_1{}^3 + \alpha_2{}^3 + \alpha_3{}^3) B^{(3)} = \alpha_1{}^3 A_1 + \alpha_2{}^3 A_2 + \alpha_3{}^3 A_3$$

konstruiert werden (vgl. Journal f. d. reine u. angew. Math. **123**, 48—53).

50. *Anwendung auf eine Aufgabe der Kinematik.* — Die Seiten eines Dreiecks sollen sich um feste Punkte drehen und die Ecken, bis auf eine, in festen Geraden bewegen. Welche

Kurve beschreibt die dritte Ecke? Wie lautet die Gleichung der Kurve?

Ein Punkt der Kurve sei X, die festen Punkte seien E_1, E_2, E_3 und die festen Geraden $[CA] = \mathfrak{b}$ und $[AB] = \mathfrak{c}$. Die Aufgabe verlangt, den Punkt X mit E_3 zu verbinden, also das äußere Produkt $[XE_3]$ zu bilden, diese Gerade zum Schnitt mit der Geraden $\mathfrak{b}$ zu bringen, also $[XE_3\,\mathfrak{b}]$ zu bestimmen, diesen Schnittpunkt mit E_1 zu verbinden, also $\big[[XE_3\,\mathfrak{b}]E_1\big]$ zu bilden und den Schnitt dieser Geraden mit der Geraden $\mathfrak{c}$ zu ermitteln, also den Schnittpunkt

$$\Big[\big[[XE_3\,\mathfrak{b}]E_1\big]\,\mathfrak{c}\Big].$$

Dann soll dieser Punkt mit den Punkten E_2, X kollinear liegen, d. h. die gesuchte Kurve drückt sich, wenn die Zwischenklammern der Einfachheit halber fortgelassen werden, durch ein gleich Null gesetztes äußeres Produkt aus:

$$[XE_3\;\mathfrak{b}\;E_1\;\mathfrak{c}\;E_2\,X] = 0.$$

Diese vektorielle Gleichung stellt offenbar einen Kegelschnitt dar, denn die beiden Strahlenbüschel mit den Mittelpunkten E_1 und E_2 besitzen die Gerade $\mathfrak{c}$, und die Büschel mit den Mittelpunkten E_3 und E_1 besitzen $\mathfrak{b}$ als perspektive Gerade; daher liegt das Büschel (E_1) perspektiv zum Büschel (E_2) und dieses wieder perspektiv zum Büschel (E_3), so daß die Büschel (E_2) und (E_3) projektiv zueinander liegen. Der Durchschnitt zweier projektiver Büschel stellt aber einen Kegelschnitt dar. Die Gleichung dieses Kegelschnitts hat die Form eines regressiven Produktes. Will ich hieraus die Gleichung in homogenen Koordinaten gewinnen, so wähle ich $E_1 E_2 E_3$ als Bezugsdreieck und setze

$$X = x_1 E_1 + x_2 E_2 + x_3 E_3, \quad x_1 + x_2 + x_3 = 1,$$
$$\mathfrak{b} = \beta_1 [E_2 E_3] + \beta_2 [E_3 E_1] + \beta_3 [E_1 E_2],$$
$$\mathfrak{c} = \gamma_1 [E_2 E_3] + \gamma_2 [E_3 E_1] + \gamma_3 [E_1 E_2].$$

Alsdann wird

$$[XE_3] = -x_1 [E_3 E_1] + x_2 [E_2 E_3],$$

und wenn ich $[E_1 E_2 E_3] = 1$ annehme,

$$[XE_3 \, \flat] = x_1\beta_1 E_3 + x_2\beta_2 E_3 - x_1\beta_3 E_1 - x_2\beta_3 E_2,$$

$$[XE_3 \, \flat \, E_1] = (x_1\beta_1 + x_2\beta_2)[E_3 E_1] + x_2\beta_3 [E_1 E_2],$$

$$[XE_3 \, \flat \, E_1 \, \mathfrak{c}] = - \gamma_1(x_1\beta_1 + x_2\beta_2)E_3 + x_2\beta_3\gamma_1 E_2$$
$$+ \gamma_3(x_1\beta_1 + x_2\beta_2)E_2 - x_2\beta_3\gamma_2 E_1,$$

$$[XE_3 \, \flat \, E_1 \, \mathfrak{c} \, E_2] = \gamma_1(x_1\beta_1 + x_2\beta_2)[E_2 E_3]$$
$$+ \{\gamma_3(x_1\beta_1 + x_2\beta_2) - x_2\beta_3\gamma_2\}[E_1 E_2],$$

$$[XE_3 \, \flat \, E_1 \, \mathfrak{c} \, E_2 \, X] = x_1\gamma_1(x_1\beta_1 + x_2\beta_2)$$
$$+ x_3\{\gamma_3(x_1\beta_1 + x_2\beta_2) - x_2\beta_3\gamma_2\}.$$

Demnach lautet die baryzentrische Gleichung des Kegelschnitts

$$\beta_1\gamma_1 x_1^2 + (\beta_2\gamma_3 - \beta_3\gamma_2) x_2 x_3 + \beta_1\gamma_3 x_3 x_1 + \beta_2\gamma_1 x_1 x_2 = 0.$$

Das Beispiel zeigt zugleich mit hinreichender Deutlichkeit, *wie die Vektormethode die analytische Geometrie mit der synthetischen verknüpft, wie sie auf der einen Seite der Konstruktion auf Schritt und Tritt zu folgen und wie sie anderseits jeden konstruktiven Schritt unmittelbar in die Sprache der Analysis umzusetzen vermag.*

51. *Das Doppelverhältnis eines Stabwurfes.* — v. Staudt nennt eine Schar von vier Punkten A, B, C, D derselben Geraden, deren Reihenfolge irgendwie festgesetzt ist, einen Punktwurf und versteht unter dem Doppelverhältnis des Punktwurfes einen Ausdruck, der sich vektoriell so schreiben läßt:

$$\frac{[AC]}{[CB]} : \frac{[AD]}{[DB]}.$$

Graßmann erweitert diesen Begriff, indem er die Punkte A, B, C, D durch Stäbe $\mathfrak{a}$, $\flat$, $\mathfrak{c}$, $\mathfrak{d}$ ersetzt und eine Schar von Stäben, die durch einen und denselben Punkt gehen, und deren Reihenfolge in gewisser Weise festgesetzt ist, einen Stabwurf nennt. Doppelverhältnis des Stabwurfes wird dann der Ausdruck

$$\frac{[\mathfrak{a}\,\mathfrak{c}]}{[\mathfrak{c}\,\flat]} : \frac{[\mathfrak{a}\,\mathfrak{d}]}{[\mathfrak{d}\,\flat]}.$$

Nun seien in der Ebene vier feste Punkte A, B, C, D gegeben, von denen keine drei in gerader Linie liegen. Dann werde nach denjenigen Punkten X der Ebene gefragt, wofür der Stabwurf $[XA]$, $[XB]$, $[XC]$, $[XD]$ ein gegebenes Doppelverhältnis $\mathfrak{g}$ besitzt. Dieselben haben also der Gleichung

$$\frac{[XA\ XC]}{[XC\ XB]} : \frac{[XA\ XD]}{[XD\ XB]} = \mathfrak{g}$$

zu genügen. Die linke Seite läßt sich umformen, wenn ich bedenke, daß

$$[XA\ XC] = [XAC]X,$$

daher folgt

$$[XAC][XDB] - \mathfrak{g}[XAD][XCB] = 0.$$

Diese Bedingung müssen alle Punkte X befriedigen, von denen aus die vier Punkte A, B, C, D durch einen Stabwurf mit dem Doppelverhältnis $\mathfrak{g}$ projiziert werden.

Da die Gleichung in bezug auf X vom zweiten Grad ist, stellt sie eine Kurve zweiter Ordnung dar. Setzt man ferner für X irgendeinen der vier Punkte, so ist die Gleichung identisch erfüllt. Der Kegelschnitt geht folglich durch die vier Punkte. Denkt man sich noch $\mathfrak{g}$ als veränderlichen Parameter, so stellt obige Gleichung ein Kegelschnittbüschel mit A, B, C, D als Grundpunkten dar.

Um aus dem Büschel eine Kurve herauszugreifen, kann ich die Forderung stellen, daß die Kurve noch einen fünften Punkt E enthalten solle. Der Parameter $\mathfrak{g}$ muß alsdann der Gleichung genügen

$$[EAC][EDB] - \mathfrak{g}[EAD][ECB] = 0.$$

Durch Elimination von $\mathfrak{g}$ ergibt sich hiernach als Gleichung eines Kegelschnitts, der fünf gegebene Punkte A, B, C, D, E enthält:

$$[XAC][XDB][EAD][ECB]$$
$$= [XAD][XCB][EAC][EDB].$$

52. *Die vektorielle Darstellung der algebraischen ebenen Kurven.* — Ich will noch zeigen, wie sich die an dem Beispiel der Kegelschnitte dargelegte Methode auf die algebraischen Kurven μ^{ter} Ordnung und ν^{ter} Klasse übertragen läßt.

Bezeichnet $X = x_1 E_1 + x_2 E_2 + x_3 E_3$ einen variablen Punkt, so stellt das äußere Produkt

$$[X A \; \mathfrak{e} \; B \; \mathfrak{b} \ldots]$$

einen Punkt oder eine Gerade dar, je nachdem das letzte Element des äußeren Produktes eine Gerade oder ein Punkt ist. Bei Ausführung der äußeren Multiplikation — wie ich es in Nr. **50** an einem Beispiel vorgeführt habe — ergibt sich ein Ausdruck, der in den $x_i (i = 1, 2, 3)$ homogen und vom ersten Grade ist. Tritt aber der variable Punkt X in dem äußeren Produkt μ mal auf, so ergibt sich ein homogener Ausdruck μ^{ten} Grades in den x_i. Ein solches Produkt gleich Null gesetzt, stellt eine ebene algebraische Kurve μ^{ten} Grades dar, die vom Punkte X beschrieben wird.

Eine Kurvengleichung dieser Art läßt sich auch so deuten, daß drei Punkte in gerader Linie liegen bzw. drei Gerade durch einen Punkt gehen sollen, wobei die drei Punkte bzw. Geraden aus den gegebenen Punkten und Geraden durch *lineare* Konstruktion hervorgehen. In der Tat, jede lineare Konstruktion in der Ebene besteht darin, daß entweder zwei Punkte durch eine Gerade verbunden oder der Schnittpunkt zweier Geraden bestimmt wird. Jene Gerade ist aber das äußere Produkt der beiden Punkte, dieser Schnittpunkt das äußere Produkt der beiden Geraden.

Der entsprechende Satz über die Erzeugung der algebraischen Kurven ν^{ter} Klasse ergibt sich, wenn ich in der obigen Darstellung Punkt und Gerade vertausche.

In dem besonderen Fall der Kegelschnitte stellt die Vektorgleichung nichts anderes dar als den Pascalschen Satz.

53. *Erzeugung von Kurven dritter Ordnung.* — Drehen sich die Seiten und eine Diagonale eines veränderlichen Vierecks um feste Punkte und bewegen sich die Endpunkte der anderen Diagonale in festen Geraden, so beschreibt jeder Endpunkt der ersten Diagonale eine Kurve dritter Ordnung.

In der Tat, seien A_1, A_2, A_3, A_4, A_5 die festen Punkte, $\mathfrak{a}$, $\mathfrak{c}$ die festen Geraden und X ein Endpunkt der um A_5 drehbaren Diagonale, so stellen die äußeren Produkte

$$[XA_1 \; \mathfrak{a} \; A_2], \quad [XA_4 \; \mathfrak{c} \; A_3], \quad [XA_5]$$

drei Geraden dar, die sich, gemäß der angegebenen Erzeugung, in einem Punkte schneiden sollen. Es werden also der Kurve alle diejenigen Punkte X angehören, wofür das regressive Produkt der drei Geraden verschwindet; die Kurve besitzt also die Darstellung

$$[XA_1 \; \mathfrak{a} \; A_2 \; XA_4 \; \mathfrak{c} \; A_8 \; XA_5] = 0,$$

ist also, da der Punkt X dreimal auftritt, von der dritten Ordnung.

54. *Erzeugung von Kurven vierter Ordnung.* — Drehen sich die Seiten und zwei von einer Ecke X ausgehende Diagonalen eines Polygons um feste Punkte und bewegen sich alle Ecken, außer den drei Diagonalendpunkten, in festen Geraden, welche Kurve beschreibt der Punkt X?

Seien $A_1, A_2, A_3, \ldots A_8$ die festen Punkte, $\mathfrak{a}, \mathfrak{b}, \mathfrak{c}$ die festen Geraden und X der variable Punkt, von dem die um A_7 bzw. A_8 drehbaren Diagonalen auslaufen, so wird die in dem Satz beschriebene Bewegung dargestellt durch folgende Gleichung

$$[XA_1 \; \mathfrak{a} \; A_2 \; XA_7 \; A_8 \; XA_8 \; A_4 \; \mathfrak{b} \; A_5 \; \mathfrak{c} \; A_6 \; X] = 0,$$

die eine Kurve vierter Ordnung darstellt.

55. *Wodurch unterscheiden sich vektorielle und symbolische Darstellung?* — Es verdient noch hervorgehoben zu werden, daß die vektorielle Darstellung der Kurven sich von der symbolischen, wie sie in der synthetischen Geometrie üblich ist, wesentlich dadurch unterscheidet, daß die vektorielle Darstellung ein *Algorithmus* und kein bloßes Symbol ist.

Stellt man nämlich in den vorhergehenden Nummern den variablen Punkt sowie die festen Punkte und Geraden durch die Ecken und Seiten des Bezugsvektordreiecks dar, so liefert die Vektorgleichung die übliche Kurvendarstellung in homogenen Koordinaten — wie ich es in Nr. **50** an einem Beispiel durchgeführt habe.

Anderseits erlauben die Vektorgleichungen, unmittelbar aus ihnen eine Reihe von Punkten abzulesen, welche der Kurve angehören müssen.

So läßt sich ablesen, daß die in Nr. **53** betrachtete Kurve dritter Ordnung durch folgende neun Punkte hindurchgeht:

$$A_1, \ A_4, \ A_5, \ [\mathfrak{a} \, \mathfrak{c}], \ [A_1 A_2 \ A_3 A_4], \ [A_2 A_5 \ \mathfrak{a}],$$
$$[A_3 A_5 \ \mathfrak{c}], \ [A_1 A_2 \ \mathfrak{c}], \ [A_3 A_4 \ \mathfrak{a}].$$

Ich begnüge mich mit diesen Andeutungen über die regressive Multiplikation und ihre Verwendung und verweise diejenigen meiner Leser, welche die geometrischen Anwendungen dieser äußeren Multiplikation weiter studieren wollen, in erster Linie auf die Originalabhandlungen Graßmanns, welche im 31., 36., 42., 44. und 49. Bande des Journals für die reine und angewandte Mathematik erschienen sind, sodann auf die Arbeiten Ferdinand Casparys im 100. Bande desselben Journals wie im 11. und 13. Bande des Bulletin des Sciences math. (2).

56. *Historisches.* — Wie schon bereits hervorgehoben, verdankt man Möbius (1828) die Addition von Punkten, Bellavitis (1837), Möbius (1843) und Graßmann (1844) die geometrische Addition von Strecken. Graßmann (1844) ging über seine Vorgänger, von deren Arbeiten ihm erst nachträglich Kunde ward, weit hinaus. Er zeigte, wie man sowohl Strecken als Punkte auch multiplizieren könne. In dem Gedanken der Streckenmultiplikation begegnete er sich allerdings mit Hamilton (1843) und de Saint-Venant (1845), ohne jedoch von deren Arbeiten Kenntnis zu haben. Dagegen ist der Begriff einer Multiplikation von Punkten (progressiver und regressiver Multiplikation) Graßmanns alleiniges Eigentum und hängt innig mit dem echt Graßmannschen Gedanken zusammen, den Vektorkalkul auf dem Begriff der Dimension aufzubauen. Hiermit ist schon angedeutet, worin sich der Graßmannsche Aufbau des Vektorkalkuls von den Hamiltonschen Quaternionen unterscheidet. Eine weitere Darlegung der trennenden Merkmale folgt im zweiten Abschnitt, wenn die räumlichen Vektoren behandelt sein werden.

Zweiter Abschnitt.
Vektoren im Raum.

Siebentes Kapitel

Addition und Subtraktion von Punkten.

57. *Definition.* — Die Addition und Subtraktion der Punkte im Raum bietet gegenüber der Ebene keine prinzipiellen Schwierigkeiten. Die bezügliche Definition in Nr. 1 ist so gefaßt, daß sie ohne weiteres auch für den Raum gültig bleibt. Ich kann daher sofort dazu übergehen, das Rechnen mit Punkten im Raum an einigen Beispielen darzulegen.

58. *Schwerpunkt des Tetraeders.* — Ich betrachte an erster Stelle den Fall, wo das Tetraeder durch seine Ecken gegeben ist, und setze voraus, daß die Ecken mit gleichen Gewichten versehen sind. Dann kann ich diese Gewichte gleich der Einheit wählen und sofort die Summe von dreien der Ecken, die ja immer in einer Ebene liegen, etwa $A_2 + A_3 + A_4$, durch den Schwerpunkt S_1 des Dreiecks $A_2 A_3 A_4$ mit dem Gewicht 3 ersetzen. Hiernach habe ich es nur noch zu tun mit der Summe $A_1 + 3S_1$. Diese aber stellt einen Punkt dar auf der Linie $A_1 S_1$, und zwar den Punkt, welcher $A_1 S_1$ im Verhältnis 3:1 teilt; dieser Punkt ist der gesuchte Eckenschwerpunkt S_e und sein Gewicht gleich 4. Daher

$$4S_e = A_1 + 3S_1 = A_1 + A_2 + A_3 + A_4.$$

Weitere Eigenschaften des Eckenschwerpunktes eines Tetraeders ergeben sich durch folgende einfache Überlegung. Wegen

$$A_1 + A_2 + A_3 + A_4 = A_1 + (A_2 + A_3 + A_4) = A_2 + (A_3 + A_4 + A_1)$$
$$= A_3 + (A_4 + A_1 + A_2) = A_4 + (A_1 + A_2 + A_3)$$

schneiden sich die Eckenlinien eines Tetraeders nach den Schwerpunkten der Seitenflächen in einem Punkt, seinem Schwerpunkt.

Wegen

$$A_1 + A_2 + A_3 + A_4 = (A_1 + A_2) + (A_3 + A_4) = (A_2 + A_3) + (A_4 + A_1)$$
$$= (A_1 + A_3) + (A_2 + A_4)$$

schneiden sich die Verbindungslinien der Mitten je zweier Gegenkanten eines Tetraeders in einem Punkt, dem Schwerpunkt, und dieser ist für jede Verbindungslinie der Halbierungspunkt.

Offenbar kann ich dieselbe Summe noch auf sehr viele andere Weisen zusammenfassen, z. B.

$$A_1 + A_2 + A_3 + A_4 = 2A_1 + (A_2 + A_3 + A_4 - A_1)$$
$$= (A_1 + 2A_2) + (A_3 + A_4 - A_2)$$
$$= (A_1 - 2A_3) + (A_2 + A_4 + 3A_3)$$
$$= (A_1 + 4A_4) + (A_2 + A_3 - 3A_4)$$

und weitere Sätze über das Schneiden von vier Transversalen in einem Punkt gewinnen.

Es verdient hervorgehoben zu werden einmal, wie sich hier Lagenbeziehungen einfach durch Umstellung der Glieder einer Summe ergeben, und wie anderseits die Gültigkeit von Sätzen der Ebene ohne weiteres für den Raum hervorspringt.

An zweiter Stelle betrachte ich das Tetraeder gegeben durch seine Kanten, die ich mir homogen mit Masse belegt denke. Die Längen der Kanten $A_i A_k$ seien a_{ik} $(i, k = 1, 2, 3, 4)$, dann kann ich gemäß der Definition in Nr. 4 jede Kante $A_i A_k$ ersetzen durch ihren Schwerpunkt, d. h. den Mittelpunkt A_{ik}, versehen mit dem Gewicht a_{ik}, wo

$$2A_{ik} = A_i + A_k \qquad (i, k = 1, 2, 3, 4).$$

Demnach lassen sich die sechs Kanten des Tetraeders $A_1 A_2 A_3 A_4$ ersetzen durch den Schwerpunkt

$$\Sigma a_{ik} \cdot S_k = a_{23} A_{23} + a_{31} A_{31} + a_{12} A_{12} + a_{14} A_{14} + a_{24} A_{24} + a_{34} A_{34},$$

und diese Punktsumme kann auf mannigfache Weise konstruiert werden.

Fasse ich die drei ersten Punkte zusammen, so erkenne ich auf Grund der Überlegungen in Nr. 4, daß die Summe $a_{23} A_{23} + a_{31} A_{31} + a_{12} A_{12}$ den Inkreismittelpunkt des Mittendreiecks zur Seitenfläche $A_1 A_2 A_3$ darstellt. Wie bekomme ich den Punkt $a_{14} A_{14} + a_{24} A_{24} + a_{34} A_{34}$? — Teile die Seiten $A_{24} A_{34}$, $A_{34} A_{14}$, $A_{14} A_{24}$ bzw. im Verhältnis $a_{34} : a_{24}$, $a_{14} : a_{34}$, $a_{24} : a_{14}$ und ziehe nach den Teilpunkten die Eckenlinien, so schneiden sich diese in dem merkwürdigen Punkt

$$a_{14} A_{14} + a_{24} A_{24} + a_{34} A_{34}.$$

Alsdann liegt der gesuchte Schwerpunkt auf der Verbindungslinie des Inkreismittelpunktes des Dreiecks $A_{23} A_{31} A_{12}$ mit dem eben gefundenen Punkt des Dreiecks $A_{14} A_{24} A_{34}$, und zwar teilt er diese Strecke im Verhältnis $a_{14} + a_{24} + a_{34} : a_{23} + a_{31} + a_{12}$. Offenbar liegt der Kantenschwerpunkt außerdem auf den Verbindungslinien der Inkreismittelpunkte der Dreiecke $A_{34} A_{24} A_{23}$, $A_{14} A_{31} A_{34}$, $A_{12} A_{24} A_{14}$ bzw. mit den entsprechenden merkwürdigen Punkten der Dreiecke $A_{12} A_{31} A_{14}$, $A_{23} A_{24} A_{12}$, $A_{34} A_{31} A_{23}$, d. h. die vier genannten Verbindungslinien schneiden sich in einem Punkt, nämlich S_k.

Drittens betrachte ich ein Tetraeder $A_1 A_2 A_3 A_4$, dessen Seitenflächen homogen mit Masse belegt sind. Bezeichne ich die Inhalte dieser Seitenflächen ihrem numerischen Werte nach mit $\delta_i (i = 1, 2, 3, 4)$, so kann ich z. B. die Seitenfläche $A_2 A_3 A_4$ auf Grund der Nr. 24 durch den Punkt $A_2 + A_3 + A_4$ ersetzen, belegt mit der Masse δ_1. Demnach kommt die Frage nach dem Flächenschwerpunkt des Tetraeders zurück auf die Frage nach dem Schwerpunkt der vier Punkte $\delta_1 (A_2 + A_3 + A_4)$, $\delta_2 (A_3 + A_4 + A_1)$, $\delta_3 (A_4 + A_1 + A_2)$, $\delta_4 (A_1 + A_2 + A_3)$, und es wird der Flächenschwerpunkt

$$3 \delta \cdot S_f = \delta_1 (A_2 + A_3 + A_4) + \delta_2 (A_3 + A_4 + A_1)$$
$$+ \delta_3 (A_4 + A_1 + A_2) + \delta_4 (A_1 + A_2 + A_3),$$

wo $\delta = \delta_1 + \delta_2 + \delta_3 + \delta_4$. Die rechte Seite kann ich, wie man sofort sieht, auch so schreiben

$$3\delta \cdot S_f = \delta\,(A_1 + A_2 + A_3 + A_4) - (\delta_1 A_1 + \delta_2 A_2 + \delta_3 A_3 + \delta_4 A_4),$$

woraus, wenn ich

$$\delta J = \delta_1 A_1 + \delta_2 A_2 + \delta_3 A_3 + \delta_4 A_4$$

setze, folgt

$$3 S_f = 4 S_e - J.$$

Hier bezeichnet J den Mittelpunkt der Inkugel, welche die Seitenflächen des Tetraeders berührt. Demnach liegt der Flächenschwerpunkt des Tetraeders kollinear mit dem Eckenschwerpunkt und dem Mittelpunkt der die Seitenflächen berührenden Inkugel derart, daß S_f von S_e um den dritten Teil der Strecke $S_e J$ absteht.

Was endlich den Fall des homogenen Volltetraeders angeht, so verschiebe ich dessen Behandlung auf Nr. 86.

59. Übungen. — 1) Welches sind die Lagenbeziehungen, welche durch folgende einfachen Umstellungen und Umformungen

$$\begin{aligned}
A_1 + A_2 + A_3 + A_4 &= (2A_1 + A_2) + (A_3 + A_4 - A_1) \\
&= (2A_2 + A_3) + (A_4 + A_1 - A_2) \\
&= (2A_3 + A_4) + (A_1 + A_2 - A_3) \\
&= (2A_4 + A_1) + (A_2 + A_3 - A_4), \\
A_1 + A_2 + A_3 + A_4 &= (A_1 + 2A_2) + (A_3 + A_4 - A_2) \\
&= (A_2 + 2A_3) + (A_4 + A_1 - A_3) \\
&= (A_3 + 2A_4) + (A_1 + A_2 - A_4) \\
&= (A_4 + 2A_1) + (A_2 + A_3 - A_1), \\
A_1 + A_2 + A_3 + A_4 &= (2A_1 + A_3) + (A_2 + A_4 - A_1) \\
&= (2A_2 + A_4) + (A_3 + A_1 - A_2) \\
&= (2A_3 + A_1) + (A_4 + A_2 - A_3) \\
&= (2A_4 + A_2) + (A_1 + A_3 - A_4)
\end{aligned}$$

ausgesprochen werden?

2) Wie vereinfacht sich die Konstruktion des Schwerpunktes eines in den Kanten homogen mit Masse belegten Tetraeders für den besonderen Fall, daß im Tetrader je zwei Gegenkanten einander gleich sind?

3) Bezeichnen AB und CD die parallelen Seiten eines Trapezes, wo $CD < AB$, und zieht man durch die Endpunkte

C und D Parallelen zu den Diagonalen des Trapezes, so bilden diese Parallelen mit der Linie AB ein Dreieck, dessen Schwerpunkt mit demjenigen des Trapezes zusammenfällt.

4) Es soll nachgewiesen werden, daß der vorstehende, von **Mannheim** gefundene Satz für ein *beliebiges* Viereck bestehen bleibt (vgl. F. **Caspary**, Sur le centre de gravité d'un quadrilatère. Bull. Soc. math. Fr. **28**, 143—146, 1900).

60. *Baryzentrische Darstellung eines Punktes im Raum.* — Der Raum ist durch vier Punkte eindeutig bestimmt, etwa E_1, E_2, E_3, E_4. Außerdem sei gegeben ein beliebiger Punkt P. Ich verbinde diesen mit E_4 und bringe diese Linie zum Schnitt R mit der Ebene $E_1 E_2 E_3$. Dann liegt P kollinear mit R und E_4, läßt sich also durch diese Punkte linear darstellen:

$$(\varrho + \pi_4) P = \varrho R + \pi_4 E_4.$$

Anderseits liegt R in der Ebene $E_1 E_2 E_3$, läßt sich daher nach Nr. 7 durch E_1, E_2, E_3 linear ausdrücken,

$$\varrho R = \pi_1 E_1 + \pi_2 E_2 + \pi_3 E_3, \quad \varrho = \pi_1 + \pi_2 + \pi_3.$$

Demnach ergibt sich

$$(\pi_1 + \pi_2 + \pi_3 + \pi_4) P = \pi_1 E_1 + \pi_2 E_2 + \pi_3 E_3 + \pi_4 E_4,$$

oder, wenn durch $\pi_1 + \pi_2 + \pi_3 + \pi_4$ dividiert wird:

$$P = \pi_1 E_1 + \pi_2 E_2 + \pi_3 E_3 + \pi_4 E_4, \quad \pi_1 + \pi_2 + \pi_3 + \pi_4 = 1,$$

d. h. jeder Punkt im Raum läßt sich durch die Ecken eines Bezugstetraeders linear darstellen; π_1, π_2, π_3, π_4 sind seine *baryzentrischen* oder *Tetraederkoordinaten*.

Ich will deshalb diese Punktdarstellung die *baryzentrische* nennen zum Unterschied von der *kartesischen* Punktdarstellung, die ich im nächsten Kapitel geben werde.

Achtes Kapitel.

Die freien Vektoren.

61. *Addition und Subtraktion der Vektoren.* — Wie in der Ebene definiere ich auch im Raum den freien Vektor als die Differenz zweier Punkte. Unter $B - A$ verstehe ich also wieder die Strecke AB, die von Punkt A nach Punkt B gerichtet ist. Und dieser Vektor ist wieder parallel zu sich selber verschiebbar, diesmal aber im ganzen Raum, weshalb ich ihn auch hier *freien Vektor* nenne.

Die Addition und Subtraktion freier Vektoren im Raum erfolgt nach demselben Schema, wie es bereits in der Ebene dargelegt worden ist, entweder nach der polygonalen oder nach der polaren Methode (vgl. Nr. **10** und **11**).

62. *Fundamentalrelation zwischen vier beliebigen freien Vektoren des Raumes.* — Ich kann nunmehr sofort zur Aufstellung der Fundamentalrelation zwischen den freien Vektoren übergehen. Ich frage nach der kleinsten Anzahl von Vektoren, aus denen ich ein geschlossenes räumliches Vielflach zusammensetzen kann. Zunächst ist klar, daß ein geschlossenes Vielflach, welches aus drei Vektoren besteht, in einer Ebene liegt. Soll also das Vielflach ein räumliches sein, so müssen es mindestens vier Vektoren sein. Seien vier beliebige Vektoren a_1, a_2, a_3, a_4 gegeben, so werde ich durch unmittelbare geometrische Addition derselben i. a. zu einem offenen räumlichen Vielflach gelangen. Soll sich das Vielflach schließen, so kann ich Länge und Richtungssinn der gegebenen Vektoren stets so abändern, daß

$$\alpha_1 a_1 = A_2 - A_1, \quad \alpha_2 a_2 = A_3 - A_2$$
$$\alpha_3 a_3 = A_4 - A_3, \quad \alpha_4 a_4 = A_1 - A_4$$

oder

$$\alpha_1 \mathfrak{a}_1 + \alpha_2 \mathfrak{a}_2 + \alpha_3 \mathfrak{a}_3 + \alpha_4 \mathfrak{a}_4 = 0$$

wird, wo α_1, α_2, α_3, α_4 beliebige reelle Zahlen bedeuten, d. h. zwischen vier beliebigen Vektoren des Raumes besteht immer eine lineare Beziehung, oder: *Jeder freie Vektor des Raumes läßt sich durch drei beliebige freie Vektoren linear ausdrücken.*

63. *Vektor- und Punktdarstellung durch die Einheitsvektoren.* — Als diese beliebigen Vektoren führe ich drei Einheitsvektoren $\mathfrak{e}_1$, $\mathfrak{e}_2$, $\mathfrak{e}_3$ ein von der Art, daß ihre numerische Länge gleich der positiven Einheit ist, und daß ihre Richtungen aufeinander senkrecht stehen. Dabei setze ich fest, daß der Vektor $\mathfrak{e}_1$ durch positive Drehung (im entgegengesetzten Sinne des Uhrzeigers) um 90^0 innerhalb der $\mathfrak{e}_1\mathfrak{e}_2$-Ebene in die Lage des Vektors $\mathfrak{e}_2$ und durch weitere positive Drehung um 90^0 innerhalb der $\mathfrak{e}_2\mathfrak{e}_3$-Ebene in die Lage des Vektors $\mathfrak{e}_3$ übergehen soll, mit anderen Worten, ich setze ein Rechtssystem voraus (wie Daumen, Zeigefinger und Mittelfinger der rechten Hand; Fig. 26). Alsdann kann ich schreiben

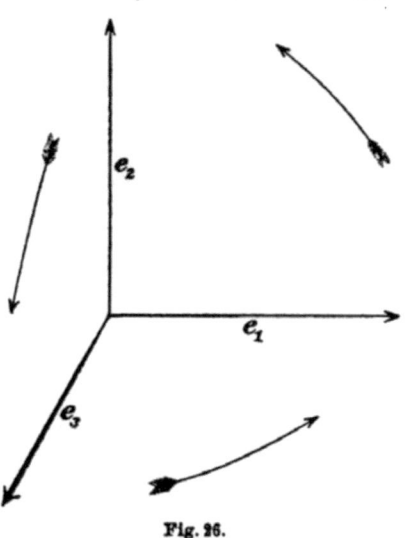

Fig. 26.

$$\mathfrak{a} = a_1 \mathfrak{e}_1 + a_2 \mathfrak{e}_2 + a_3 \mathfrak{e}_3,$$

wo

$$a_1 = a \cos(\mathfrak{a}, \mathfrak{e}_1),\ a_2 = a \cos(\mathfrak{a}, \mathfrak{e}_2),\ a_3 = a \cos(\mathfrak{a}, \mathfrak{e}_3).$$

Aus dieser Vektordarstellung fließt unmittelbar eine neue Darstellung des Punktes im Raum. Nämlich, der Vektor $\mathfrak{a}$ ist doch auch darstellbar durch $P - E$, daher

$$P = E + a_1 \mathfrak{e}_1 + a_2 \mathfrak{e}_2 + a_3 \mathfrak{e}_3,$$

d. h. *jeder Punkt im Raum läßt sich durch einen beliebigen Punkt und drei beliebige Vektoren linear darstellen.*

Ich will diese Punktdarstellung die *kartesische* nennen zum Unterschied von der baryzentrischen in Nr. **60**, und zwar die *kartesische*, weil die in ihr vorkommenden skalaren Größen a_1, a_2, a_3 die kartesischen Koordinaten des Punktes P sind.

64. *Äußere und innere (skalare) Multiplikation der freien Einheitsvektoren. Freie Bivektoren.* — Da sich jeder freie Vektor durch die drei Einheitsvektoren darstellen läßt, hat man nur für die letzteren nötig, Regeln über die Multiplikation aufzustellen. Wie in der Ebene handelt es sich auch hier um die äußere und die innere Multiplikation. In der Ebene allerdings liegen die Verhältnisse einfach genug, insofern als nur das äußere Produkt $e_1 e_2$ und das innere Produkt $e_1 \mid e_2$ auftreten.

Hier im Raume dagegen sind folgende äußeren Produkte

$$e_i e_k, \quad e_i e_k e_l \qquad (i, k, l = 1, 2, 3)$$

und folgende inneren Prodnkte möglich

$$e_i \mid e_k, \quad e_i \mid e_k e_l \qquad (i, k, l = 1, 2, 3).$$

Halte ich an der Regel fest, daß ein äußeres Produkt sein Vorzeichen wechselt bei Vertauschung seiner Faktoren, so kommen von den *äußeren Produkten* nur diese vier in Betracht

$$e_2 e_3, \quad e_3 e_1, \quad e_1 e_2, \quad e_1 e_2 e_3.$$

Die drei ersten sollen, wie ich in Weiterbildung der in der Ebene aufgestellten Definitionen festsetze, Vektorquadrate darstellen, deren Seiten numerisch gleich der Längeneinheit sind, dann wird naturgemäß das äußere Produkt $e_1 e_2 e_3$ einen Vektorwürfel darstellen, dessen Inhalt gleich der Volumeneinheit ist. Nun ist der Vektorwürfel offenbar eine ungerichtete Größe, das äußere Produkt $e_1 e_2 e_3$ also eine Zahlengröße oder, wie Hamilton sagt, ein Skalar. Ich werde daher setzen

$$e_1 e_2 e_3 - 1.$$

Die Produkte $e_i e_k$ dagegen sind Vektorgrößen, aber Vektoren von einer höheren Dimension als die Vektoren e_i selber. Ich will sie daher mit Peano *Bivektoren* nennen, und zwar, da die e_i parallele Verschiebbarkeit zulassen und diese Eigenschaft auch den Vektorquadraten zukommt, will ich sie *freie Bivektoren* nennen.

Herr Timerding hat hierfür den Namen *freie Plangröße* vorgeschlagen.

Ich komme nun zu den *inneren Produkten* und treffe, wie in der Ebene, die Festsetzung, daß jeder Einheitsvektor innerlich mit sich bzw. mit einem anderen Einheitsvektor multipliziert, gleich der positiven Einheit bzw. gleich Null werden soll, also

$$e_1 | e_1 = e_2 | e_2 = e_3 | e_3 = 1; \quad [e_2 | e_3] = [e_3 | e_1] = [e_1 | e_2] = 0.$$

Die innere Multiplikation ·wird daher auch als *skalare* Multiplikation bezeichnet.

65. *Ergänzung des freien Einheitsvektors.* — Vergleiche ich diese Festsetzungen mit der obigen: $e_1 e_2 e_3 = 1$, so entsteht die Frage, ob es nicht möglich sei, sie aus der letzteren abzuleiten, die innere Multiplikation also auf die äußere zurückzuführen. Dies ist in der Tat auch im Raume möglich durch Einführung des Begriffs der *Ergänzung*. Diesen definiere ich wie folgt:

Die Ergänzung eines Einheitsvektors bzw. -bivektors ist das äußere Produkt der anderen Einheitsvektoren bzw. -bivektoren, so geordnet, daß das äußere Produkt aus dem Einheitsvektor bzw. -bivektor und seiner Ergänzung gleich der positiven Einheit ist.

Ich bemerke vorweg, daß diese Definition sowohl für die Ebene wie für den Raum gilt, und daß sie im ersteren Fall mit den Ergebnissen der Nr. **29** in Einklang steht.

Für den Raum setze ich hiernach

$$| e_1 = e_2 e_3, \quad | e_2 = e_3 e_1, \quad | e_3 = e_1 e_2,$$

denn bilde ich gemäß der Definition $e_1 | e_1$, so wird dies gleich $e_1 e_2 e_3 = 1$. Ebenso kann ich setzen

$$| [e_2 e_3] = e_1, \quad | [e_3 e_1] = e_2, \quad | [e_1 e_2] = e_3,$$

denn bilde ich $[e_2 e_3 | e_2 e_3]$, so erhalte ich $e_2 e_3 e_1 = e_1 e_2 e_3 = 1$. *Demnach ist die Ergänzung eines Einheitsvektors der aus den beiden anderen Einheitsvektoren gebildete Bivektor, dessen Ebene auf jenem Einheitsvektor senkrecht steht, und umgekehrt: die Ergänzung eines Einheitsbivektors wird durch den auf seiner*

Ebene senkrechten Einheitsvektor dargestellt — so zwar, daß die drei Vektoren stets ein Rechtssystem bilden.

Durch Zusammenstellen der beiden Regeln

$$|\, e_1 = e_2 e_3, \quad |\, e_2 e_3 = e_1$$

finde ich weiter, daß

$$\|\, e_1 = |\, [e_2 e_3] = e_1$$

sein muß, also

$$\|\, e_1 = e_1, \quad \|\, e_2 = e_2, \quad \|\, e_3 = e_3,$$

d. h. *die Ergänzung von der Ergänzung eines Einheitsvektors führt wieder zum Vektor zurück.*

Zum Abschluß der Regeln über das Rechnen mit der Ergänzung füge ich noch hinzu, daß, wie in der Ebene, die Ergänzung einer Summe gleich der Summe der Ergänzungen und die Ergänzung eines Produkts von Einheitsvektoren gleich dem Produkt der Ergänzungen sein soll.

66. *Multiplikationstabelle.* — Die Regeln in Nr. **64** und **65** zusammenfassend, kann ich hiernach folgende Multiplikationstabelle aufstellen:

Tabelle III.

	$e_1 = \|\,[e_2 e_3]$	$e_2 = \|\,[e_3 e_1]$	$e_3 = \|\,[e_1 e_2]$	$\|\, e_1 = e_2 e_3$	$\|\, e_2 = e_3 e_1$	$\|\, e_3 = e_1 e_2$
$e_1 = \|\, e_1$	0	$e_1 e_2$	$-e_3 e_1$	1	0	0
$e_2 = \|\, e_2$	$-e_1 e_2$	0	$e_2 e_3$	0	1	0
$e_3 = \|\, e_3$	$e_3 e_1$	$-e_2 e_3$	0	0	0	1
$e_2 e_3$	1	0	0	0	e_3	$-e_2$
$e_3 e_1$	0	1	0	$-e_3$	0	e_1
$e_1 e_2$	0	0	1	e_2	$-e_1$	0

Diese Tabelle gibt das Resultat der äußeren Multiplikation eines Vektors der linken Vertikalen mit einem Vektor der oberen Horizontalen.

67. *Inneres Produkt beliebiger freier Vektoren.* — Aus den vorstehenden Vorschriften über das Rechnen mit den Einheitsvektoren müssen nun die Rechenregeln für *beliebige* Vektoren hervorgehen.

Ich will zunächst beweisen, daß sich das *innere* Produkt zweier beliebiger Vektoren im Raume auf genau dieselbe Weise darstellt wie in der Ebene. Nämlich, bedeuten $\mathbf{a}$, $\mathbf{b}$ zwei Vektoren der Ebene, so ist, wie wir gesehen haben, $\mathbf{a}\,|\,\mathbf{b}$ eine skalare Größe und zwar gleich $ab \cos(\mathbf{a}, \mathbf{b})$. Genau dasselbe Ergebnis werde ich für den Raum ableiten.

Dazu gehe ich aus von der Darstellung

$$\mathbf{a} = a_1 \mathbf{e}_1 + a_2 \mathbf{e}_2 + a_3 \mathbf{e}_3, \quad \mathbf{b} = b_1 \mathbf{e}_1 + b_2 \mathbf{e}_2 + b_3 \mathbf{e}_3$$

und bilde das innere Produkt der beiden Vektoren:

$$\mathbf{a}\,|\,\mathbf{b} = a_1 b_1 [\mathbf{e}_1\,|\,\mathbf{e}_1] + a_2 b_1 [\mathbf{e}_2\,|\,\mathbf{e}_1] + a_3 b_1 [\mathbf{e}_3\,|\,\mathbf{e}_1] + a_1 b_2 [\mathbf{e}_1\,|\,\mathbf{e}_2] + \cdots$$

oder mit Rücksicht auf die Rechenregeln

$$\mathbf{a}\,|\,\mathbf{b} = a_1 b_1 + a_2 b_2 + a_3 b_3,$$

woraus wegen

$$a_1 = a \cos(\mathbf{a}, \mathbf{e}_1), \quad a_2 = a \cos(\mathbf{a}, \mathbf{e}_2), \quad a_3 = a \cos(\mathbf{a}, \mathbf{e}_3),$$
$$b_1 = b \cos(\mathbf{b}, \mathbf{e}_1), \quad b_2 = b \cos(\mathbf{b}, \mathbf{e}_2), \quad b_3 = b \cos(\mathbf{b}, \mathbf{e}_3)$$

folgt

$$\mathbf{a}\,|\,\mathbf{b} = ab \cos(\mathbf{a}, \mathbf{b}).$$

Hieraus ziehe ich zwei Folgerungen. Erstens, die Bedingung dafür, daß zwei Linien aufeinander senkrecht stehen, lautet: es muß das innere Produkt ihrer freien Vektoren verschwinden. Zweitens, wird $\mathbf{b} = \mathbf{a}$, so ist $\mathbf{a}\,|\,\mathbf{a} = a^2$, d. h. auch im Raume erhalte ich den numerischen Wert eines Vektors, indem ich aus dem inneren Produkt desselben mit sich selber die Quadratwurzel ziehe und dieser das *positive* Zeichen gebe. Und diese Definition des numerischen Wertes oder des Betrages, wie Herr M. Abraham sagt, muß auch für die Ergänzung des Vektors, d. i. für den Bivektor bestehen bleiben.

68. *Ergänzung des beliebigen Vektors.* — Ich gehe jetzt dazu über, nachzuweisen, daß auch die Ergänzung eines *beliebigen* Vektors. $\mathbf{a}$ einen Bivektor darstellt, dessen Ebene auf der Richtung von **a** senkrecht steht. Zu dem Zweck nehme ich von

$$\mathbf{a} = a_1 \mathbf{e}_1 + a_2 \mathbf{e}_2 + a_3 \mathbf{e}_3$$

die Ergänzung:

$$| \mathbf{a} = a_1 | \mathbf{e}_1 + a_2 | \mathbf{e}_2 + a_3 | \mathbf{e}_3 = a_1 \mathbf{e}_2 \mathbf{e}_3 + a_2 \mathbf{e}_3 \mathbf{e}_1 + a_3 \mathbf{e}_1 \mathbf{e}_2.$$

Die rechte Seite läßt sich als äußeres Produkt zweier Faktoren darstellen, wie folgt

$$| \mathbf{a} = \frac{1}{a_1} [a_1 \mathbf{e}_2 - a_2 \mathbf{e}_1 \quad a_1 \mathbf{e}_3 - a_3 \mathbf{e}_1].$$

Aus dieser Formel lese ich unmittelbar ab, daß $| \mathbf{a}$ einen Bivektor darstellt. Kann ich jetzt zeigen, daß der Vektor **a** auf den beiden Vektoren $a_1 \mathbf{e}_3 - a_3 \mathbf{e}_1$ und $a_1 \mathbf{e}_2 - a_2 \mathbf{e}_1$ senkrecht steht, so steht er auch auf der von ihnen gebildeten Ebene, also auf der Ebene von $| \mathbf{a}$ (sprich: Ergänzung **a**) senkrecht.

Ich habe demnach bloß noch nachzusehen, ob die Orthogonalitätsbedingungen erfüllt sind, ob die inneren Produkte $[a_1 \mathbf{e}_3 - a_3 \mathbf{e}_1 \,|\, \mathbf{a}]$ und $[a_1 \mathbf{e}_2 - a_2 \mathbf{e}_1 \,|\, \mathbf{a}]$ verschwinden. Das ist in der Tat der Fall, denn multipliziere ich aus, so finde ich:

$$[a_1 \mathbf{e}_3 - a_3 \mathbf{e}_1 \,|\, \mathbf{a}] = [a_1 \mathbf{e}_3 - a_3 \mathbf{e}_1 \quad a_1 | \mathbf{e}_1 + a_2 | \mathbf{e}_2 + a_3 | \mathbf{e}_3]$$
$$= a_1 a_3 [\mathbf{e}_3 \,|\, \mathbf{e}_3] - a_1 a_3 [\mathbf{e}_2 \,|\, \mathbf{e}_2] = 0,$$

$$[a_1 \mathbf{e}_2 - a_2 \mathbf{e}_1 \,|\, \mathbf{a}] = [a_1 \mathbf{e}_2 - a_2 \mathbf{e}_1 \quad a_1 | \mathbf{e}_1 + a_2 | \mathbf{e}_2 + a_3 | \mathbf{e}_3]$$
$$= - a_1 a_2 [\mathbf{e}_1 \,|\, \mathbf{e}_1] + a_1 a_2 [\mathbf{e}_2 \,|\, \mathbf{e}_2] = 0.$$

Nehme ich jetzt von $| \mathbf{a}$ die nochmalige Ergänzung, so wird

$$\| \mathbf{a} = a_1 \| \mathbf{e}_1 + a_2 \| \mathbf{e}_2 + a_3 \| \mathbf{e}_3 = a_1 \mathbf{e}_1 + a_2 \mathbf{e}_2 + a_3 \mathbf{e}_3 = \mathbf{a},$$

d. h. die Ergänzung zur Ergänzung eines Vektors führt wieder auf den Vektor zurück, oder die Ergänzung eines Bivektors **b c** ist ein einfacher Vektor **a**, der auf der Ebene des Bivektors senkrecht steht und einen solchen Richtungssinn hat, daß *eine Drehung von* **b** *nach* **c** *auf kürzestem Wege und eine Schiebung in Richtung von* **a** *eine Rechtsschraubung liefert.*

Wer dem analytischen Beweise einen geometrischen vor-
zieht, findet einen solchen in beistehender Fig. 27 angedeutet.

Hiermit ist auch klargelegt, wie der Ergänzungsbegriff
die Einführung einer zweiten Multiplikation neben der äußeren
entbehrlich machen kann, denn die innere Multiplikation zweier

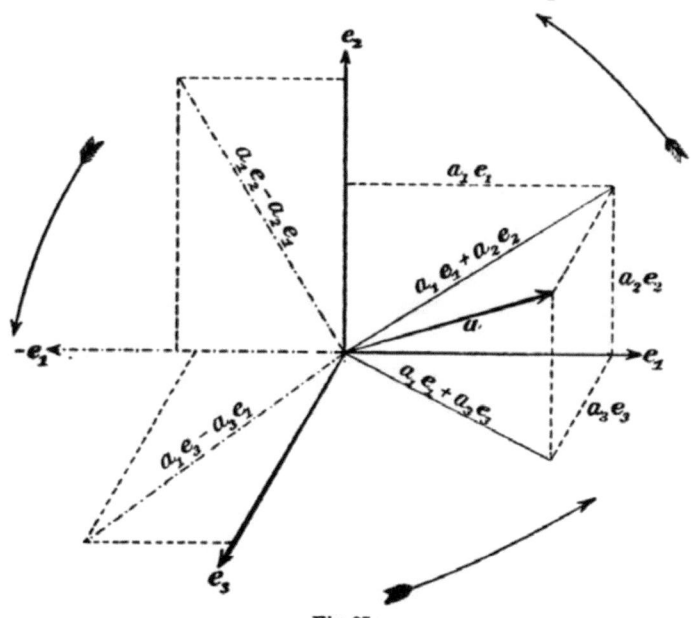

Fig. 27.

Vektoren läßt sich eben, *wenigstens formal*, als eine äußere
Multiplikation des ersten Vektors mit der Ergänzung des
zweiten oder, wie ich auch sagen kann, eines Vektors und eines
Bivektors ansehen.

69. *Äußeres Produkt zweier beliebiger freier Vektoren.* —
Ich habe jetzt zu untersuchen, wie sich das äußere Produkt
zweier *beliebiger* freier Vektoren im Raum darstellt. Dazu bilde ich
$$\mathbf{a}\,\mathbf{b} = [a_1\mathbf{e}_1 + a_2\mathbf{e}_2 + a_3\mathbf{e}_3 \quad b_1\mathbf{e}_1 + b_2\mathbf{e}_2 + b_3\mathbf{e}_3]$$
$$= (a_2 b_3 - a_3 b_2)\,\mathbf{e}_2\mathbf{e}_3 + (a_3 b_1 - a_1 b_3)\,\mathbf{e}_3\mathbf{e}_1 + (a_1 b_2 - a_2 b_1)\,\mathbf{e}_1\mathbf{e}_2$$
$$= \gamma_1\,|\,\mathbf{e}_1 + \gamma_2\,|\,\mathbf{e}_2 + \gamma_3\,|\,\mathbf{e}_3 = |\,(\gamma_1\mathbf{e}_1 + \gamma_2\mathbf{e}_2 + \gamma_3\mathbf{e}_3),$$
wenn der Kürze halber
$$\gamma_i = a_k b_l - a_l b_k \quad (i, k, l = 1, 2, 3;\ 2, 3, 1;\ 3, 1, 2)$$
gesetzt wird.

Hieraus ersehe ich einmal, daß auch das äußere Produkt zweier beliebiger Vektoren im Raum wieder Vektorcharakter besitzt, und zweitens daß es möglich ist, die Summe von drei beliebigen Bivektoren stets zu *einem* Bivektor zusammenzusetzen oder, was dasselbe ist, daß *zwischen vier beliebigen Bivektoren stets eine lineare homogene Relation besteht.* Der letzte Schluß folgt übrigens auch unmittelbar aus dem Bestehen einer linearen homogenen Beziehung zwischen vier beliebigen Vektoren. Ich habe ja nur nötig, auf beiden Seiten die Ergänzung zu nehmen.

70. *Der numerische Wert des freien Bivektors.* — Ich frage jetzt nach dem numerischen Wert des äußeren Produktes zweier Vektoren. Derselbe ergibt sich ohne weiteres, wenn ich aus der analytischen Geometrie das Resultat benutze, daß die Projektionen eines Parallelogramms mit den Seiten **a**, **b** gleich γ_1, γ_2, γ_3 sind.

Will ich diesen Satz nicht benutzen, so verfahre ich wie folgt. Gemäß der Definition ist das Quadrat des numerischen Wertes von **ab** gleich dem inneren Produkt [**ab** | **ab**], und dieses ist gleich

$$[\gamma_1 \,|\, e_1 + \gamma_2 \,|\, e_2 + \gamma_3 \,|\, e_3 \quad \gamma_1 e_1 + \gamma_2 e_2 + \gamma_3 e_3] = \gamma_1{}^2 + \gamma_2{}^2 + \gamma_3{}^2.$$

Setze ich hier für die c ihre Werte wieder ein, so läßt sich die Quadratsumme in bekannter Weise transformieren, nämlich

$$\gamma_1{}^2 + \gamma_2{}^2 + \gamma_3{}^2 = (a_1{}^2 + a_2{}^2 + a_3{}^2)(b_1{}^2 + b_2{}^2 + b_3{}^2)$$
$$- (a_1 b_1 + a_2 b_2 + a_3 b_3)^2$$

und die rechte Seite wird wegen

$$a_i = a \cos(\mathbf{a}, e_i), \quad b_i = b \cos(\mathbf{b}, e_i) \qquad (i = 1, 2, 3)$$

gleich

$$a^2 b^2 - a^2 b^2 \cos^2(\mathbf{a}, \mathbf{b}) = a^2 b^2 \sin^2(\mathbf{a}, \mathbf{b}),$$

also

$$[\mathbf{ab} \,|\, \mathbf{ab}] = a^2 b^2 \sin^2(\mathbf{a}, \mathbf{b}),$$

d. h. der numerische Wert des Bivektors [**ab** | **ab**] ist gleich $ab \sin(\mathbf{a}, \mathbf{b})$.

Ich ersehe hieraus: *das äußere Produkt* **ab** *stellt ein Vektorparallelogramm dar mit den Seiten* **a**, **b**, *dem Inhalt $ab \sin(\mathbf{a}, \mathbf{b})$ und einem bestimmten Umfahrungssinn.*

Sollen also zwei Bivektoren einander gleich sein, so müssen sie außer im numerischen Wert und in der Richtung noch im Umfahrungssinn übereinstimmen.

71. *Äußeres Produkt dreier freier Vektoren.* — Seien **a, b, c** drei beliebige Vektoren, so erhalte ich das äußere Produkt **abc**, indem ich das Produkt **ab** *äußerlich* mit **c** multipliziere. Also

$$\mathbf{abc} = [\gamma_1 \,|\, e_1 + \gamma_2 \,|\, e_2 + \gamma_3 \,|\, e_3 \quad c_1 e_1 + c_2 e_2 + c_3 e_3]$$

$$= \gamma_1 c_1 + \gamma_2 c_2 + \gamma_3 c_3 = \begin{vmatrix} a_1 & a_2 & a_3 \\ b_1 & b_2 & b_3 \\ c_1 & c_2 & c_3 \end{vmatrix},$$

und das ist eine skalare Größe, ebenso wie das äußere Produkt der drei Einheitsvektoren. Sie gibt den Inhalt eines Spates (vierseitigen Prismas), wo in jeder Ecke die drei Kanten a, b, c zusammenstoßen. Ich kann daher auch schreiben

$$\mathbf{abc} = abc \,\sin(\mathbf{b, c}) \cos(\mathbf{a,} \,|\, \mathbf{bc}) = abc \,\sin(\mathbf{c, a}) \cos(\mathbf{b,} \,|\, \mathbf{ca})$$
$$= abc \,\sin(\mathbf{a, b}) \cos(\mathbf{c,} \,|\, \mathbf{ab}).$$

72. *Äußeres Produkt zweier freier Bivektoren.* — Seien zwei beliebige Bivektoren gegeben, so kann ich sie als Ergänzungen zweier Vektoren darstellen, sie mögen heißen $|\,\mathbf{a}$ und $|\,\mathbf{b}$, dann ist zunächst

$$|\,\mathbf{a} = a_1 \,|\, e_1 + a_2 \,|\, e_2 + a_3 \,|\, e_3,$$
$$|\,\mathbf{b} = b_1 \,|\, e_1 + b_2 \,|\, e_2 + b_3 \,|\, e_3,$$

folglich

$$|\,\mathbf{a}\,|\,\mathbf{b} = a_1 b_1 [\,|\, e_1 \,|\, e_1] + a_2 b_2 [\,|\, e_2 \,|\, e_2] + a_3 b_3 [\,|\, e_3 \,|\, e_3]$$
$$+ a_2 b_3 [\,|\, e_2 \,|\, e_3] + a_3 b_2 [\,|\, e_3 \,|\, e_2] + \cdots,$$

woraus wegen der über das Rechnen mit den Einheitsvektoren festgesetzten Rechenregeln (vgl. Nr. **66**) folgt

$$|\,\mathbf{a}\,|\,\mathbf{b} = a_2 b_3 \cdot |\, [e_2 e_3] + a_3 b_2 \cdot |\, [e_3 e_2] + a_3 b_1 \cdot |\, [e_3 e_1] + a_1 b_3 \cdot |\, [e_1 e_3]$$
$$+ a_1 b_2 \cdot |\, [e_1 e_2] + a_2 b_1 \cdot |\, [e_2 e_1]$$
$$= a_2 b_3 \cdot e_1 - a_3 b_2 \cdot e_1 + a_3 b_1 \cdot e_2 - a_1 b_3 \cdot e_2 + a_1 b_2 \cdot e_3 - a_2 b_1 \cdot e_3$$
$$= \gamma_1 e_1 + \gamma_2 e_2 + \gamma_3 e_3 = |\, [\mathbf{ab}] = |\,\mathbf{ab},$$

d. h. *das äußere Produkt zweier Bivektoren stellt wieder einen einfachen Vektor dar, welcher auf der Achsenebene der Bivektoren senkrecht steht. Und sein numerischer Wert ist gleich* $ab \sin(\mathbf{a}, \mathbf{b})$.

Bezüglich der Schreibweise bemerke ich, daß ich auch künftig statt $|[\mathbf{ab}]$ einfacher $|\mathbf{ab}$ schreiben werde, indem ein für allemal festgesetzt wird, *daß zuerst äußerlich multipliziert und dann die Ergänzung genommen werden soll.*

73. *Fundamentalformel für das äußere Produkt zweier freier Bivektoren.* — Seien $\mathbf{a}$, $\mathbf{b}$, $\mathbf{c}$ drei freie Vektoren, die sich darstellen in der Form:

$$\mathbf{a} = a_1\mathbf{e}_1 + a_2\mathbf{e}_2 + a_3\mathbf{e}_3,$$
$$\mathbf{b} = b_1\mathbf{e}_1 + b_2\mathbf{e}_2 + b_3\mathbf{e}_3,$$
$$\mathbf{c} = c_1\mathbf{e}_1 + c_2\mathbf{e}_2 + c_3\mathbf{e}_3,$$

so bilde ich zunächst das äußere Produkt $\mathbf{ab}$ und multipliziere dieses *äußerlich* mit $|\mathbf{c}$, so entsteht der Ausdruck $[\mathbf{ab}|\mathbf{c}] = \mathbf{ab}|\mathbf{c}$. Welche vektorielle Bedeutung kommt ihm zu? Da $\mathbf{ab}$ die Ergänzung eines freien Vektors ist, etwa $\mathbf{ab} = |\mathbf{c}'$, so läßt sich unser Ausdruck schreiben in der Form $|\mathbf{c}'|\mathbf{c} = |\mathbf{c}'\mathbf{c}$, d. h. er stellt einen freien Vektor dar, der auf den Vektoren $\mathbf{c}$ und $\mathbf{c}'$ senkrecht steht. Da nun $\mathbf{c}'$ auf den Vektoren $\mathbf{a}$, $\mathbf{b}$ senkrecht steht, müssen die drei Vektoren $\mathbf{a}$, $\mathbf{b}$, $|\mathbf{c}'\mathbf{c}$ einer und derselben Ebene parallel, also Vektoren der Ebene sein, woraus folgt, daß sich $\mathbf{ab}|\mathbf{c}$ linear durch $\mathbf{a}$ und $\mathbf{b}$ darstellen lassen muß.

Um diese Darstellung zu finden, bilde ich

$$\mathbf{ab}|\mathbf{c} = [\gamma_1|\mathbf{e}_1 + \gamma_2|\mathbf{e}_2 + \gamma_3|\mathbf{e}_3 \quad c_1|\mathbf{e}_1 + c_2|\mathbf{e}_2 + c_3|\mathbf{e}_3]$$
$$= (\gamma_2 c_3 - \gamma_3 c_2)\mathbf{e}_1 + (\gamma_3 c_1 - \gamma_1 c_3)\mathbf{e}_2 + (\gamma_1 c_2 - \gamma_2 c_1)\mathbf{e}_3$$
$$= (a_1 c_1 + a_2 c_2 + a_3 c_3)(b_1\mathbf{e}_1 + b_2\mathbf{e}_2 + b_3\mathbf{e}_3)$$
$$- (b_1 c_1 + b_2 c_2 + b_3 c_3)(a_1\mathbf{e}_1 + a_2\mathbf{e}_2 + a_3\mathbf{e}_3).$$

Nun ist

$$a_1 c_1 + a_2 c_2 + a_3 c_3 = \mathbf{a}|\mathbf{c}, \quad b_1 c_1 + b_2 c_2 + b_3 c_3 = \mathbf{b}|\mathbf{c},$$

demnach wird

$$\mathbf{ab} \,|\, \mathbf{c} = [\mathbf{a} \,|\, \mathbf{c}]\,\mathbf{b} - [\mathbf{b} \,|\, \mathbf{c}]\,\mathbf{a},$$

und das ist die gesuchte Formel für das äußere Produkt zweier Bivektoren.

Ein anderer Beweis dieser Formel, der von der Zerlegung des Vektors nach den drei Einheitsvektoren keinen Gebrauch macht, rührt von J. Lüroth her (Grundriß der Mechanik, S. 40. München 1881, Th. Ackermann). Dagegen ist die Ableitung, welche Herr Bucherer in seinem Werk „Elemente der Vektor-Analysis" S. 18, 19, Leipzig 1903, B. G. Teubner, beibringt, nicht einwandsfrei, insofern nicht bewiesen wird, daß der von ihm eingeführte unbestimmt *skalare* Faktor K wirklich eine *Konstante* ist, was doch im allgemeinen nicht einzutreten brauchte.

74. *Unterschied der Vektoren im Raume von den Vektoren der Ebene.* — Zum Abschluß dieses Kapitels will ich das Unterscheidende des Vektorkalkuls im Raum von demjenigen in der Ebene noch einmal hervorheben. Während in der Ebene nur eine Art freier Vektoren möglich ist, treten im Raum deren zwei auf, die Vektoren und die Bivektoren. Verlieren in der Ebene das innere und das äußere Produkt den Vektorcharakter und stellt das erstere einen invarianten Skalar, das letztere einen Skalar dar, der das Vorzeichen ändern kann, so ist im Raum das innere Produkt ein Skalar, das äußere aber ein Bivektor. In der Ebene liefert die Ergänzung eines Vektors wieder einen einfachen Vektor, im Raume dagegen einen Bivektor. Während im Raum die Ergänzung zur Ergänzung eines Vektors wieder zum Vektor selber zurückführt, ist in der Ebene die von der Ergänzung genommene Ergänzung gleich dem ursprünglichen Vektor mit entgegengesetztem Richtungssinn. Es liegt hierin ein wesentlicher Unterschied des zweidimensionalen vom dreidimensionalen Raum ausgesprochen. Endlich sind in der Ebene drei, im Raume erst vier beliebige Vektoren stets durch eine lineare Relation verbunden.

75. *Übungen.* — 1) Bedeuten $\mathbf{a}$, $\mathbf{b}$, $\mathbf{c}$, $\mathbf{d}$ vier beliebige freie Vektoren, so besteht die Identität

$$[\mathbf{b} - \mathbf{c} \,|\, \mathbf{a} - \mathbf{d}] + [\mathbf{c} - \mathbf{a} \,|\, \mathbf{b} - \mathbf{d}] + [\mathbf{a} - \mathbf{b} \,|\, \mathbf{c} - \mathbf{d}] = 0.$$

Setze ich $a = A - O$, $b = B - O$, $c = C - O$, $d = D - O$, so ergibt sich eine bekannte Eigenschaft des Tetraeders $ABCD$.

2) Bedeuten a, b, c, d vier beliebige Vektoren, so besteht zwischen ihnen eine lineare Relation, die sich so schreiben läßt

$$[abc]d = [bcd]a - [cda]b + [dab]c.$$

3) Zu beweisen, daß drei beliebige Vektoren der Gleichung

$$[bc\,|\,a] + [ca\,|\,b] + [ab\,|\,c] = 0$$

genügen.

4) Zu beweisen, daß

$$[a_1a_2a_3 \quad b_1b_2b_3] = \begin{vmatrix} a_1\,|\,b_1 & a_2\,|\,b_1 & a_3\,|\,b_1 \\ a_1\,|\,b_2 & a_2\,|\,b_2 & a_3\,|\,b_2 \\ a_1\,|\,b_3 & a_2\,|\,b_3 & a_3\,|\,b_3 \end{vmatrix}$$

76. *Erweiterungen des Pythagoreischen Satzes auf den Raum.* — Seien a_1, a_2, a_3, a_4 vier freie Vektoren, die ein geschlossenes Vierflach bilden, dann ist

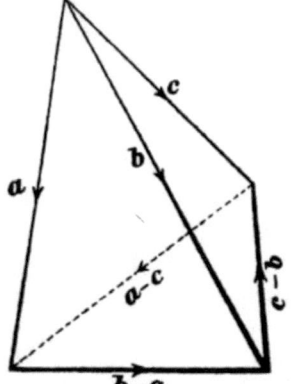

$$a_1 + a_2 + a_3 + a_4 = 0$$

oder

$$a_1 + a_2 + a_3 = -a_4.$$

Wird diese Gleichung innerlich mit sich selber multipliziert, so folgt

$$a_1{}^2 + a_2{}^2 + a_3{}^2 - 2\,a_2a_3\cos\alpha_{23}$$
$$- 2\,a_3a_1\cos\alpha_{31}$$
$$- 2\,a_1a_2\cos\alpha_{12} = a_4{}^2,$$

Fig. 28.

wenn man beachtet, daß der Winkel zwischen den Vektoren a_i, a_k das Supplement zu dem Innenwinkel α_{ik} im Vierflach bildet. Das ist aber nichts anderes als der *Cosinus- oder Pythagoreische Satz für das räumliche Vierflach.*

Sei anderseits ein Vektortetraeder gegeben mit den von einer Ecke ausgehenden Kanten a, b, c. Die Seiten des Gegendreiecks dieser Ecke sind dann (Fig. 28) $c - b$, $a - c$, $b - a$.

Nun sind die vier Seitenflächen freie Bivektoren, die ich mit α, β, γ, δ bezeichnen will. Dann ist

$$2\alpha = \mathbf{bc}, \quad 2\beta = \mathbf{ca}, \quad 2\gamma = \mathbf{ab}$$

und

$$2\delta = [\mathbf{a} - \mathbf{c} \quad \mathbf{a} - \mathbf{b}] = -\mathbf{ca} - \mathbf{bc} - \mathbf{ab} = -2\alpha - 2\beta - 2\gamma,$$

woraus

$$\alpha + \beta + \gamma + \delta = 0,$$

d. h. im Vektortetraeder besteht zwischen den vier Seitenflächen eine lineare homogene Relation, analog derjenigen, wie sie im Vektorvierflach zwischen den vier Kanten besteht. Es ist dies eine Folge des dualen Verhältnisses, in welchem freier Vektor und freier Bivektor zueinander stehen.

Multipliziere ich nun diese Vektorbeziehung in der Form $\alpha + \beta + \gamma = -\delta$ innerlich mit sich selber, so folgt

$$\delta \,|\, \delta = \alpha \,|\, \alpha + \beta \,|\, \beta + \gamma \,|\, \gamma + 2\beta \,|\, \gamma + 2\gamma \,|\, \alpha + 2\alpha \,|\, \beta$$

oder wenn die numerischen Werte von α, β, γ, δ mit α, β, γ, δ bezeichnet werden,

$$\delta^2 = \alpha^2 + \beta^2 + \gamma^2 + 2\beta\gamma \cos A_{23} + 2\gamma\alpha \cos A_{31} + 2\alpha\beta \cos A_{12},$$

und das ist der *Pythagoreische Lehrsatz für ein beliebiges Tetraeder*, wenn mit A_{ik} die Supplemente der räumlichen Winkel zwischen den Seitenflächen des Tetraeders bezeichnet sind.

Wird dagegen die obige Vektorgleichung mit α, bzw. β, γ, δ innerlich multipliziert, so ergeben sich die Formeln

$$\alpha + \beta \cos A_{12} + \gamma \cos A_{13} + \delta \cos A_{14} = 0,$$

$$\alpha \cos A_{12} + \beta + \gamma \cos A_{23} + \delta \cos A_{24} = 0,$$

$$\alpha \cos A_{13} + \beta \cos A_{23} + \gamma + \delta \cos A_{34} = 0,$$

$$\alpha \cos A_{14} + \beta \cos A_{24} + \gamma \cos A_{34} + \delta = 0.$$

Hieraus fließt das Verschwinden der Determinante

$$|\cos A_{ik}| = 0 \qquad (i, k = 1, 2, 3, 4),$$

die bekannte Relation zwischen den sechs Flächenwinkeln des Tetraeders.

77. *Übungen aus der sphärischen Trigonometrie*. — Ich gehe aus von der Formel

$$[\mathbf{ab}\,|\,\mathbf{c}] = [\mathbf{a}\,|\,\mathbf{c}]\,\mathbf{b} - [\mathbf{b}\,|\,\mathbf{c}]\,\mathbf{a}$$

und multipliziere sie innerlich mit dem Vektor $\mathbf{d}$, so folgt

$$[\mathbf{ab}\,|\,\mathbf{cd}] = [\mathbf{a}\,|\,\mathbf{c}]\,[\mathbf{b}\,|\,\mathbf{d}] - [\mathbf{b}\,|\,\mathbf{c}]\,[\mathbf{a}\,|\,\mathbf{d}].$$

Nehme ich die numerische Länge der Vektoren gleich der Einheit, so ist

$$[\mathbf{a}\,|\,\mathbf{c}] = \cos(\mathbf{a},\,\mathbf{c}),\quad [\mathbf{b}\,|\,\mathbf{c}] = \cos(\mathbf{b},\,\mathbf{c}),$$
$$[\mathbf{a}\,|\,\mathbf{d}] = \cos(\mathbf{a},\,\mathbf{d}),\quad [\mathbf{b}\,|\,\mathbf{d}] = \cos(\mathbf{b},\,\mathbf{d})$$

und

$$[\mathbf{ab}\,|\,\mathbf{cd}] = \sin(\mathbf{a},\,\mathbf{b})\cdot\sin(\mathbf{c},\,\mathbf{d})\cdot\cos(\mathbf{ab},\,\mathbf{cd}),$$

demnach

$$\sin(\mathbf{a},\,\mathbf{b})\sin(\mathbf{c},\,\mathbf{d})\cos(\mathbf{ab},\,\mathbf{cd}) = \cos(\mathbf{a},\,\mathbf{c})\cos(\mathbf{b},\,\mathbf{d})$$
$$- \cos(\mathbf{b},\,\mathbf{c})\cos(\mathbf{a},\,\mathbf{d}).$$

Dies ist eine *Identität* zwischen den Winkeln, die vier Vektoren im Raum miteinander einschließen, oder wie ich auch sagen kann, *zwischen den Winkeln eines sphärischen Vierecks*.

Setze ich $\mathbf{d} = \mathbf{a}$, so fließt hieraus die bekannte Formel am sphärischen Dreieck

$$\cos(\mathbf{b},\,\mathbf{c}) = \cos(\mathbf{c},\,\mathbf{a})\cos(\mathbf{a},\,\mathbf{b}) - \sin(\mathbf{c},\,\mathbf{a})\sin(\mathbf{a},\,\mathbf{b})\cos(\mathbf{ca},\,\mathbf{ab}).$$

Ferner, durch zyklische Vertauschung der $\mathbf{a},\,\mathbf{b},\,\mathbf{c}$ ergibt sich aus der obigen Identität

$$\sin(\mathbf{b},\,\mathbf{c})\sin(\mathbf{a},\,\mathbf{d})\cos(\mathbf{bc},\,\mathbf{ad}) = \cos(\mathbf{a},\,\mathbf{b})\cos(\mathbf{c},\,\mathbf{d})$$
$$- \cos(\mathbf{c},\,\mathbf{a})\cos(\mathbf{b},\,\mathbf{d}),$$
$$\sin(\mathbf{c},\,\mathbf{a})\sin(\mathbf{b},\,\mathbf{d})\cos(\mathbf{ca},\,\mathbf{bd}) = \cos(\mathbf{b},\,\mathbf{c})\cos(\mathbf{a},\,\mathbf{d})$$
$$- \cos(\mathbf{a},\,\mathbf{b})\cos(\mathbf{c},\,\mathbf{d}),$$

demnach durch Addition

$$\sin(\mathbf{b},\,\mathbf{c})\sin(\mathbf{a},\,\mathbf{d})\cos(\mathbf{bc},\,\mathbf{ad}) + \sin(\mathbf{c},\,\mathbf{a})\sin(\mathbf{b},\,\mathbf{d})\cos(\mathbf{ca},\,\mathbf{bd})$$
$$+ \sin(\mathbf{a},\,\mathbf{b})\sin(\mathbf{c},\,\mathbf{d})\cos(\mathbf{ab},\,\mathbf{cd}) = 0.$$

An dieser Stelle möge noch die Bemerkung Platz finden, welche zuerst von F. Möbius gemacht worden ist, daß alle

Formeln der sphärischen Trigonometrie symmetrischer werden, wenn man statt der Neigungswinkel der Flächen ihre Außenwinkel setzt. *Die Winkel der Polarecke werden dann gleich den Seiten der ursprünglichen Ecke und umgekehrt;* und alle Formeln der sphärischen Trigonometrie behalten unmittelbar ihre Geltung, wenn man Winkel und Seiten vertauscht.

78. Satz über die Trägheitsmomente zweier Punktsysteme. — Seien $A_1, A_2, \ldots A_n$ und $A_1', A_2', \ldots A_n'$ zwei Punktsysteme im Raum; O und O' zwei beliebige Punkte. Dann ist

$$A_i' - A_i = (A_i' - O') - (A_i - O) + (O' - O).$$

Führe ich nun zwei neue Punktsysteme B_i, B_i' $(i = 1, 2, \ldots n)$ ein und setze

$$A_i' - O' = B_i' - P, \quad A_i - O = B_i - P,$$

so ist

$$(A_i' - O') - (A_i - O) = B_i' - B_i,$$

also

$$A_i' - A_i = B_i' - B_i + O' - O.$$

Durch innere Multiplikation folgt

$$A_i A_i'^2 = B_i B_i'^2 + OO'^2 + 2 [B_i' - B_i \,|\, O' - O]$$

und

$$\sum_i m_i A_i A_i'^2 = \sum_i m_i B_i B_i'^2 + m \cdot OO'^2$$
$$+ 2 \left[\sum_i m_i B_i' - \sum_i m_i B_i \,\middle|\, O' - O \right],$$

wo $m = \sum_i m_i$ die Massensumme eines jeden Systems bezeichnet.

Nun ist

$$\sum_i m_i B_i' - \sum_i m_i B_i = \sum_i m_i A_i' - \sum_i m_i A_i + m\,(O - O')$$
$$= m\,(S' - S + O - O'),$$

wenn

$$\sum_i m_i A_i = mS, \quad \sum_i m_i A_i' = mS'$$

gesetzt wird.

Lasse ich jetzt die beliebigen Punkte O, O' bzw. in die Schwerpunkte S, S' der beiden Punktsysteme $(m_i A_i)$, $(m_i A_i')$ fallen, so ergibt sich die von Herrn Fouret (Bull. Soc. Math. F. XI, 1883) gefundene Beziehung

$$\sum_i m_i A_i A_i'^2 = \sum_i m_i B_i B_i'^2 + m S S'^2.$$

Linker Hand steht die Summe der Trägheitsmomente der Massenpunkte des einen Systems, etwa $(m_i A_i)$, in bezug auf die entsprechenden Punkte des zweiten Systems (A_i'). Denke ich mir also die Punkte A_i, A_i' bzw. nach den Punkten B_i, B_i' verschoben, so daß die Strecken $A_i S$, $A_i' S'$ mit den Strecken $B_i P$ bzw. $B_i' P$ gleiche Länge, gleiche Richtung und gleichen Sinn haben, dann läßt sich der linker Hand stehende Ausdruck durch den analogen Ausdruck für die Systeme $(m_i B_i)$, (B_i') ersetzen, wenn man diesen noch um das m fache des Abstandquadrates der beiden Schwerpunkte S, S' vermehrt.

79. *Die vektorielle und die äußere Multiplikation.* — In den meisten Lehrbüchern der *Vektoranalysis* ist von *vektoriellen* und von *skalaren* Produkten die Rede, nicht aber von *äußeren* und von *inneren*. Ich will kurz auf den Zusammenhang dieser Multiplikationen hinweisen. Während die inneren Produkte mit den skalaren identisch sind, besteht ein wesentlicher Unterschied zwischen den vektoriellen und den äußeren Produkten. Fasse ich **ab** als äußeres Produkt auf, so stellt **ab** einen Vektor von höherer Dimension als **a** und **b** einzeln dar. Sein Zusammenhang mit dem linearen Vektor wird vermittelt durch den Begriff der Ergänzung, ich kann schreiben **ab** = | **c**, und der Ergänzungsvektor **c** steht auf der Ebene der Vektoren **a**, **b** senkrecht. Dagegen, das *vektorielle* Produkt oder *Vektorprodukt* V**ab** (Heaviside, Föppl) = **a** ⤫ **b** (Gibbs) stellt selber bereits den einfachen Vektor **c** dar. Bei dieser Art zu multiplizieren geht also der Dimensionsbegriff verloren, ich werde von einem Vektor erster Stufe niemals zu einem Vektor zweiter Stufe gelangen. Die hierbei zugrunde gelegten Definitionen lauten in der von Heaviside verbesserten Hamiltonschen Form

$$V e_2 e_3 = e_1, \quad V e_3 e_1 = e_2, \quad V e_1 e_2 = e_3,$$

während ich nach Graßmann definiert habe

$$e_2 e_3 = | e_1, \quad e_3 e_1 = | e_2, \quad e_1 e_2 = | e_3.$$

Hieraus geht hervor, daß ein wesentlicher Unterschied besteht zwischen dem äußeren und dem vektoriellen Produkt zweier Vektoren, und daß es nicht erlaubt ist, diese beiden Bezeichnungen miteinander zu vertauschen, wie es neuerdings leider von seiten namhafter Physiker geschehen ist.

80. *Die geometrische und die physikalische Richtung der Vektoranalysis.* — Die Entscheidung darüber, welche der beiden Definitionen, ob die spezielle Heavisidesche oder die umfassende Graßmannsche, zum Ausgangspunkt passend zu wählen ist, hängt von dem Zweck ab, welchen man verfolgt. Handelt es sich allein um Anwendungen auf physikalische Probleme, so kann man sich wohl mit derjenigen Heavisides begnügen. Will man aber Methoden entwickeln, die nicht bloß auf Physik, sondern auch auf Geometrie im weitesten Sinn des Wortes (insbesondere mit Einschluß der geometrischen Mechanik) anwendbar sind, so ist man gezwungen, die Graßmannsche Auffassung zugrunde zu legen, d. h. Vektor und Bivektor als duale Elemente des dreidimensionalen Vektorraumes und — was der Hamilton-Heavisideschen Richtung durchaus fremd ist — neben dem freien den *gebundenen* Vektor einzuführen.

Neuntes Kapitel.

Die gebundenen Vektoren oder Stäbe.

81. *Äußere Multiplikation zweier Punkte.* — Seien gegeben die vier, den Raum bestimmenden Punkte E_1, E_2, E_3, E_4, so kommen für den Raum in Betracht die äußeren Produkte $[E_i E_k]$, $[E_i E_k E_l]$ und $[E_i E_k E_l E_m]$ $(i, k, l, m = 1, 2, 3, 4)$ als Größen höherer Dimension (zweiter, dritter und vierter Stufe).

Indem ich auch hier an der Eigenschaft des äußeren Produktes festhalte: das Vorzeichen zu wechseln, wenn zwei Faktoren miteinander vertauscht werden, kann ich die Betrachtung beschränken auf die Gebilde

$$[E_2 E_3], \ [E_3 E_1], \ [E_1 E_2], \ [E_1 E_4], \ [E_2 E_4]. \ [E_3 E_4];$$

$$[E_2 E_3 E_4], \ [E_3 E_4 E_1], \ [E_4 E_1 E_2], \ [E_1 E_2 E_3]; \ [E_1 E_2 E_3 E_4].$$

Ich frage zunächst nach der Bedeutung von $[E_1 E_2]$. Nun, die in Nr. **18** gegebene Definition für das äußere Produkt zweier Punkte der Ebene ist so gefaßt, daß sie ohne weiteres auch für den Raum bestehen bleibt. Auch im Raum soll $[E_1 E_2]$ den *gebundenen Vektor* bezeichnen, der von E_1 nach E_2 gerichtet ist, die Länge der Strecke $E_1 E_2$ besitzt und in seiner eigenen Richtung beliebig hin- und hergeschoben werden kann, so daß wieder $[E_2 E_1] = -[E_1 E_2]$, $[E_1 E_1] = 0$. Der Kürze halber soll der gebundene Vektor da, wo kein Mißverständnis möglich, wieder durch einen kleinen *deutschen* fettgedruckten Buchstaben bezeichnet werden, zum Unterschied vom freien Vektor, den ich ja durch einen *lateinischen* Buchstaben bezeichne, so daß z. B. $\mathfrak{e}$ einen gebundenen und e den entsprechenden freien Vektor bezeichnen sollen. Und ebenfalls

der Kürze halber werde ich häufig statt vom *gebundenen Vektor*
schlechtweg von der *Geraden* $\mathfrak{e}$ sprechen oder auch mit Herrn
Graßmann d. J. vom *Stab* $\mathfrak{e}$.

Für die Zusammensetzung zweier gebundener Vektoren,
deren Richtungen sich schneiden, die also einer Ebene angehören, gelten dieselben Regeln wie für die Vektoren der
Ebene. Demnach setzen sich beliebig viele gebundene Vektoren,
wenn sich ihre Richtungen in *einem* Punkte treffen, wieder zu
einem gebundenen Vektor zusammen.

Die Bezeichnung des Vektors als eines gebundenen hat,
wie in der Ebene, seinen Grund in der Formel

$$[E_1 E_2] = [E_1 \; E_2 - E_1],$$

welche den gebundenen Vektor als äußeres Produkt des freien
Vektors $E_2 - E_1$ und des Punktes E_1 darstellt. Der freie
Vektor $E_2 - E_1$ wird gewissermaßen durch Festheften in E_1
zum gebundenen Vektor $[E_1 E_2]$. Freier und gebundener
Vektor stimmen also in Länge, Richtung und Richtungssinn
überein.

82. *Äußere Multiplikation dreier Punkte.* — Was bedeutet
$[E_1 E_2 E_3]$? In der *Ebene* bedeutet dieses äußere Produkt gemäß Nr. **22** das Parallelogramm, welches durch die Punkte
E_1, E_2, E_3 bestimmt ist und den durch ihre Reihenfolge gegebenen Umfahrungssinn besitzt. Dabei haben die Parallelogramme, welche zu beliebigen drei Punkten ein und derselben
Ebene gehören, parallele Lote, also gleiche Richtung, unterscheiden sich demnach nicht durch ihre Richtung, sondern
allein durch ihre Größe und ihren Umfahrungssinn. Anders
im *Raume*. Wird das äußere Produkt $[E_1 E_2 E_3]$ auch hier
als Parallelogramm gedeutet, so kommt demselben Vektor-
charakter zu. Da seine Seiten gebundene Vektoren sind, will
ich es einen *gebundenen Bivektor* nennen. Graßmann hat in
seiner Ausdehnungslehre hierfür die Ausdrücke: *Plangröße* (1844)
und *Ebenengröße* (1862). Herr Graßmann d. J. hat den
Namen: *Blatt*, Herr Timerding den Namen: *gebundene Plangröße* in Vorschlag gebracht.

Offenbar haben die gebundenen Bivektoren $[E_1 E_2 E_3]$, $[E_2 E_3 E_1]$, $[E_3 E_1 E_2]$ gleiche Größe, gleiche Richtung, gleichen Umfahrungssinn und gleiche Verschiebungsrichtung, stimmen also in allen charakteristischen Merkmalen überein, ich kann sie daher als gleich ansehen. Dagegen besitzen die gebundenen Bivektoren $[E_1 E_3 E_2]$, $[E_2 E_1 E_3]$, $[E_3 E_2 E_1]$ bei gleicher Größe und Richtung entgegengesetzten Umfahrungssinn, daher werde ich setzen müssen

$$[E_1 E_2 E_3] = [E_2 E_3 E_1] = [E_3 E_1 E_2] = - [E_1 E_3 E_2]$$

$$= - [E_2 E_1 E_3] = - [E_3 E_2 E_1].$$

Der Zusammenhang der gebundenen Bivektoren mit den freien Bivektoren wird durch die folgende Formel ausgedrückt

$$[E_1 E_2 E_3] = [E_1 \quad E_2 - E_1 \quad E_3 - E_2] = [E_1 \quad E_2 - E_1 \quad E_3 - E_1],$$

welche zeigt, daß der freie Bivektor $[E_2 - E_1 \quad E_3 - E_2]$ gewissermaßen durch Festheften im Punkt E_1 zu einem gebundenen wird.

83. *Äußere Multiplikation von vier Punkten.* — Endlich, was bedeutet $[E_1 E_2 E_3 E_4]$? In Weiterführung der vorstehenden Definitionen werde ich das äußere Produkt aus vier Punkten im Raum als den durch sie bestimmten Spat deuten. Ein Spat ist eine ungerichtete Größe, hat nur Inhalt und Umfahrungssinn, ist also ein Skalar. Dabei definiere ich den Umfahrungssinn des Spats $E_1 E_2 E_3 E_4$ wie folgt. Ich will an Stelle des Spats das zugehörige Tetraeder setzen, dann wird dieses dargestellt durch $\frac{1}{6}[E_1 E_2 E_3 E_4]$. Alsdann kann ich so sagen: Denke ich mein Auge in E_1 befindlich und nach dem Dreieck $E_2 E_3 E_4$ blickend, so bestimmt der Umfahrungssinn dieses Dreiecks denjenigen des Tetraeders und des Spats. Gleichen Umfahrungssinn, bei gleichbleibender Größe, haben daher alle die Spate, welche aus $E_1 E_2 E_3 E_4$ durch zyklische Vertauschung von $E_2 E_3 E_4$ hervorgehen. Entgegengesetzter

Umfahrungssinn kommt dem Spat zu, wenn das Dreieck $E_2 E_3 E_4$ entgegengesetzten Umfahrungssinn erhält. Daher ist im Hinblick auf die vorige Nummer

$$[E_1 E_2 E_3 E_4] = \quad [E_2 E_3 E_1 E_4] = \quad [E_3 E_1 E_2 E_4]$$

$$= \quad [E_1 E_4 E_2 E_3] = \quad [E_2 E_4 E_3 E_1] = \quad [E_3 E_4 E_1 E_2]$$

$$= - [E_1 E_3 E_2 E_4] = - [E_2 E_1 E_3 E_4] = - [E_3 E_2 E_1 E_4]$$

$$= - [E_4 E_1 E_2 E_3] = - [E_4 E_2 E_3 E_1] = - [E_4 E_3 E_1 E_2],$$

und der Einfachheit halber werde der sechsfache Inhalt des Bezugstetraeders $[E_1 E_2 E_3 E_4]$ gleich der positiven Einheit gesetzt: $[E_1 E_2 E_3 E_4] = +1$.

Die vorstehende Deutung des äußeren Produktes von vier Punkten führt dazu, das äußere Produkt $[E_1 E_2 E_3 E_4]$ auch als den sechsfachen Inhalt des Tetraeders mit den Gegenkanten $[E_1 E_2]$ und $[E_3 E_4]$ oder $[E_2 E_3]$ und $[E_1 E_4]$ oder $[E_3 E_1]$ und $[E_2 E_4]$ oder auch als das sechsfache Tetraeder mit der Grundfläche $[E_1 E_2 E_3]$ und der Kante $E_4 - E_i$ $(i = 1, 2, 3)$ oder der Grundfläche $[E_2 E_3 E_4]$ und der Kante $E_i - E_1 (i = 2, 3, 4)$ oder der Grundfläche $[E_3 E_4 E_1]$ und der Kante $E_2 - E_i (i = 3, 4, 1)$ oder endlich der Grundfläche $[E_4 E_1 E_2]$ und der Kante $E_i - E_3$ $(i = 4, 1, 2)$ aufzufassen:

84. *Multiplikationstabelle.* — Zusammenfassend kann ich die beim Rechnen mit äußeren Produkten aus zwei, drei und vier Punkten zu beobachtende Regel so aussprechen: Lasse ich in einem äußeren Produkt von Punkten einen derselben um k Stellen springen, so ist das Produkt mit $(-1)^k$ zu multiplizieren. Als eine Übung zu dieser Regel kann die nachfolgende Tabelle benutzt werden, welche das Resultat der äußeren Multiplikation eines jeden Gebildes der linken Vertikale mit jedem Gebilde der obersten Horizontalen angibt. Dabei ist zu bemerken, daß die leeren Felder der Tabelle die Kenntnis der regressiven Multiplikation voraussetzen, also erst später ausgefüllt werden können:

8*

Tabelle IV.

	E_1	E_2	E_3	E_4	E_2E_3	E_3E_1	E_1E_2	E_1E_4	E_2E_4	E_3E_4	$E_1E_2E_3$	$E_2E_3E_4$	$E_3E_4E_1$	$E_4E_1E_2$
E_1	0	E_1E_2	$-E_3E_1$	E_1E_4	$E_1E_2E_3$	0	0	0	$E_4E_1E_2$	$E_3E_4E_1$	0	1	0	0
E_2	$-E_1E_2$	0	E_2E_3	E_2E_4	0	$E_1E_2E_3$	0	$-E_4E_1E_2$	0	$E_2E_3E_4$	0	0	-1	0
E_3	E_3E_1	$-E_2E_3$	0	E_3E_4	0	0	$E_1E_2E_3$	$-E_3E_4E_1$	$-E_2E_3E_4$	0	0	0	0	1
E_4	$-E_1E_4$	$-E_2E_4$	$-E_3E_4$	0	$E_2E_3E_4$	$-E_3E_4E_1$	$E_4E_1E_2$	0	0	0	-1	0	0	0
E_2E_3	$E_1E_2E_3$	0	0	$E_2E_3E_4$	0	0	0	1	0	0	0	0	0	0
E_3E_1	0	$E_1E_2E_3$	0	$-E_3E_4E_1$	0	0	0	0	1	0	0	0	0	0
E_1E_2	0	0	$E_1E_2E_3$	$E_4E_1E_2$	0	0	0	0	0	1	0	0	0	0
E_1E_4	0	$-E_4E_1E_2$	$-E_3E_4E_1$	0	1	0	0	0	0	0	0	0	0	0
E_2E_4	$E_4E_1E_2$	0	$-E_2E_3E_4$	0	0	1	0	0	0	0	0	0	0	0
E_3E_4	$E_3E_4E_1$	$E_2E_3E_4$	0	0	0	0	1	0	0	0	0	0	0	0
$E_1E_2E_3$	0	0	0	1	0	0	0	0	0	0	0	0	0	0
$E_2E_3E_4$	-1	0	0	0	0	0	0	0	0	0	0	0	0	0
$E_3E_4E_1$	0	1	0	0	0	0	0	0	0	0	0	0	0	0
$E_4E_1E_2$	0	0	-1	0	0	0	0	0	0	0	0	0	0	0

85. *Skalare erster und zweiter Art.* — Die skalaren Größen, welche wir bisher kennen gelernt haben, lassen sich in zwei Klassen einteilen nach ihrem Verhalten gegenüber den Koordinatentransformationen. Zur einen Klasse kann man diejenigen Zahlen rechnen, welche die Eigenschaft haben, bei Koordinatentransformation, die Inversion einbegriffen, völlig ungeändert zu bleiben. Ein solcher Skalar ist das innere oder skalare Produkt $[a\,|\,b] = a_1 b_1 + a_2 b_2 + a_3 b_3$. Ein anderes Verhalten zeigt das äußere Produkt von drei Vektoren $[a\,b\,c]$ oder das äußere Produkt von vier Punkten. Es bleibt wohl bei Verschiebung und Drehung des Koordinatensystems ungeändert, wechselt aber das Vorzeichen, wenn ich von einem Rechtssystem zu einem Linkssystem übergehe. Die Herren Klein und Timerding nennen die ersteren *Skalare erster Art*, die letzteren *Skalare zweiter Art*, Herr Abraham unterscheidet *Skalare* und *Pseudoskalare*.

Zehntes Kapitel.

Anwendung auf die analytische Geometrie.

86. *Die baryzentrischen Koordinaten des Punktes.* — Als eine erste Anwendung der soeben aufgestellten Regeln für die äußere Punktmultiplikation wähle ich die Frage nach der geometrischen Bedeutung, welche den Koeffizienten in der Punktdarstellung der Nr. **60**

$$P = \pi_1 E_1 + \pi_2 E_2 + \pi_3 E_3 + \pi_4 E_4, \quad 1 = \pi_1 + \pi_2 + \pi_3 + \pi_4$$

zukommt. Die Antwort ergibt sich sofort, wenn ich die Gleichung der Reihe nach äußerlich mit

$$[E_2 E_3 E_4], \ [E_3 E_4 E_1], \ [E_4 E_1 E_2], \ [E_1 E_2 E_3]$$

multipliziere. Im ersten Fall wird

$$[P E_2 E_3 E_4] = \pi_1 [E_1 E_2 E_3 E_4] + \pi_2 [E_2 E_2 E_3 E_4] + \pi_3 [E_3 E_2 E_3 E_4]$$
$$+ \pi_4 [E_4 E_2 E_3 E_4].$$

Hier verschwinden diejenigen äußeren Produkte, wo zwei gleiche Faktoren auftreten, und es bleibt wegen $[E_1 E_2 E_3 E_4] = +1$:

$$[P E_2 E_3 E_4] = \pi_1.$$

Ebenso liefern die anderen Multiplikatoren

$$[P E_3 E_4 E_1] = \pi_2 [E_2 E_3 E_4 E_1],$$
$$[P E_4 E_1 E_2] = \pi_3 [E_3 E_4 E_1 E_2],$$
$$[P E_1 E_2 E_3] = \pi_4 [E_4 E_1 E_2 E_3].$$

Nun ist

$$-[E_2 E_3 E_4 E_1] = [E_3 E_4 E_1 E_2] = -[E_4 E_1 E_2 E_3] = [E_1 E_2 E_3 E_4] = +1.$$

Demnach nimmt die Darstellung des Punktes P die Gestalt an

$$P =$$
$$[P E_2 E_3 E_4] E_1 - [P E_3 E_4 E_1] E_2 + [P E_4 E_1 E_2] E_3 - [P E_1 E_2 E_3] E_4,$$

d. h. die Koeffizienten, welche bei der Darstellung eines Punktes im Raum durch die Ecken des Bezugstetraeders auftreten, sind den Inhalten der Teiltetraeder proportional, welche den Punkt als Spitze und die Seitenflächen des Bezugstetraeders als Grundfläche haben. Dabei verlangt die Punktdarstellung, daß $1 = \pi_1 + \pi_2 + \pi_3 + \pi_4$ oder

$$1 = [PE_2 E_3 E_4] - [PE_3 E_4 E_1] + [PE_4 E_1 E_2] - [PE_1 E_2 E_3].$$

Erteilt man demnach den Punkten E_1, E_2, E_3, E_4 Massen, welche den Inhalten der Teiltetraeder $[PE_2 E_3 E_4]$, $- [PE_3 E_4 E_1]$, $[PE_4 E_1 E_2]$, $- [PE_1 E_2 E_3]$ proportional sind, so wird P zum Schwerpunkt des Tetraeders $E_1 E_2 E_3 E_4$. Man nennt deshalb die Koeffizienten π die *baryzentrischen* oder *Tetraeder-Koordinaten* des Punktes P.

In dem besonderen Fall, daß die Teiltetraeder gleichen Inhalt besitzen, daß also

$$[PE_2 E_3 E_4] = - [PE_3 E_4 E_1] = [PE_4 E_1 E_2] = - [PE_1 E_2 E_3],$$

wird

$$4P = E_1 + E_2 + E_3 + E_4.$$

Hiermit ist zugleich die Darstellung für den Schwerpunkt des homogenen Volltetraeders geleistet, in Ergänzung der Betrachtungen des siebenten Kapitels.

87. Die baryzentrischen Koordinaten der geraden Linie. — Gegeben zwei beliebige Punkte P_1, P_2, welche sich nach Nr. 60 durch die Ecken des Bezugstetraeders $E_1 E_2 E_3 E_4$ wie folgt darstellen:

$$P_1 = \pi_{11} E_1 + \pi_{12} E_2 + \pi_{13} E_3 + \pi_{14} E_4, \quad \sum_i \pi_{1i} = 1,$$

$$P_2 = \pi_{21} E_1 + \pi_{22} E_2 + \pi_{23} E_3 + \pi_{24} E_4 \quad \sum_i \pi_{2i} = 1.$$

Alsdann bilde ich ihr äußeres Produkt und erhalte

$$\mathfrak{a} = p_{23} \mathfrak{e}_{23} + p_{31} \mathfrak{e}_{31} + p_{12} \mathfrak{e}_{12} + p_{14} \mathfrak{e}_{14} + p_{24} \mathfrak{e}_{24} + p_{34} \mathfrak{e}_{34},$$

wobei gesetzt ist

$$\mathfrak{a} = [P_1 P_2], \quad \mathfrak{e}_{ik} = [E_i E_k], \quad p_{ik} = \pi_{1i} \pi_{2k} - \pi_{1k} \pi_{2i}, \quad (i, k = 1, 2, 3, 4)$$

d. h. der gebundene Vektor $[P_1 P_2]$ läßt sich durch die sechs Kanten des Vektortetraeders $E_1 E_2 E_3 E_4$ linear ausdrücken. Dabei sind die Koeffizienten p_{ik} nichts anderes als die sechs

Unterdeterminanten zweiter Ordnung, welche sich aus den Elementen der Matrix

$$\left\| \begin{matrix} \pi_{11}\,\pi_{12}\,\pi_{13}\,\pi_{14} \\ \pi_{21}\,\pi_{22}\,\pi_{23}\,\pi_{24} \end{matrix} \right\|$$

bilden lassen, also nichts anderes als die sechs homogenen Koordinaten der geraden Linie. Es verdient hervorgehoben zu werden, daß diese Koordinaten nicht unabhängig voneinander sind, sondern daß zwischen ihnen die bilineare Identität

$$p_{23}\,p_{14} + p_{31}\,p_{24} + p_{12}\,p_{34} = 0$$

besteht.

Will ich die geometrische Bedeutung der Koeffizienten p_{ik} erkennen, so habe ich nur nötig, die obige Darstellung der Geraden $[P_1 P_2]$ äußerlich mit $\mathfrak{e}_{ik}$ zu multiplizieren, dann ergibt sich sofort

$$[P_1 P_2\,\mathfrak{e}_{ik}] = p_{ik}[\mathfrak{e}_{ik}\,\mathfrak{e}_{lm}] \qquad (i, k, l, m = 1, 2, 3, 4;\ 2, 3, 1, 4;\ 3, 1, 2, 4)$$

oder wegen $[\mathfrak{e}_{ik}\,\mathfrak{e}_{lm}] = [E_1 E_2 E_3 E_4] = +1$:

$$p_{ik} = [P_1 P_2 E_i E_k],$$

d. h. die baryzentrischen Koordinaten der geraden Linie im Raum sind den Inhalten der Tetraeder proportional, welche die gerade Linie, als gebundener Vektor aufgefaßt, mit den Kanten des Bezugstetraeders einschließt.

Demnach nimmt die vektorielle Darstellung der geraden Linie die Form an

$$\mathfrak{a} = [P_1 P_2 E_2 E_3]\,\mathfrak{e}_{23} + [P_1 P_2 E_3 E_1]\,\mathfrak{e}_{31} + [P_1 P_2 E_1 E_2]\,\mathfrak{e}_{12}$$
$$+ [P_1 P_2 E_1 E_4]\,\mathfrak{e}_{14} + [P_1 P_2 E_2 E_4]\,\mathfrak{e}_{24} + [P_1 P_2 E_3 E_4]\,\mathfrak{e}_{34}.$$

88. *Die* Plückerschen *Koordinaten der geraden Linie.* — In der vorstehenden Nummer bin ich ausgegangen von der Darstellung des Punktes durch die Ecken eines Tetraeders und bin zu den Tetraederkoordinaten der geraden Linie gekommen. Ich will jetzt die andere Punktdarstellung verwenden, welche ich in Nr. **63** angegeben habe, wo als „Richtstücke" des Punktes ein beliebiger Punkt und drei freie Vektoren gewählt sind. Ich setze also an

$$P_1 = E + a_{11}e_1 + a_{12}e_2 + a_{13}e_3,$$
$$P_2 = E + a_{21}e_1 + a_{22}e_2 + a_{23}e_3,$$

woraus

$$P_2 - P_1 = (a_{21} - a_{11})e_1 + (a_{22} - a_{12})e_2 + (a_{23} - a_{13})e_3,$$

und bilde das äußere Produkt

$$\begin{aligned} \mathfrak{a} = & (a_{21} - a_{11})[Ee_1] + (a_{22} - a_{12})[Ee_2] + (a_{23} - a_{13})[Ee_3] \\ & + (a_{12}a_{23} - a_{13}a_{22})[e_2e_3] + (a_{13}a_{21} - a_{11}a_{23})[e_3e_1] \\ & + (a_{11}a_{22} - a_{12}a_{21})[e_1e_2], \end{aligned}$$

d. h. der gebundene Vektor $\mathfrak{a}$ läßt sich durch drei gegebene Vektoren, die von einem beliebigen Punkt ausgehen, und durch drei freie Bivektoren darstellen. Dabei sind $a_{21} - a_{11}$, $a_{22} - a_{12}$, $a_{23} - a_{13}$ die Koordinaten der von E ausgehenden, mit P_1P_2 gleichen und gleichgerichteten Strecke EP, ferner $a_{12}a_{23} - a_{13}a_{22}$, $a_{13}a_{21} - a_{11}a_{23}$, $a_{11}a_{22} - a_{12}a_{21}$ die Koordinaten des Parallelogramms EP_1P_2P oder der doppelten Dreiecksfläche EP_1P_2 ihrem Umfahrungssinn und ihrer Stellung im Raume nach.

Zwischen diesen Koordinaten besteht noch die Identität

$$\begin{aligned} (a_{21} - a_{11})(a_{12}a_{23} - a_{13}a_{22}) & + (a_{22} - a_{12})(a_{13}a_{21} - a_{11}a_{23}) \\ & + (a_{23} - a_{13})(a_{11}a_{22} - a_{12}a_{21}) = 0. \end{aligned}$$

Hier läßt sich die linke Seite auffassen als das äußere Produkt von

$$(a_{21} - a_{11})[Ee_1] + (a_{22} - a_{12})[Ee_2] + (a_{23} - a_{13})[Ee_3] = \mathfrak{p}$$

mit

$$\begin{aligned} (a_{12}a_{23} - a_{13}a_{22})[e_2e_3] & + (a_{13}a_{21} - a_{11}a_{23})[e_3e_1] \\ & + (a_{11}a_{22} - a_{12}a_{21})[e_1e_2] = |\,\mathfrak{q}, \end{aligned}$$

d. h. als den Inhalt eines Prismas, dessen Grundfläche die Koordinaten $a_{12}a_{23} - a_{13}a_{22}$, $a_{13}a_{21} - a_{11}a_{23}$, $a_{11}a_{22} - a_{12}a_{21}$ und dessen Seitenkanten die Koordinaten $a_{21} - a_{11}$, $a_{22} - a_{12}$, $a_{23} - a_{13}$ besitzen. Demnach sagt obige Identität nichts anderes aus, als daß die Strecke $\mathfrak{p}$ der Fläche $|\,\mathfrak{q}$ parallel gerichtet ist.

Diese Koordinaten sind unter dem Namen „Plückersche Koordinaten der geraden Linie" bekannt, doch verdient hervor-

gehoben zu werden, daß bereits Graßmann in der ersten Auflage der Ausdehnungslehre auf die zu ihnen führenden „Richtstücke" hingewiesen hat.

89. *Die baryzentrischen Koordinaten der Ebene.* — Ich
nehme jetzt einen weiteren Punkt

$$P_3 = \pi_{31}E_1 + \pi_{32}E_2 + \pi_{33}E_3 + \pi_{34}E_4, \quad \sum_i \pi_{3i} = 1$$

hinzu und bilde das äußere Produkt der Punkte P_1, P_2, P_3,
so wird

$$[P_1 P_2 P_3] = [p_{23}e_{23} + \cdots + p_{14}e_{14} + \cdots \quad \pi_{31}E_1 + \cdots + \pi_{34}E_4]$$

oder

$$[P_1 P_2 P_3] = \pi_1 [E_2 E_3 E_4] - \pi_2 [E_3 E_4 E_1]$$
$$+ \pi_3 [E_4 E_1 E_2] - \pi_4 [E_1 E_2 E_3],$$

wo

$$\pi_i = \begin{vmatrix} \pi_{1k} & \pi_{1l} & \pi_{1m} \\ \pi_{2k} & \pi_{2l} & \pi_{2m} \\ \pi_{3k} & \pi_{3l} & \pi_{3m} \end{vmatrix} \quad \begin{matrix} (i,\,k,\,l,\,m = 1,\,2,\,3,\,4; \\ 2,\,3,\,4,\,1;\,3,\,4,\,1,\,2;\,4,\,1,\,2,\,3) \end{matrix}$$

gesetzt ist. Hieraus ist ersichtlich, daß sich der gebundene
Bivektor $[P_1 P_2 P_3]$ linear durch die vier Seiten des Vektor-
tetraeders ausdrücken läßt. Die Koeffizienten π_i sind die
Unterdeterminanten dritter Ordnung, welche aus der Matrix

$$\begin{Vmatrix} \pi_{11} & \pi_{12} & \pi_{13} & \pi_{14} \\ \pi_{21} & \pi_{22} & \pi_{23} & \pi_{24} \\ \pi_{31} & \pi_{32} & \pi_{33} & \pi_{34} \end{Vmatrix}$$

gebildet werden können, sie stellen bekanntlich die baryzentrischen Koordinaten der Ebene $[P_1 P_2 P_3]$ dar.

Die geometrische Bedeutung der π_i erhellt sofort, wenn
ich die Formel für $[P_1 P_2 P_3]$ mit E_i äußerlich multipliziere;
es ist nämlich

$$[E_i P_1 P_2 P_3] = \pi_i [E_1 E_2 E_3 E_4]$$

oder wegen $[E_1 E_2 E_3 E_4] = +1$:

$$\pi_i = [E_i P_1 P_2 P_3],$$

d. h. die baryzentrischen Koordinaten der Ebene (als gebundener Bivektor aufgefaßt) sind den Inhalten der Tetraeder proportional, welche die Ebene mit den Ecken des Einheitstetraeders einschließt.

90. *Die* Plückerschen *Koordinaten der Ebene.* — Ich gehe aus von der Plückerschen Darstellung der geraden Linie in Nr. 88 und multipliziere dieselbe äußerlich mit

$$P_3 = E + a_{31} e_1 + a_{32} e_2 + a_{33} e_3.$$

Dann ergibt sich nach einer einfachen Rechnung

$$[P_1 P_2 P_3] = (a_{11} + a_{21} + a_{31})[E e_2 e_3] + (a_{12} + a_{22} + a_{32})[E e_3 e_1]$$
$$+ (a_{13} + a_{23} + a_{33})[E e_1 e_2] + |a_{ik}|[e_1 e_2 e_3],$$

wobei $|a_{ik}|$ $(i, k = 1, 2, 3)$ die Determinante der neun Koeffizienten a_{ik}, und a_{ik} die zugehörigen Unterdeterminanten bezeichnen. Als „Richtstücke" treten hierbei drei gebundene Bivektoren und ein als Ausdehnungsgröße aufgefaßter Körperraum auf.

91. *Darstellung des Tetraedervolumens. Vektorielle Bedingung für die komplanare Lage von vier Punkten.* — Für das Tetraedervolumen ergeben sich zunächst zwei verschiedene Darstellungen, je nachdem ich die *baryzentrische* oder die *kartesische* Darstellung eines Punktes zugrunde lege.

Nehme ich im Anschluß an Nr. 89 den vierten Punkt P_4 in der Form

$$P_4 = \pi_{41} E_1 + \pi_{42} E_2 + \pi_{43} E_3 + \pi_{44} E_4, \quad \sum_i \pi_{4i} = 1$$

und bilde das äußere Produkt $[P_1 P_2 P_3 P_4]$, indem ich den Ausdruck für $[P_1 P_2 P_3]$ äußerlich mit P_4 multipliziere, so erhalte ich eine Summe von vier Determinanten, die sich zu einer einzigen Determinante zusammenziehen lassen, nämlich

$$[P_1 P_2 P_3 P_4] = |\pi_{ik}| \qquad (i, k = 1, 2, 3, 4),$$

wobei $[E_1 E_2 E_3 E_4] = 1$ gesetzt ist; das ist aber das wohlbekannte Resultat der analytischen Geometrie des Raumes, wonach die Determinante $|\pi_{ik}|$ das sechsfache Volumen des durch

die vier Punkte P_1, P_2, P_3, P_4 bestimmten Tetraeders darstellt.

Nehme ich dagegen im Anschluß an Nr. **90** den Punkt
P_4 in der Form

$$P_4 = E + a_{41}\,\mathfrak{e}_1 + a_{42}\,\mathfrak{e}_2 + a_{43}\,\mathfrak{e}_3,$$

so folgt

$$[P_1 P_2 P_3 P_4] = \varDelta,$$

wo $[E\mathfrak{e}_1\mathfrak{e}_2\mathfrak{e}_3] = 1$ und

$$\varDelta = a_{41}(\alpha_{11} + \alpha_{21} + \alpha_{31}) + a_{42}(\alpha_{12} + \alpha_{22} + \alpha_{32}) + a_{43}(\alpha_{13} + \alpha_{23} + \alpha_{33}).$$

Eine weitere Darstellung des Tetraedervolumens ergibt
sich, wenn ich bedenke, daß ich das äußere Produkt der vier
Punkte P_1, P_2, P_3, P_4 auch als äußeres Produkt der beiden gebundenen Vektoren $[P_1 P_2]$, $[P_3 P_4]$, die ja dasselbe Tetraeder
bestimmen, auffassen kann.

Wie in **Nr. 87** gefunden, ist

$$[P_1 P_2] = p_{23}[E_2 E_3] + \cdots + p_{14}[E_1 E_4] + \cdots$$

Entsprechend sei

$$[P_3 P_4] = q_{23}[E_2 E_3] + \cdots + q_{14}[E_1 E_4] + \cdots,$$

dann wird, mit Rücksicht auf die Gesetze der äußeren Multiplikation:

$$[P_1 P_2 P_3 P_4] = p_{23}q_{14} + p_{31}q_{24} + p_{12}q_{34} + p_{14}q_{23} + p_{24}q_{31} + p_{34}q_{12},$$

und das ist die Darstellung des sechsfachen Tetraedervolumens
vermittelst der Linienkoordinaten zweier Gegenkanten.

Noch einen vierten Ausdruck will ich für $[P_1 P_2 P_3 P_4]$
mitteilen, der die Analogie des äußeren Produktes von vier
Punkten im Raum mit demjenigen von drei Punkten in der
Ebene vervollständigt. Wie aus der elementaren Geometrie be-
kannt, läßt sich das Volumen eines Tetraeders, welches durch zwei
Gegenkanten a, b gegeben ist, darstellen durch $\frac{1}{6}\,abh\,\sin(a, b)$,
wenn h den kürzesten Abstand der beiden Kanten bedeutet.
Daher ergibt sich das äußere Produkt

$$[P_1 P_2 P_3 P_4] = a_{23}a_{14}h_1\,\sin(\mathfrak{a}_{23},\,\mathfrak{a}_{14})$$
$$= a_{31}a_{24}h_2\,\sin(\mathfrak{a}_{31},\,\mathfrak{a}_{24})$$
$$= a_{12}a_{34}h_3\,\sin(\mathfrak{a}_{12},\,\mathfrak{a}_{34}),$$

wenn die Kanten des Vektortetraeders $P_1 P_2 P_3 P_4$ mit $\mathfrak{a}_{ik}$, deren numerische Längen mit a_{ik} bezeichnet werden.

Frage ich jetzt nach der Bedingung, unter welcher vier Punkte des Raumes in einer Ebene liegen, so lehren die obigen Darlegungen, daß sich die verschiedenen Antworten, welche die analytische Geometrie auf diese Frage erteilt, zusammenfassen lassen in die eine:

Die notwendige und hinreichende Bedingung für die komplanare Lage von vier Punkten des Raumes verlangt, daß ihr äußeres Produkt verschwinde.

92. Relation zwischen den Geraden des Raumes. — In Nr. 87 ist gezeigt worden, daß sich die gerade Linie $\mathfrak{a}$ durch sechs gerade Linien $\mathfrak{e}_{ik}$ $(i, k = 1, 2, 3, 4)$ linear darstellen läßt, von denen je drei sich in einem Punkt schneiden und je drei in einer Ebene liegen, oder — was auf dasselbe hinauskommt —, welche die Kanten eines Vektortetraeders bilden.[1]) Nehme ich jetzt fünf weitere beliebige Geraden $\mathfrak{a}_i$ im Raume hinzu, so erlauben diese eine entsprechende Darstellung. Insgesamt habe ich dann sechs Gleichungen, aus denen sich die $\mathfrak{e}_{ik}$ rückwärts durch die beliegen sechs Geraden $\mathfrak{a}_i$ $(i = 1, 2, \ldots 6)$ linear ausdrücken lassen. Ich kann daher sagen, daß *jede Gerade im Raum* (aufgefaßt als gebundener Vektor) *durch sechs beliebige Geraden linear darstellbar* ist. Dabei bleibt die bekannte bilineare Beziehung zwischen den Koeffizienten bestehen.

Nebenbei bemerkt, fließt hieraus der folgende Determinantensatz: Sind die Elemente a_{ik} jeder Vertikal- oder jeder Horizontalreihe einer Determinante sechster Ordnung durch bilineare Beziehungen der Form $a_{i1} a_{i4} + a_{i2} a_{i5} + a_{i3} a_{i6} = 0$ $(i = 1, 2, \ldots 6)$ verbunden, so bestehen auch zwischen den zugehörigen Unterdeterminanten α_{ik} entsprechende Relationen der Form $\alpha_{i1} \alpha_{i4} + \alpha_{i2} \alpha_{i5} + \alpha_{i3} \alpha_{i6} = 0$ $(i = 1, 2, \ldots 6)$.

Scheinbar im Widerspruch mit der obigen Überlegung steht die folgende Bemerkung, welche an den in Nr. 87 gegebenen

---

1) Ich bemerke ausdrücklich, daß hier und auch später unter gerader Linie der gebundene Vektor zu verstehen ist, d. h. die Gerade von bestimmter Länge, Richtung, Sinn und Verschiebungsrichtung.

Ausdruck für $[P_1 P_2]$ anknüpft. Derselbe enthält an erster Stelle
die Summe der drei Geraden $p_{23}[E_2 E_3]$, $p_{31}[E_3 E_1]$, $p_{12}[E_1 E_2]$,
welche in einer Ebene liegen und daher gemäß Nr. 20 durch
eine einzige Gerade ersetzt werden können, an zweiter Stelle
die Summe der drei Geraden $p_{14}[E_1 E_4]$, $p_{24}[E_2 E_4]$, $p_{34}[E_3 E_4]$,
welche von einem Punkt ausgehen und gemäß Nr. 81 eben-
falls zu *einer* Geraden zusammengesetzt werden können. Demnach läßt sich $[PQ]$ bereits durch *zwei* Geraden linear ausdrücken. Der scheinbare Widerspruch dieser Aussage gegen den
obigen Satz löst sich wie folgt. Die bilineare Bedingung

$$p_{23} p_{14} + p_{31} p_{24} + p_{12} p_{34} = 0$$

sagt im Hinblick auf die vorstehende Nummer aus, daß sich
die beiden Geraden

$$p_{23}[E_2 E_3] + p_{31}[E_3 E_1] + p_{12}[E_1 E_2],$$
$$p_{14}[E_1 E_4] + p_{24}[E_2 E_4] + p_{34}[E_3 E_4]$$

schneiden, es sind also keine *beliebigen* Geraden, welche in der
fraglichen Darstellung auftreten.

93. *Hyperboloide Lage von vier Geraden.* — Ich habe soeben gezeigt, daß im allgemeinen erst zwischen *sieben* beliebigen Geraden im Raum von gegebener Länge, Richtung,
Sinn und Verschiebungsrichtung eine lineare Relation besteht.
Ich werfe nunmehr die Frage auf: Wann existiert bereits
zwischen *vier* windschiefen Geraden eine lineare Beziehung?
Seien $\mathfrak{a}_1$, $\mathfrak{a}_2$, $\mathfrak{a}_3$, $\mathfrak{a}_4$ vier solche Geraden, für welche gilt

$$\lambda_1 \mathfrak{a}_1 + \lambda_2 \mathfrak{a}_2 + \lambda_3 \mathfrak{a}_3 + \lambda_4 \mathfrak{a}_4 = 0.$$

Ist dann $\mathfrak{p}$ eine weitere beliebige Gerade, so folgt durch
äußere Multiplikation

$$\lambda_1 \mathfrak{p} \mathfrak{a}_1 + \lambda_2 \mathfrak{p} \mathfrak{a}_2 + \lambda_3 \mathfrak{p} \mathfrak{a}_3 + \lambda_4 \mathfrak{p} \mathfrak{a}_4 = 0.$$

Ich setze jetzt voraus, daß $\mathfrak{p}$ die Geraden $\mathfrak{a}_1$, $\mathfrak{a}_2$, $\mathfrak{a}_3$ schneide,
daß also

$$\mathfrak{p} \mathfrak{a}_1 = 0, \quad \mathfrak{p} \mathfrak{a}_2 = 0, \quad \mathfrak{p} \mathfrak{a}_3 = 0,$$

alsdann verschwindet offenbar auch $[\mathfrak{p} \mathfrak{a}_4]$, d. h. $\mathfrak{p}$ trifft
auch die vierte Gerade $\mathfrak{a}_4$. Demnach schneidet jede Gerade,

welche drei der gegebenen Geraden trifft, auch die vierte, das heißt aber nichts anderes, als daß die vier gegebenen Geraden zu demselben System von Erzeugenden eines einschaligen Hyperboloids gehören. Das andere System von Erzeugenden wird durch die Geraden $\mathfrak{p}$ gebildet. Dieses lehrt die vektorielle lineare Beziehung zwischen vier Geraden.

94. *Umformung der Bedingung für die hyperboloide Lage von vier Geraden.* — Die genannte vektorielle Beziehung kann noch anders gefaßt werden. Nämlich, schreibe ich sie wie folgt

$$\lambda_1 \mathfrak{a}_1 + \lambda_2 \mathfrak{a}_2 = - \lambda_3 \mathfrak{a}_3 - \lambda_4 \mathfrak{a}_4$$

und multipliziere sie äußerlich mit sich selber, so folgt

$$\lambda_1 \lambda_2 \mathfrak{a}_1 \mathfrak{a}_2 = \lambda_3 \lambda_4 \mathfrak{a}_3 \mathfrak{a}_4,$$

wobei zu berücksichtigen ist, daß $\mathfrak{a}_2 \mathfrak{a}_1 = + \mathfrak{a}_1 \mathfrak{a}_2$ ist, weil doch $\mathfrak{a}_1$, $\mathfrak{a}_2$ Gebilde zweiter Stufe darstellen; und entsprechend

$$\lambda_2 \lambda_3 \mathfrak{a}_2 \mathfrak{a}_3 = \lambda_1 \lambda_4 \mathfrak{a}_1 \mathfrak{a}_4,$$

$$\lambda_3 \lambda_1 \mathfrak{a}_3 \mathfrak{a}_1 = \lambda_2 \lambda_4 \mathfrak{a}_2 \mathfrak{a}_4.$$

Durch algebraische Multiplikation je zweier dieser Formeln wird erhalten

$$\lambda_1^2 [\mathfrak{a}_3 \mathfrak{a}_1][\mathfrak{a}_1 \mathfrak{a}_2] = \lambda_4^2 [\mathfrak{a}_2 \mathfrak{a}_4][\mathfrak{a}_3 \mathfrak{a}_4],$$

$$\lambda_2^2 [\mathfrak{a}_1 \mathfrak{a}_2][\mathfrak{a}_2 \mathfrak{a}_3] = \lambda_4^2 [\mathfrak{a}_3 \mathfrak{a}_4][\mathfrak{a}_1 \mathfrak{a}_4],$$

$$\lambda_3^2 [\mathfrak{a}_2 \mathfrak{a}_3][\mathfrak{a}_3 \mathfrak{a}_1] = \lambda_4^2 [\mathfrak{a}_1 \mathfrak{a}_4][\mathfrak{a}_2 \mathfrak{a}_4].$$

Anderseits folgt aus der Gleichung

$$\lambda_1 \mathfrak{a}_1 + \lambda_2 \mathfrak{a}_2 + \lambda_3 \mathfrak{a}_3 = - \lambda_4 \mathfrak{a}_4$$

durch äußere Multiplikation mit sich selber:

$$\lambda_2 \lambda_3 \mathfrak{a}_2 \mathfrak{a}_3 + \lambda_3 \lambda_1 \mathfrak{a}_3 \mathfrak{a}_1 + \lambda_1 \lambda_2 \mathfrak{a}_1 \mathfrak{a}_2 = 0.$$

Werden hier aus den vorstehenden Gleichungen die Ausdrücke für die λ_1, λ_2, λ_3 eingeführt, so ergibt sich nach einigen einfachen Reduktionen die folgende Form der Bedingung für die hyperboloide Lage von vier Geraden:

$$\sqrt{[\mathfrak{a}_2 \mathfrak{a}_3][\mathfrak{a}_4 \mathfrak{a}_1]} + \sqrt{[\mathfrak{a}_3 \mathfrak{a}_1][\mathfrak{a}_4 \mathfrak{a}_2]} + \sqrt{[\mathfrak{a}_1 \mathfrak{a}_2][\mathfrak{a}_4 \mathfrak{a}_3]} = 0.$$

95. *Das* Graßmannsche *Doppelverhältnis von vier Geraden, die von einer einzigen Geraden getroffen werden.* — Ich betrachte vier Geraden $\mathfrak{a}_1$, $\mathfrak{a}_2$, $\mathfrak{a}_3$, $\mathfrak{a}_4$, die i. a. von den beiden Geraden $\mathfrak{g}$ und $\mathfrak{h}$ geschnitten werden. Die zugehörigen Schnittpunkte seien A_1, A_2, A_3, A_4 und B_1, B_2, B_3, B_4. Dann darf ich setzen

$$\mathfrak{a}_i = \varrho_i\,[A_i B_i] \qquad (i = 1, 2, 3, 4),$$

woraus

$$\mathfrak{a}_1\mathfrak{a}_2 = \varrho_1\varrho_2\,[A_1 B_1\ A_2 B_2] = -\varrho_1\varrho_2\,[A_1 A_2\ B_1 B_2],$$
$$\mathfrak{a}_2\mathfrak{a}_3 = \varrho_2\varrho_3\,[A_2 B_2\ A_3 B_3] = -\varrho_2\varrho_3\,[A_2 A_3\ B_2 B_3],$$
$$\mathfrak{a}_1\mathfrak{a}_4 = \varrho_1\varrho_4\,[A_1 B_1\ A_4 B_4] = -\varrho_1\varrho_4\,[A_1 A_4\ B_1 B_4],$$
$$\mathfrak{a}_4\mathfrak{a}_3 = \varrho_3\varrho_4\,[A_4 B_4\ A_3 B_3] = -\varrho_3\varrho_4\,[A_4 A_3\ B_4 B_3].$$

Demnach nimmt das von Graßmann eingeführte Doppelverhältnis der vier Geraden (vgl. Nr. **51**) die Form an:

$$\frac{\mathfrak{a}_1\mathfrak{a}_2}{\mathfrak{a}_2\mathfrak{a}_3} : \frac{\mathfrak{a}_1\mathfrak{a}_4}{\mathfrak{a}_4\mathfrak{a}_3} = \frac{[A_1 A_2\ B_1 B_2]}{[A_2 A_3\ B_2 B_3]} : \frac{[A_1 A_4\ B_1 B_4]}{[A_4 A_3\ B_4 B_3]}.$$

Nun ist der Inhalt des sechsfachen Tetraeders

$$[A_i A_k\ B_i B_k] = a_{ik} b_{ik}\, p \sin \delta,$$

wenn a_{ik}, b_{ik} die Längen der beiden Gegenkanten $A_i A_k$, $B_i B_k$, p deren kürzesten Abstand und δ deren Neigungswinkel bedeuten. Folglich hat man für das Graßmannsche Doppelverhältnis den Wert

$$\frac{\mathfrak{a}_1\mathfrak{a}_2}{\mathfrak{a}_2\mathfrak{a}_3} : \frac{\mathfrak{a}_1\mathfrak{a}_4}{\mathfrak{a}_4\mathfrak{a}_3} = \frac{a_{12} b_{12}}{a_{23} b_{23}} : \frac{a_{14} b_{14}}{a_{34} b_{34}}.$$

Anderseits ist der Inhalt desselben sechsfachen Tetraeders

$$\mathfrak{a}_i\mathfrak{a}_k = a_i a_k h_{ik} \sin \alpha_{ik},$$

wenn a_i, a_k die Längen der beiden Gegenkanten $A_i B_i$, $A_k B_k$, h_{ik} deren kürzesten Abstand und $\alpha_{ik} = \alpha_i - \alpha_k$ deren Neigungswinkel bedeuten. Alsdann ergibt sich die Relation

$$\frac{h_{12} \sin \alpha_{12}}{h_{23} \sin \alpha_{23}} : \frac{h_{14} \sin \alpha_{14}}{h_{34} \sin \alpha_{34}} = \frac{a_{12} b_{12}}{a_{23} b_{23}} : \frac{a_{14} b_{14}}{a_{34} b_{34}}.$$

Ich will jetzt diese Formeln spezialisieren für den Fall, daß die beiden Geraden $\mathfrak{g}$ und $\mathfrak{h}$ zusammenfallen, die vier

Geraden a_1, a_2, a_3, a_4 also von einer fünften unter rechtem Winkel geschnitten werden. Es entsteht dann

$$\frac{a_1\,a_2}{a_2\,a_3} : \frac{a_1\,a_4}{a_4\,a_3} = \left(\frac{a_{12}}{a_{23}}\right)^2 : \left(\frac{a_{14}}{a_{34}}\right)^2,$$

d. h. das Graßmannsche Doppelverhältnis von vier Geraden, die von einer fünften normal geschnitten werden, ist gleich dem Quadrat eines gewöhnlichen Doppelverhältnisses von vier Punkten. Und die zweite Relation nimmt die bemerkenswerte Form an:

$$\frac{\sin \alpha_{12}}{\sin \alpha_{23}} : \frac{\sin \alpha_{14}}{\sin \alpha_{43}} = \frac{a_{12}}{a_{23}} : \frac{a_{14}}{a_{43}}.$$

Dieser Relation kommt noch eine Bedeutung für die Mechanik zu. Auf sie stößt man, wenn man nach den Gleichgewichtsbedingungen für vier Kräfte sucht, die senkrecht zu einer starren Geraden wirken. Versteht man nämlich unter a_i vier Kräfte, unter α_{ik} die Winkel, welche ihre Richtungen miteinander bilden, und unter $a_{ik}(i, k = 1, 2, 3, 4)$ die Abstände, welche die vier Angriffspunkte auf der starren Geraden voneinander haben, so sagt die obige Relation folgendes aus: Wenn sich vier Kräfte, die senkrecht zu einer starren Geraden wirken, das Gleichgewicht halten, so haben die Winkel zwischen den Kraftrichtungen dasselbe Doppelverhältnis wie die Abstände zwischen den Angriffspunkten der entsprechenden Kräfte (vgl. die Notiz von H. Schubert im Archiv d. Math. u. Ph. (3) **2**, 279).

96. *Beziehungen zwischen den Ebenen des Raumes.* — Wie ich in Nr. 89 gezeigt, läßt sich jede Ebene von bestimmter Größe, Richtung, Umfahrungssinn und Verschiebungsrichtung durch die Seitenebenen $[E_2 E_3 E_4]$, $[E_3 E_4 E_1]$, $[E_4 E_1 E_2]$, $[E_1 E_2 E_3]$ des Vektortetraeders, d. h. durch vier beliebige Ebenen linear darstellen. Man besitzt hiernach für Punkt und Ebene duale Darstellungen, welche ineinander übergehen, wenn überall Punkt und Ebene gegeneinander vertauscht werden.

Im allgemeinen existiert also erst zwischen *fünf* beliebigen Ebenen eine lineare Relation. Wie ist es, wenn bereits *vier* Ebenen linear miteinander verknüpft sind?

Seien π_1, π_2, π_3, π_4 vier beliebige Ebenen, so soll sein

$$l_1\pi_1 + l_2\pi_2 + l_3\pi_3 + l_4\pi_4 = 0.$$

Nun heiße P der gemeinsame Schnittpunkt der Ebenen π_1, π_2, π_3, d. h. es sei

$$[P\pi_1] = 0, \quad [P\pi_2] = 0, \quad [P\pi_3] = 0,$$

alsdann muß auch

$$[P\pi_4] = 0$$

sein, d. h. die vier Ebenen schneiden sich sämtlich in *einem* Punkt.

Besteht aber bereits zwischen *drei* Ebenen eine lineare Relation, etwa

$$l_1\pi_1 + l_2\pi_2 + l_3\pi_3 = 0,$$

so muß jeder Punkt, der den Ebenen π_1, π_2 gemeinsam ist, auch der Ebene π_3 angehören, die drei Ebenen müssen sich alsdann in einer einzigen Geraden schneiden.

97. Übungen. 1) *Homogene Relationen zwischen Tetraedern, die sich aus acht Punkten des Raumes zusammensetzen lassen.* — Ich gehe an erster Stelle aus von der Punktdarstellung, wobei ich die Annahme $[E_1 E_2 E_3 E_4] = +1$ fallen lasse:

$$[E_1 E_2 E_3 E_4] P_1 = [P_1 E_2 E_3 E_4] E_1 - [P_1 E_3 E_4 E_1] E_2$$
$$+ [P_1 E_4 E_1 E_2] E_3 - [P_1 E_1 E_2 E_3] E_4$$

und multipliziere dieselbe äußerlich mit $[P_2 P_3 P_4]$, so wird

$$[E_1 E_2 E_3 E_4][P_1 P_2 P_3 P_4] = [P_1 E_2 E_3 E_4][E_1 P_2 P_3 P_4]$$
$$- [P_1 E_3 E_4 E_1][E_2 P_2 P_3 P_4] + [P_1 E_4 E_1 E_2][E_3 P_2 P_3 P_4]$$
$$- [P_1 E_1 E_2 E_3][E_4 P_2 P_3 P_4].$$

Aus dieser Relation zwischen zehn, aus acht Punkten gebildeten Tetraedern, fließen neue, einmal durch die Überlegung, daß die linke Seite und folglich auch der Wert der rechten sich nicht ändert, wenn ich die E_i durch die P_i ersetze, anderseits durch die Überlegung, daß die linke Seite und daher auch der Wert der rechten Seite bis auf das Vorzeichen umgeändert bleibt, wenn ich die P_1, P_2, P_3, P_4 zyklisch permutiere.

Lasse ich noch P_4 mit P_1 etwa zusammenfallen, so komme ich zu Relationen zwischen acht Tetraedern aus sieben Punkten.

An zweiter Stelle gehe ich von der Liniendarstellung aus:

$$[E_1 E_2 E_3 E_4][P_1 P_2] = [P_1 P_2 E_1 E_4][E_2 E_3] + [P_1 P_2 E_2 E_4][E_3 E_1]$$
$$+ [P_1 P_2 E_3 E_4][E_1 E_2] + [P_1 P_2 E_2 E_3][E_1 E_4]$$
$$+ [P_1 P_2 E_3 E_1][E_2 E_4] + [P_1 P_2 E_1 E_2][E_3 E_4],$$

welche ich äußerlich mit $[P_3 P_4]$ multipliziere, so wird:

$$[E_1 E_2 E_3 E_4][P_1 P_2 P_3 P_4] = [P_1 P_2 E_1 E_4][E_2 E_3 P_3 P_4]$$
$$+ [P_1 P_2 E_2 E_4][E_3 E_1 P_3 P_4] + [P_1 P_2 E_3 E_4][E_1 E_2 P_3 P_4]$$
$$+ [P_1 P_2 E_2 E_3][E_1 E_4 P_3 P_4] + [P_1 P_2 E_3 E_1][E_2 E_4 P_3 P_4]$$
$$+ [P_1 P_2 E_1 E_2][E_3 E_4 P_3 P_4],$$

und das ist eine Relation zwischen vierzehn Tetraedern aus acht Punkten im Raume, woraus durch die obigen Überlegungen neue hervorgehen. Lasse ich ferner P_4 mit P_1 und gleichzeitig P_3 mit P_2 zusammenfallen, so ergibt sich

$$[P_1 P_2 E_1 E_4][E_2 E_3 P_1 P_2] + [P_1 P_2 E_2 E_4][E_3 E_1 P_1 P_2]$$
$$+ [P_1 P_2 E_3 E_4][E_1 E_2 P_1 P_2] = 0,$$

eine Relation zwischen sechs Tetraedern aus sechs Punkten.

2) *Satz über die lineare Kongruenz.* — Eine lineare Relation zwischen fünf Stäben bestimmt eine lineare Kongruenz. Durch drei derselben, als Erzeugende der ersten Schar, ist ein einschaliges Hyperboloid bestimmt. Alsdann bilden die beiden restierenden Stäbe mit jeder Erzeugenden der zweiten Schar zwei Tetraeder, deren Volumenverhältnis konstant ist.

3) *Verallgemeinerung der Relation zwischen vier hyperboloid gelegenen Geraden.* — Gehören $\mathfrak{a}_1$, $\mathfrak{a}_2$, $\mathfrak{a}_3$, $\mathfrak{a}_4$ zu demselben System von Erzeugenden eines einschaligen Hyperboloids, so findet zwischen den Tetraedern, die eine beliebige fünfte Gerade $\mathfrak{p}$ zur gemeinsamen Kante und $\mathfrak{a}_1$, $\mathfrak{a}_2$, $\mathfrak{a}_3$, $\mathfrak{a}_4$ zu Gegenkanten besitzen, stets die lineare Relation statt:

$$[\mathfrak{a}_1 \mathfrak{p}] \sqrt{[\mathfrak{a}_2 \mathfrak{a}_3][\mathfrak{a}_3 \mathfrak{a}_4][\mathfrak{a}_3 \mathfrak{a}_4]} + [\mathfrak{a}_2 \mathfrak{p}] \sqrt{[\mathfrak{a}_3 \mathfrak{a}_1][\mathfrak{a}_3 \mathfrak{a}_4][\mathfrak{a}_1 \mathfrak{a}_4]}$$

$$+ [\mathfrak{a}_3 \mathfrak{p}] \sqrt{[\mathfrak{a}_1 \mathfrak{a}_2][\mathfrak{a}_1 \mathfrak{a}_4][\mathfrak{a}_2 \mathfrak{a}_4]} + [\mathfrak{a}_4 \mathfrak{p}] \sqrt{[\mathfrak{a}_2 \mathfrak{a}_3][\mathfrak{a}_3 \mathfrak{a}_1][\mathfrak{a}_1 \mathfrak{a}_2]} = 0,$$

die sich für den speziellen Fall, daß $\mathfrak{p}$ mit $\mathfrak{a}_4$ etwa zusammenfällt, in die einfachere Relation der Nr. **94** zusammenzieht.

4) *Satz von* Möbius *über die Verwandlung der Summe
dreier Tetraeder, welche eine gemeinsame Kante PQ haben und
deren Gegenkanten von einer gemeinsamen Ecke R ausgehen, in
ein einziges Tetraeder.* — Gegeben drei Punkte E_1, E_2, E_3,
dann stellt sich deren Schwerpunkt dar als

$$3S = E_1 + E_2 + E_3.$$

Diese Formel werde äußerlich mit $[PQR]$ multipliziert, so
folgt, wenn $3(S - R) = T - R$ gesetzt wird,

$$3[SPQR] = 3[S-R \quad PQR] = [T-R \quad PQR] = [TPQR],$$

daher

$$[E_1 PQR] + [E_2 PQR] + [E_3 PQR] = [TPQR],$$

wo $T = 3S - 2R$ in einfacher Weise zu konstruieren ist.

5) *Satz aus der Tetraedergeometrie.* — In den Seitenflächen
des Tetraeders $A_1 A_2 A_3 A_4$ seien vier Punkte gegeben, und zwar

$$(\alpha_2 + \alpha_3 + \alpha_4) B_1 = \alpha_2 A_2 + \alpha_3 A_3 + \alpha_4 A_4,$$

$$(\alpha_3 + \alpha_4 + \alpha_1) B_2 = \alpha_3 A_3 + \alpha_4 A_4 + \alpha_1 A_1,$$

$$(\alpha_4 + \alpha_1 + \alpha_2) B_3 = \alpha_4 A_4 + \alpha_1 A_1 + \alpha_2 A_2,$$

$$(\alpha_1 + \alpha_2 + \alpha_3) B_4 = \alpha_1 A_1 + \alpha_2 A_2 + \alpha_3 A_3,$$

wo α_i beliebige Gewichte bedeuten. Es ist zu beweisen, daß
die Eckenlinien $A_1 B_1$, $A_2 B_2$, $A_3 B_3$, $A_4 B_4$ hyperboloid liegen.

6) Die Plückerschen Koordinaten des kürzesten Abstandes
zweier windschiefer Geraden zu bestimmen.

Elftes Kapitel.

Anwendung auf die Statik und die Kinematik des starren Körpers.

98. *Das vektorielle Abbild der Kraft.* — Wie in der Ebene läßt sich auch im Raum der gebundene Vektor als eine Kraft deuten, deren Intensität durch die Länge des Vektors und deren Richtung und Sinn durch die Richtung und den Sinn des Vektors angegeben werden. Diese Deutung findet ihre nähere Begründung in der Tatsache, daß das Rechnen mit gebundenen Vektoren zu den bekannten Sätzen der Statik führt. Dies soll an einigen Beispielen dargelegt werden.

99. *Der Satz vom Krafteck.* — Seien drei Kräfte gegeben, die an einem und demselben Massenpunkt P angreifen, so kann ich sie mir ersetzt denken durch drei gebundene Vektoren $[PP_1]$, $[PP_2]$, $[PP_3]$, deren Längen ein Maß der Kräfte geben und deren Richtungen mit den Kraftrichtungen übereinstimmen. Nun lassen sich gemäß Nr. 81 diese Vektoren wieder zu einem Vektor zusammensetzen, denn es ist

$$[PP_1] + [PP_2] + [PP_3] = [P \quad P_1 + P_2 + P_3] = 3[PS],$$

wenn S den Schwerpunkt $\frac{1}{3}(P_1 + P_2 + P_3)$ des Dreiecks $P_1 P_2 P_3$ bezeichnet, d. h. die Summe dreier denselben Massenpunkt angreifender Kräfte läßt sich durch eine Resultante ersetzen, welche in demselben Punkt angreift, von dem Schwerpunkt der Gegenfläche des von den Kräften gebildeten Tetraeders nach ihm hin gerichtet ist, und deren Intensität durch die dreifache Länge dieser Eckenlinie gemessen wird.

Sind n Kräfte gegeben, so erfolgt deren Zusammensetzung nach der Formel

$$\sum_i [PP_i] = [P \sum_i P_i] = n[PS],$$

wo

$$nS = \sum_i P_i$$

Schwerpunkt aller Punkte P_i $(i = 1, 2, \ldots n)$ ist, und das ist ein Fundamentalsatz der Statik.

100. *Gleichgewicht zwischen sieben Kräften im Raum.* — Ein anderer wohlbekannter Satz der Statik ergibt sich aus der Gleichung:

$$\mathfrak{a} = p_{23}\mathfrak{c}_{23} + p_{31}\mathfrak{c}_{31} + p_{12}\mathfrak{c}_{12} + p_{14}\mathfrak{c}_{14} + p_{24}\mathfrak{c}_{24} + p_{34}\mathfrak{c}_{34}$$

in Nr. **87**. Linker Hand steht eine Kraft und rechter Hand sechs Kräfte, deren Intensitäten und Richtungen durch die Kanten eines Tetraeders bestimmt sind, d. h. jede Kraft läßt sich nach den sechs Kanten eines, von vornherein gegebenen Tetraeders zerlegen.

Nun lassen sich je drei Vektoren der rechten Seite, etwa

$$p_{23}\mathfrak{c}_{23} + p_{31}\mathfrak{c}_{31} + p_{12}\mathfrak{c}_{12}, \quad p_{14}\mathfrak{c}_{14} + p_{24}\mathfrak{c}_{24} + p_{34}\mathfrak{c}_{34},$$

wieder zu je einem gebundenen Vektor zusammensetzen, von denen ich gezeigt habe (Nr. **92**), daß sie sich schneiden. Für die Statik liefert diese Umformung nichts anderes als das Parallelogramm der Kräfte. Denn nenne ich diese gebundenen Vektoren $\mathfrak{c}_1$, $\mathfrak{c}_2$, so wird

$$\mathfrak{a} = \mathfrak{c}_1 + \mathfrak{c}_2,$$

woraus auch für die zugehörigen freien Vektoren

$$a = \mathfrak{e}_1 + \mathfrak{e}_2$$

folgt, d. h. die Kräfte $\mathfrak{a}$, $\mathfrak{c}_1$, $\mathfrak{c}_2$ gehören, da sie denselben Punkt angreifen, derselben Ebene an.

Weiter läßt sich nach Nr. **92** jeder gebundene Vektor nach sechs beliebigen Richtungen zerlegen, dies gibt die allgemeinste Zerlegung einer Kraft in sechs Kräfte. Oder, wie ich auch sagen kann: deute ich die Vektorbetrachtungen der Nr. **92** für die Statik, so erhalte ich den Satz, daß im allgemeinen erst zwischen sieben beliebigen Kräften im Raume Gleichgewicht hergestellt werden kann.

101. *Gleichgewicht zwischen vier Kräften im Raum.* — Sollen vier Kräfte einander das Gleichgewicht halten, so heißt dies nichts anderes, als daß die Summe der Kräfte, aufgefaßt als Vektoren, verschwinden muß. Bei dieser Formulierung der Frage ist die Antwort aus Nr. **93** unmittelbar abzulesen, sie lautet bekanntlich, es müssen die Kräfte zu demselben System von Erzeugenden eines einschaligen Hyperboloids gehören.

102. *Das vektorielle Abbild des Kräftepaars.* — Poinsot definiert das Kräftepaar als die Summe zweier Kräfte, die an verschiedenen Punkten des starren Körpers angreifen, gleiche Intensität und Richtung, aber entgegengesetzten Richtungssinn haben. Stelle ich die Kräfte (Fig. 29) durch $[A B]$, $[CD]$ dar, so repräsentiert die Summe $[A B] + [CD]$ ein Kräftepaar, wenn ich noch die Bestimmung treffe, daß $D - C = -(B - A)$. Die Summe läßt sich in einfacher Weise umformen wie folgt:

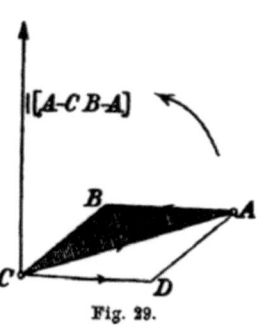

Fig. 29.

$$[A B] + [CD] = [A \quad B - A] + [C \quad D - C]$$
$$= [A \quad B - A] - [C \quad B - A] = [A - C \quad B - A],$$

d. h. *das Kräftepaar stellt sich, unter der Voraussetzung, daß ich die Kraft als gebundenen Vektor auffasse, als freier Bivektor dar.* Nun kann jeder Bivektor als Ergänzung eines einfachen Vektors betrachtet werden, der auf der Ebene des Bivektors senkrecht steht nach der Richtung hin, daß Bivektor und Vektor ein Rechtssystem bilden; die Länge des Vektors ist gleich dem numerischen Wert des Bivektors. Dieser Vektor gibt die Achse, die Ebene des Bivektors die Momentenebene und der numerische Wert des Bivektors die Intensität des Kräftepaars an. In der Mechanik ist es üblich geworden, das Kräftepaar nicht als die Ergänzung eines freien Vektors, also als | a zu deuten, sondern einfach als diesen Vektor **a** selber, den *Momentenvektor*, der durch seine Richtung die Achsenrichtung und durch seine Länge das Moment des Kräftepaars angibt.

103. *Das vektorielle Abbild von Drehung und Schiebung.* — Außer den *statischen* Vektoren führe ich auch im Raum *kinematische* Vektoren ein. Nämlich, ich kann den gebundenen Vektor als eine Drehung *im Zeitelement* deuten, so daß seine Richtung die Drehrichtung bestimmt und seine Länge ein Maß für die Winkelgeschwindigkeit im Zeitelement abgibt. Und welches ist dann das vektorielle Abbild des Drehpaars? Unter Drehpaar versteht man ˙die Summe zweier gleicher Drehungen von entgegengesetztem Drehsinn, also eine Summe der Form $[A \ B - A] + [C \ D - C]$, wo $B - A = -(D - C)$. Eine solche Summe läßt sich aber in $[A - C \ B - A)$ umformen, d. h. *das Drehpaar stellt sich dar als freier Bivektor oder als Ergänzung eines freien Vektors.* Nun ist bekannt, daß ein Drehpaar nichts anderes als eine Schiebung liefert. Daraus folgt, daß ich *den freien Bivektor in der Kinematik als infinitesimale Schiebung zu deuten habe,* deren Größe durch den numerischen Wert und deren Richtung durch die Normale des Bivektors bestimmt wird.

Auch hier ist zu bemerken, daß es in der Mechanik üblich ist, die Schiebung einfach als freien Vektor (nicht als Ergänzung eines solchen) zu deuten, dessen Richtung die Schieberichtung und dessen Länge die Größe der Verrückung angibt.

Unter Zugrundelegung der kinematischen Deutung der Vektoren führen die in Nr. 87 und 88 betrachteten Vektorformeln zu elementaren Sätzen der Kinematik entsprechend denen der Statik.

Nebenbei sei bemerkt, daß die Fundamentalformel für die Zusammensetzung *endlicher* Drehungen auf die Vektorformel

$$[\mathbf{ab} \,|\, \mathbf{ca}] = [\mathbf{a} \,|\, \mathbf{c}][\mathbf{b} \,|\, \mathbf{a}] - [\mathbf{b} \,|\, \mathbf{c}][\mathbf{a} \,|\, \mathbf{a}]$$

zurückgeht, wenn der Winkel zwischen den Vektoren, z. B. **a**, **b** als Maß für die Hälfte der Winkelgeschwindigkeit angesehen wird, mit welcher der Vektor **a** in die neue Lage **b** übergeführt wird.

104. *Moment einer Kraft bzw. Drehung in bezug auf einen Punkt oder eine Gerade.* — Wie in der Ebene deute ich auch im Raume das äußere Produkt aus drei Punkten $[P_1 P_2 P_3]$ als das Moment der Kraft bzw. Drehung $[P_1 P_2]$ in bezug auf den Punkt P_3. Aus der baryzentrischen Darstellung der Ebene $[P_1 P_2 P_3]$ in Nr. 89 geht hervor, daß und wie sich vier beliebige Momente wieder zu einem Moment zusammensetzen lassen.

Das äußere Produkt aus vier Punkten $[P_1 P_2 P_3 P_4]$ deute ich als das Moment der Kraft $[P_1 P_2]$ in bezug auf die Achse $P_3 P_4$. Dieses Moment ist nach Nr. 91 gleich

$$a_{23} a_{14} h_1 \sin (\mathfrak{a}_{23}, \ \mathfrak{a}_{14})$$

oder gleich

$$p_{23} q_{14} + p_{31} q_{24} + p_{12} q_{34} + p_{14} q_{23} + p_{24} q_{31} + p_{34} q_{12}.$$

Dividiert man diese Ausdrücke durch $a_{23} a_{14}$, so kommt man zu derselben Größe, welche Möbius und später Cayley als das Moment der beiden Geraden $[P_1 P_2]$ und $[P_3 P_4]$ bezeichnet haben.

105. *Zerlegung einer Kraft bzw. einer Drehung.* — Die beiden Aussagen, daß sich Kraft und Drehung als gebundene Vektoren, daß sich Kräftepaar und Schiebung als freie Bivektoren auffassen lassen, erlauben, die Darstellung der Statik und Kinematik erheblich zu kondensieren.

Ich will von dieser Deutung sofort eine weitere Anwendung machen als Beispiel dafür, wie aus Identitäten zwischen Vektoren statische bzw. kinematische Sätze abgelesen werden können.

Sei gegeben der Vektor $[AB]$ oder, wie ich auch schreiben kann, $[A \ B - A]$, und ein zweiter Vektor $[C \ D - C]$ von gleicher Länge, Richtung und Sinn, so daß $D - C = B - A$ sein soll, dann nehme ich folgende Umformung vor:

$$[A \ B - A] = [A \ D - C] = [C + A - C \ D - C]$$
$$= [C \ D - C] + [A - C \ D - C].$$

Setze ich jetzt die Brille der Statik (bzw. Kinematik) auf, so lese ich aus dieser Formel folgendes ab: Jede Kraft (infinitesimale Drehung) $[AB]$ läßt sich ersetzen durch die Summe aus einer gleichgroßen und gleichgerichteten Kraft (infinitesimalen Drehung) $[CD]$, deren Richtung (Achsenrichtung) durch einen *beliebig* gewählten Punkt C geht, und aus einem Kräftepaar (einer infinitesimalen Schiebung), dessen (deren) Moment durch den Inhalt des Parallelogramms $ABCD$ gemessen wird, und dessen (deren) Achse auf der Ebene dieses Parallelogramms und folglich auf der Kraftrichtung (Drehachse) CD senkrecht steht.

106. *Korrespondenz zwischen Statik und Kinematik.* — Der besseren Übersicht wegen will ich eine Tabelle anfügen, welche die merkwürdige Korrespondenz zwischen Statik und Kinematik hervortreten läßt, wonach dem endlichen Kräftepaar der Statik die unendlich kleine Schiebung der Kinematik, der endlichen Kraft der Statik die unendlich kleine Drehung der Kinematik entspricht:

Tabelle V.

in	Deutung des			
	gebundenen Vektors	freien Bivektors	gebundenen Bivektors	Spats
Statik	Kraft	Kräftepaar	Kraft-moment | in bezug auf	Kraft-moment | in bezug auf
Kine-matik	infini-tesimale Drehung	infini-tesimale Schiebung	Dreh-moment | einen Punkt	Dreh-moment | eine Gerade

Es ist hiernach möglich, eine Beziehung zwischen gebundenen Vektoren und freien Bivektoren sofort auf zweierlei Weise zu deuten; und umgekehrt leuchtet schon hier die Möglichkeit hervor, *entsprechende Sätze der Statik und Kinematik durch* eine *vektorielle Beziehung zur analytischen Darstellung zu bringen, sie in* eine *Formel zu vereinigen.* Es gelingt auf diese Weise, unter Anwendung der Vektormethoden, die Darstellung der geometrischen Mechanik außerordentlich zusammenzudrängen.

Es ist vielleicht nicht unnötig, vor dem Mißverständnis zu warnen, als ob die in Rede stehende merkwürdige Korrespondenz auf einer physikalischen Grundlage beruhte. Mit der Vorstellung von physikalischer Ursache und Wirkung hat diese Korrespondenz nichts zu tun. Im Gegenteil, die Kinetik, welche gleichzeitig die Kräfte und die durch sie hervorgerufenen Bewegungen studiert, verlangt eine ganz andere Zuordnung, verlangt, daß der Kraft eine Schiebung und dem Kräftepaar eine Drehung entspricht.

107. *Übungen.* — 1) Deutung der Plückerschen Darstellung einer Geraden für Statik und Kinematik.

2) Den Satz von Lagrange zu beweisen: A_1, A_2, ... A_n seien n-Punkte, $m_1, m_2, \ldots m_n$ positive oder negative Koeffizienten. Bezeichnet dann O einen beliebigen Punkt des Raumes, so geht die Resultante der Kräfte $m_1[OA_1]$, $m_2[OA_2]$, ... $m_n[OA_n]$ durch einen festen Punkt S und hat den Wert $M[OS]$, wo $M = \Sigma m_i$. Ist $M = 0$, so hat die Resultante unveränderliche Intensität und Richtung, wie auch der Punkt O verschoben wird. Und weiter besitzt die Summe $\Sigma m_i m_k [A_i A_k \,|\, A_i A_k]$ einen konstanten Wert.

3) Was geben n infinitesimale Rotationen des Raumes um verschiedene, aber parallele Achsen? — Der vektorielle Ansatz lautet:

$$[P_1 Q_1] + [P_2 Q_2] + \cdots = [P_1 \quad Q_1 - P_1] + [P_2 \quad Q_2 - P_2] + \cdots$$
$$= [P_1 \quad Q_1 - P_1] + [P_2 \quad k_1(Q_1 - P_1)] + \cdots$$
$$= [P_1 \quad Q_1 - P_1] + k_1[P_2 \quad Q_1 - P_1] + \cdots$$
$$= (1 + k_1 + \cdots)[R \quad Q_1 - P_1],$$

wobei gesetzt ist

$$Q_2 - P_2 = k_1(Q_1 - P_1), \cdots; \quad P_1 + k_1 P_2 + \cdots = (1 + k_1 + \cdots)R,$$

d. h. läßt man einen starren Körper n Drehungen um verschiedene, aber parallele Achsen ausführen, so ist der kinematische Effekt derselbe, als wenn der Körper eine einzige Drehung um eine parallele Achse ausführte, deren Lage im Raum durch den leicht konstruierbaren Punkt R festgelegt wird.

Die resultierende Winkelgeschwindigkeit ist einfach gleich der Summe der einzelnen Winkelgeschwindigkeiten.

4) Was liefert eine infinitesimale Rotation verbunden mit einer Translation, die in der Momentenebene wirkt? — Die Drehung werde dargestellt durch [Ea], die Schiebung durch [bc], dabei soll der Vektor a der Ebene [bc] parallel laufen.

Dann läßt sich das Parallelogramm mit den Seiten b, c in ein anderes verwandeln mit den Seiten d und a, so daß [bc] = [da]. Hiernach wird

$$[E\mathbf{a}] + [\mathbf{bc}] = [E\mathbf{a}] + [\mathbf{da}] = [E + \mathbf{d} \quad \mathbf{a}],$$

d. h. die Endbewegung ist eine gleichgroße und gleichgerichtete Drehung um eine Achse, welche gegen die frühere um die Strecke d verschoben ist.

5) Halten vier Kräfte einander das Gleichgewicht, so ist das aus irgend zweien derselben gebildete Tetraeder dem Tetraeder aus den beiden anderen gleich (Satz von Chasles). Wie folgt hieraus, daß drei beliebige Kräfte im Raum einander nicht das Gleichgewicht halten können?

6) Halten fünf Kräfte einander das Gleichgewicht, so müssen die beiden Geraden, welche die Wirkungslinien der ersten vier Kräfte treffen, auch die Wirkungslinie der fünften treffen.

7) Beim Gleichgewicht der Kräfte ist die algebraische Summe der Tetraeder, welche irgendeine Gerade im Raum zur gemeinsamen Kante und die Kräfte zu Gegenkanten haben, gleich Null (Satz von Möbius).

8) Ein System von Kräften, welche der Intensität und Richtung nach durch die Seiten eines Vielecks oder Vielflachs dargestellt werden, läßt sich stets auf ein Kräftepaar reduzieren. In dem Fall des Vielecks liegt die Momentenebene des Kräftepaars in der Ebene des Vielecks und ist sein Moment gleich dem doppelten Inhalt des Vielecks (Satz von Möbius). — Der vektorielle Ansatz für vier Kräfte lautet wegen

$$B - A + C - B + D - C + A - D = 0:$$

$$[A \quad B-A] + [B \quad C-B] + [C \quad D-C] + [D \quad A-D]$$
$$= [A \quad B-A] + [B \quad C-B] + [C \quad D-C]$$
$$- [D \quad B-A] - [D \quad C-B] - [D \quad D-C]$$
$$= [A-D \quad B-A] + [B-D \quad C-B] + [C-D \quad D-C]$$
$$= [A-D \quad B-A] + [B-D \quad C-B].$$

Die rechte Seite setzt sich aber aus zwei freien Bivektoren zusammen, deren numerische Werte gleich dem doppelten Inhalt des Dreiecks ABD bzw. BCD sind, so daß der numerische Wert der rechten Seite doppelt so groß ist als der Inhalt des Vierecks $ABCD$.

9) Ein System von Kräftepaaren, deren Ebenen und Momente durch die Flächen eines Polyeders dargestellt werden, und welche, wenn alle Flächen von einerlei Seite betrachtet werden (der äußeren *oder* der inneren) insgesamt einerlei Sinn haben, ist im Gleichgewicht. — Dieser Satz von Möbius ist in dem Falle des Tetraeders nichts anderes als der *Pythagoreische* Lehrsatz für dasselbe, wie der vektorielle Ansatz in Nr. **76** zeigt.

10) Verallgemeinerung der Eulerschen Relation zwischen den Momenten einer Kraft in bezug auf vier Achsen, von denen sich drei unter rechten Winkeln schneiden. — Seien E_4E_1, E_4E_2, E_4E_3, E_4P vier sich in einem Punkte treffende Achsen; die Kraft sei $[QR]$, und ihre Momente bezüglich der drei Achsen E_1E_4, E_2E_4, E_3E_4 seien bekannt, dann wird ihr Moment in bezug auf die Achse $[E_4P]$ gesucht. Die Antwort fließt aus der Formel

$$[E_1E_2E_3E_4]P = [PE_2E_3E_4]E_1 - [PE_3E_4E_1]E_2$$
$$+ [PE_4E_1E_2]E_3 - [PE_1E_2E_3]E_4.$$

Wird diese äußerlich mit $[E_4QR]$ multipliziert, so folgt

$$[E_1E_2E_3E_4][QR \quad PE_4] = [PE_2E_3E_4][QR \quad E_1E_4]$$
$$- [PE_3E_4E_1][QR \quad E_2E_4] + [PE_4E_1E_2][QR \quad E_3E_4].$$

108. *Auswertung von Trägheitsmomenten.* — Wende ich die übliche Koordinatenmethode zur Bestimmung des Trägheitsmomentes von materiellen Flächen und Körpern an, so ist das Trägheitsmoment zunächst in bezug auf einige Achsen von spezieller Lage zu bestimmen und aus den gefundenen speziellen Resultaten das allgemeine erst zusammenzusetzen. Die Graßmannsche Methode erlaubt, worauf zuerst Herr Mehmke aufmerksam gemacht hat, das Trägheitsmoment sofort in bezug auf eine ganz beliebige Achse auszuwerten. Ja noch mehr, die Achse tritt durchaus in den Hintergrund, das einzige Integral, welches man auszuführen hat, enthält die Achse gar nicht.

Während aber Herr Mehmke den von Graßmann eingeführten Begriff des „Lückenausdrucks" verwendet, will ich eine Entwickelung ohne Hilfe dieses Begriffs geben, den ich ja nicht eingeführt habe.

1) *Trägheitsmoment einer homogenen Strecke.* — Sei gegeben die mit der homogenen Masse m belegte Strecke $E_1 E_2$, deren Trägheitsmoment in bezug auf die Achse AB gesucht wird. Die Achse AB sei gleich der Längeneinheit und X ein beliebiger Punkt auf $E_1 E_2$. Alsdann stellt das innere Produkt

$$[XAB \,|\, XAB]$$

das Quadrat des numerischen Wertes des Bivektors $[XAB]$ dar, also das Quadrat des Flächeninhalts des durch die Punkte X, A, B bestimmten Parallelogramms, d. h. — da AB gleich der Längeneinheit — das Quadrat des Abstands zwischen dem Punkt X und der Strecke AB. Demnach ist das Trägheitsmoment der Strecke $E_1 E_2$ in bezug auf die Achse AB:

$$T_2 = \int [XAB \,|\, XAB]\, dm,$$

wo

$$X = x_1 E_1 + x_2 E_2, \quad x_1 + x_2 = 1.$$

Nun ist dm die Massenbelegung eines Linienelementes $d[E_1 X]$ und

$$[E_1 X] = x_2 [E_1 E_2].$$

Wird noch die spezifische Masse gleich Eins gesetzt, so folgt

$$[E_1 E_2] = m,$$
$$dm = m\, dx_2.$$

Hiernach wird durch Ausmultiplizieren:

$$T_2 = m \int \{ x_1{}^2 [E_1 AB \,|\, E_1 AB] + x_2{}^2 [E_2 AB \,|\, E_2 AB]$$
$$+ 2\, x_1 x_2 [E_1 AB \,|\, E_2 AB] \}\, dx_2,$$

wo die Integration über alle positiven Wertepaare x_1, x_2 zu erstrecken ist, die der Bedingung $x_1 + x_2 = 1$ genügen.

Nun ist

$$\int\limits_{x_1 + x_2 = 1} x_1{}^2 dx_2 = \int\limits_0^1 (1 - x_2)^2 dx_2 = \frac{1}{3}, \quad \int\limits_0^1 x_2{}^2 dx_2 = \frac{1}{3},$$

$$\int\limits_{x_1 + x_2 = 1} x_1 x_2\, dx_2 = \frac{1}{6},$$

folglich

$$T_2 = \frac{m}{3} \{ [E_1 AB \,|\, E_1 AB] + [E_2 AB \,|\, E_2 AB] + [E_1 AB \,|\, E_2 AB] \}.$$

Nenne ich noch h_1, h_2 die Abstände der Punkte E_1, E_2 von der Achse AB und φ_{12} den Winkel, welchen die Ebenen $E_1 AB$ und $E_2 AB$ miteinander einschließen, so ergibt sich schließlich

$$T_2 = \frac{m}{3} (h_1{}^2 + h_2{}^2 + h_1 h_2 \cos \varphi_{12}).$$

Der Ausdruck läßt sich noch umgestalten durch Einführung des Abstandes s, den der Schwerpunkt der homogenen Strecke von der Achse besitzt. Es ist nämlich

$$2S = E_1 + E_2,$$

folglich

$$2 [SAB] = [E_1 AB] + [E_2 AB],$$

woraus

$$4 [SAB \,|\, SAB] = [E_1 AB \,|\, E_1 AB] + [E_2 AB \,|\, E_2 AB]$$
$$+ 2 [E_1 AB \,|\, E_2 AB]$$

oder

$$4\, s^2 = h_1{}^2 + h_2{}^2 + 2\, h_1 h_2 \cos \varphi_{12}.$$

Daher lautet die andere Form des Trägheitsmoments:

$$T_2 = \frac{m}{6}(h_1{}^2 + h_2{}^2 + 4s^2).$$

2) *Trägheitsmoment eines homogenen Dreiecks.* — Gegeben das homogen mit der Masse m belegte Dreieck $E_1 E_2 E_3$. Ein Punkt desselben sei

$$X = x_1 E_1 + x_2 E_2 + x_3 E_3, \qquad x_1 + x_2 + x_3 = 1.$$

Dann wird das Trägheitsmoment dieses Dreiecks in bezug auf die Achse AB dargestellt durch den Ausdruck

$$T_3 = \int [XAB \mid XAB]\, dm.$$

Ich bestimme nun die Massenbelegung dm eines Flächenelementes. Dazu zerlege ich das Dreieck durch Parallelen zu den Seiten $E_1 E_2$, $E_1 E_3$ in Elementarparallelogramme. Das an X anstoßende Element hat die Seiten

$$\frac{\partial [E_1 X]}{\partial x_2}\, dx_2 = [E_1 E_2]\, dx_2, \qquad \frac{\partial [E_1 X]}{\partial x_3}\, dx_3 = [E_1 E_3]\, dx_3,$$

folglich ist der Inhalt des Elementes

$$[E_1 E_2 E_3]\, dx_2\, dx_3 = 2m\, dx_2\, dx_3,$$

wobei zu beachten, daß $[E_1 E_2 E_3]$ den doppelten Inhalt des Dreiecks $E_1 E_2 E_3$ wiedergibt und die spezifische Masse wieder gleich der Einheit gewählt ist. Daraus folgt

$$dm = 2m\, dx_2\, dx_3.$$

Demnach

$$\begin{aligned}
T_3 = 2m \int \big\{ &x_1{}^2 [E_1 AB \mid E_1 AB] + x_2{}^2 [E_2 AB \mid E_2 AB] \\
&+ x_3{}^2 [E_3 AB \mid E_3 AB] + 2x_2 x_3 [E_2 AB \mid E_3 AB] \\
&+ 2x_3 x_1 [E_3 AB \mid E_1 AB] + 2x_1 x_2 [E_1 AB \mid E_2 AB] \big\}\, dx_2\, dx_3.
\end{aligned}$$

Dabei ist die Integration über alle positiven Werte der Integrationsveränderlichen zu erstrecken, wofür

$$x_1 = 1 - x_2 - x_3 > 0$$

ist, da nur dann der Punkt X innerhalb des Dreiecks liegt.

Nun ist

$$\int x_i^2 \, dx_2 \, dx_3 = \frac{1}{12}, \quad \int x_i x_k \, dx_2 \, dx_3 = \frac{1}{24} \quad (i, k = 1, 2, 3)$$

daher

$$T_3 = \frac{m}{6} \{ [E_1 AB \,|\, E_1 AB] + \cdots + [E_2 AB \,|\, E_3 AB] + \cdots \}$$

oder, wenn die Abstände der Ecken E_1, E_2, E_3 von der Achse AB mit h_1, h_2, h_3 und die Winkel zwischen den Ebenen $E_i AB$ und $E_k AB$ mit φ_{ik} bezeichnet werden:

$$T_3 = \frac{m}{6} \left(h_1^2 + h_2^2 + h_3^2 + h_2 h_3 \cos \varphi_{23} + h_3 h_1 \cos \varphi_{31} + h_1 h_2 \cos \varphi_{12} \right).$$

Auch hier werde der Abstand s des Schwerpunktes

$$3S = E_1 + E_2 + E_3$$

von der Achse AB eingeführt. Es ergibt sich $9 s^2 =$

$$h_1^2 + h_2^2 + h_3^2 + 2 h_2 h_3 \cos \varphi_{23} + 2 h_3 h_1 \cos \varphi_{31} + 2 h_1 h_2 \cos \varphi_{12},$$

so daß

$$T_3 = \frac{m}{12} \left(h_1^2 + h_2^2 + h_3^2 + 9 s^2 \right)$$

das Trägheitsmoment des homogenen Dreiecks wird.

3) Das Trägheitsmoment des homogenen Tetraeders $E_1 E_2 E_3 E_4$ in bezug auf die Einheitsachse AB ist

$$T_4 = \frac{m}{10} \left(h_1^2 + \cdots + h_4^2 + h_2 h_3 \cos \varphi_{23} + \cdots + h_1 h_4 \cos \varphi_{14} + \cdots \right)$$

$$= \frac{m}{20} \left(h_1^2 + h_2^2 + h_3^2 + h_4^2 + 16 \, s^2 \right),$$

wo h_i den Abstand der Ecke E_i, s den Abstand des Tetraederschwerpunktes von der Achse und φ_{ik} den von den Ebenen $E_i AB$ und $E_k AB$ eingeschlossenen Winkel bezeichnet (vgl. Mehmke, Math. Ann. **23**, 143—151).

4) Das Trägheitsmoment eines homogenen Dreiecks in bezug auf eine beliebige Achse ist gleich dem Trägheitsmoment der Seitenmitten, wenn jede von diesen ein Drittel der Masse des Dreiecks enthält (vgl. Reye, Zeitschr. des Vereins deutscher Ingenieure Bd. XIX, 401—408, 1875 und Mehmke, Schlömilchs Zeitschr. **29**, 61—64, 1884).

Zwölftes Kapitel.

Die geometrische Größe zweiter Stufe und ihre Verwendung in der Statik und Kinematik des starren Körpers.

109. *Erste Form der geometrischen Größe zweiter Stufe.* — Unter der *geometrischen oder allgemeinen Größe zweiter Stufe* versteht man seit Graßmann die Summe beliebig vieler gebundener Vektoren oder Stäbe. Dieselbe ist für die Statik und Kinematik des starren Körpers von fundamentaler Bedeutung. Um diese Bedeutung klarzulegen, soll zunächst der Ausdruck der Liniensumme auf zweierlei Weisen umgeformt werden.

Die erste Umformung knüpft an die baryzentrische Darstellung jedes Punktes im Raum durch vier beliebige Punkte oder — was dasselbe ist — die Darstellung des gebundenen Vektors durch die Kanten eines Vektortetraeders an (vgl. Nr. 87):

$$\mathfrak{a}_\varrho = p_{23}^{(\varrho)}\mathfrak{c}_{23} + p_{31}^{(\varrho)}\mathfrak{c}_{31} + p_{12}^{(\varrho)}\mathfrak{c}_{12} + p_{14}^{(\varrho)}\mathfrak{c}_{14} + p_{24}^{(\varrho)}\mathfrak{c}_{24} + p_{34}^{(\varrho)}\mathfrak{c}_{34}, \qquad (\varrho = 1, 2, \ldots)$$

demnach wird die Summe beliebig vieler gebundener Vektoren

$$\Sigma\mathfrak{a}_\varrho = \mathfrak{c}_{23}\Sigma p_{23}^{(\varrho)} + \mathfrak{c}_{31}\Sigma p_{31}^{(\varrho)} + \mathfrak{c}_{12}\Sigma p_{12}^{(\varrho)}$$
$$+ \mathfrak{c}_{14}\Sigma p_{14}^{(\varrho)} + \mathfrak{c}_{24}\Sigma p_{24}^{(\varrho)} + \mathfrak{c}_{34}\Sigma p_{34}^{(\varrho)}.$$

Ich erinnere an die Bedeutung von $\mathfrak{c}_{ik} = [E_i E_k]$. Diese läßt erkennen, daß die drei Stäbe $\mathfrak{c}_{23}$, $\mathfrak{c}_{31}$, $\mathfrak{c}_{12}$ ein und derselben Ebene, nämlich der Ebene $[E_1 E_2 E_3]$, angehören, folglich stellt die Summe

$$\mathfrak{c}_{23}\Sigma p_{23}^{(\varrho)} + \mathfrak{c}_{31}\Sigma p_{31}^{(\varrho)} + \mathfrak{c}_{12} p_{12}^{(\varrho)}$$

wieder einen gebundenen Vektor derselben Ebene dar, den ich mit $[AB]$ bezeichnen will. Anderseits laufen die Vektoren

$\mathfrak{e}_{14}$, $\mathfrak{e}_{24}$, $\mathfrak{e}_{34}$ von einem Punkte, nämlich E_4, aus, demnach setzen sich die Vektoren $\mathfrak{e}_{14}\,\Sigma p_{14}^{(\varrho)}$, $\mathfrak{e}_{24}\,\Sigma p_{24}^{(\varrho)}$, $\mathfrak{e}_{34}\,\Sigma p_{34}^{(\varrho)}$ wieder zu einem von E_4 auslaufenden gebundenen Vektor zusammen, der $[CD]$ heißen soll.

Hiernach ergibt sich als erste oder *baryzentrische Form der Liniensumme:*

$$\Sigma\mathfrak{a}_\varrho = [AB] + [CD], \qquad (\varrho = 1,\,2,\,3\ldots)$$

d. h. *die allgemeine Größe zweiter Stufe läßt sich stets auf die Summe zweier gebundener Vektoren zurückführen, die im allgemeinen windschief gegeneinander liegen.* Ich will zwei solche Stäbe als *konjugierte* Stäbe bezeichnen.

110. *Zweite Form der geometrischen Größe zweiter Stufe.* — Für die zweite Umformung bediene ich mich der Plückerschen Darstellung einer geraden Linie durch einen beliebigen Punkt und drei Einheitsvektoren, woraus folgt (vgl. Nr. 88)

$$\Sigma\mathfrak{a}_\varrho = [E\mathfrak{e}_1]\Sigma x_\varrho + [E\mathfrak{e}_2]\,\Sigma y_\varrho + [E\mathfrak{e}_3]\Sigma z_\varrho$$

$$+ [\mathfrak{e}_2\mathfrak{e}_3]\Sigma l_\varrho + [\mathfrak{e}_3\mathfrak{e}_1]\Sigma m_\varrho + [\mathfrak{e}_1\mathfrak{e}_2]\Sigma n_\varrho$$

für

$$x = a_{12} - a_{11}, \qquad l = a_{21}a_{32} - a_{31}a_{22},$$

$$y = a_{22} - a_{31}, \qquad m = a_{31}a_{12} - a_{11}a_{32},$$

$$z = a_{32} - a_{31}, \qquad n = a_{11}a_{22} - a_{21}a_{12}.$$

Nun läßt sich die Summe der ersten Terme nach Absonderung des gemeinsamen Faktors E zusammenziehen zu einem einzigen gebundenen Vektor:

$$[E\quad \mathfrak{e}_1\Sigma x_\varrho + \mathfrak{e}_2\Sigma y_\varrho + \mathfrak{e}_3\Sigma z_\varrho] = [E\mathfrak{f}],$$

wenn der freie Vektor

$$\mathfrak{f} = \mathfrak{e}_1\,\Sigma x_\varrho + \mathfrak{e}_2\,\Sigma y_\varrho + \mathfrak{e}_3\,\Sigma z_\varrho$$

gesetzt wird. Die übrigen drei Terme sind freie Bivektoren, ihre Summe stellt also ebenfalls einen freien Bivektor dar, und ich kann annehmen

$$\mathfrak{g} = [\mathfrak{e}_2\mathfrak{e}_3]\,\Sigma l_\varrho + [\mathfrak{e}_3\mathfrak{e}_1]\,\Sigma m_\varrho + [\mathfrak{e}_1\mathfrak{e}_2]\,\Sigma n_\varrho,$$

so daß die Größe zweiter Stufe die zweite oder Plückersche Form erhält:

$$\Sigma \mathfrak{s}_\varrho = [E\mathfrak{f}] + \mathfrak{g},$$

d. h. *die allgemeine Größe zweiter Stufe läßt sich auch auf die Summe eines gebundenen Vektors und die Ergänzung eines freien Vektors zurückführen.*

Der Abkürzung halber will ich noch folgende Bezeichnung einführen:

$$\Sigma x_\varrho = X, \quad \Sigma l_\varrho = L,$$

$$\Sigma y_\varrho = Y, \quad \Sigma m_\varrho = M,$$

$$\Sigma z_\varrho = Z, \quad \Sigma n_\varrho = N,$$

wodurch sich die Darstellungen von $\mathfrak{f}$ und $\mathfrak{g}$ vereinfachen zu

$$\mathfrak{f} = X\mathfrak{e}_1 + Y\mathfrak{e}_2 + Z\mathfrak{e}_3,$$

$$\mathfrak{g} = L\mathfrak{e}_1 + M\mathfrak{e}_2 + N\mathfrak{e}_3.$$

Es verdient hervorgehoben zu werden, daß diese beiden Umformungen der allgemeinen Größe zweiter Stufe, sowohl die baryzentrische wie die Plückersche, auf *unendlich viele* Weisen geleistet werden können.

111. *Statische und kinematische Deutung der geometrischen Größe zweiter Stufe.*— Betrachte ich die beiden im vorstehenden gewonnenen Darstellungen der allgemeinen Größe zweiter Stufe zunächst durch die Brille der Statik, deute ich also den gebundenen Vektor als Kraft, den freien Bivektor als Kräftepaar, so finde ich ohne weiteres den Satz: Die Summe beliebig vieler Kräfte, die einen starren Körper angreifen, läßt sich entweder auf zwei Kräfte, die nicht in derselben Ebene wirken, reduzieren oder auf eine einzige Kraft und ein einziges Kräftepaar, die verschiedenen Ebenen angehören.

Durch die Brille der Kinematik sehend, erkenne ich aus den Darstellungsformen ohne weiteres: Jede Bewegung eines starren Körpers im Zeitelement läßt sich entweder durch zwei infinitesimale Drehungen um windschiefe Achsen oder durch eine infinitesimale Drehung und eine infinitesimale Schiebung herbeiführen.

Man nennt die Summe der beiden Kräfte, welche ein am starren Körper angreifendes Kraftsystem zu ersetzen vermögen, ein *Kraftkreuz*, die Summe der beiden Drehungen, durch die sich jede infinitesimale Bewegung des starren Körpers hervorbringen läßt, ein *Drehkreuz*. Zusammenfassend spricht man in beiden Fällen von einer *Dyname*.

Für das andere statische bzw. kinematische Äquivalent wird erst ein Name eingeführt werden, nachdem es auf eine einfachere Form gebracht worden ist (vgl. Nr. 113).

112. *Die vereinfachte zweite Form der geometrischen Größe zweiter Stufe.* — Die zweite Zerlegung der allgemeinen Größe zweiter Stufe

$$\Sigma \mathfrak{a}_\varrho = [E\mathfrak{f}] + |\,\mathfrak{g}$$

läßt noch eine bemerkenswerte Vereinfachung zu. Nämlich, der Punkt E werde nach E' verschoben, so daß

$$E = E' + \mathfrak{h},$$

wo der Vektor $\mathfrak{h}$ und folglich der Punkt E' noch näher zu bestimmen sind. Dann wird

$$\Sigma \mathfrak{a}_\varrho = [E'\mathfrak{f}] + [\mathfrak{h}\mathfrak{f}] + |\,\mathfrak{g}.$$

Jetzt soll $\mathfrak{h}$ so bestimmt werden, daß die Ebene $[\mathfrak{h}\mathfrak{f}] + |\,\mathfrak{g}$ auf der Geraden $[E'\mathfrak{f}]$ senkrecht steht, daß also das innere Produkt

$$[[\mathfrak{h}\mathfrak{f}] + |\,\mathfrak{g} \quad |\,\mathfrak{f}] = 0$$

oder

$$[\mathfrak{h}\mathfrak{f}\,|\,\mathfrak{f}] + [|\,\mathfrak{g}\,|\,\mathfrak{f}] = 0$$

ist, woraus

$$[\mathfrak{h}\mathfrak{f}\,|\,\mathfrak{f}] = -\,|\,[\mathfrak{g}\mathfrak{f}].$$

Nun ist nach dem in Nr. 73 abgeleiteten Satz über das äußere Produkt zweier Bivektoren

$$[\mathfrak{h}\mathfrak{f}\,|\,\mathfrak{f}] = [\mathfrak{h}\,|\,\mathfrak{f}]\,\mathfrak{f} - [\mathfrak{f}\,|\,\mathfrak{f}]\,\mathfrak{h}.$$

Wird daher die weitere Voraussetzung getroffen, daß $\mathfrak{h}$ auf $\mathfrak{f}$ senkrecht stehen soll, daß also

$$[\mathfrak{h}\,|\,\mathfrak{f}] = 0$$

ist, so folgt aus diesem Satz

$$[\mathfrak{h}\mathfrak{f}\,|\,\mathfrak{f}] = -\,[\mathfrak{f}\,|\,\mathfrak{f}]\,\mathfrak{h},$$

und demnach in Verbindung mit der obigen Gleichung

$$\mathfrak{h} = \frac{|\,[\mathfrak{g}\mathfrak{f}]}{[\mathfrak{f}\,|\,\mathfrak{f}]} = \frac{|\,[\mathfrak{g}\mathfrak{f}]}{\mathfrak{f}^2}.$$

Gehe ich zu den Skalaren über, d. h. multipliziere ich diese Gleichung innerlich mit sich selber, so habe ich zu beachten, daß der numerische Wert des Bivektors [gf] mit demjenigen seiner Ergänzung übereinstimmt. Da nun der numerische Wert von [gf] gleich $gf \sin (\mathbf{g}, \mathbf{f})$ ist, so ergibt sich

$$h = \frac{g}{f} \sin (\mathbf{g}, \mathbf{f}).$$

Hiermit ist h der Länge und Richtung nach bestimmt.

Führe ich jetzt den Wert für $\mathbf{h}$ in den Ausdruck für $\varSigma \mathbf{e}_\varrho$ ein, so wird

$$\varSigma \mathbf{e}_\varrho = [E'\mathbf{f}] + \frac{[|[\mathbf{gf}]\;\mathbf{f}]}{f^2} + |\,\mathbf{g}.$$

Behufs Umformung benutze ich die oben angezogene Formel noch einmal, nachdem ich auf beiden Seiten die Ergänzung genommen habe; dann nimmt sie wegen $||\,\mathbf{c} = \mathbf{c}$ die Form an:

$$[|\,[\mathbf{ab}]\quad \mathbf{c}] = [\mathbf{a}\,|\,\mathbf{c}]\,|\,\mathbf{b} - [\mathbf{b}\,|\,\mathbf{c}]\,|\,\mathbf{a}.$$

Demnach wird

$$[|\,[\mathbf{gf}]\;\mathbf{f}] = [\mathbf{g}\,|\,\mathbf{f}]\,|\,\mathbf{f} - [\mathbf{f}\,|\,\mathbf{f}]\,|\,\mathbf{g}$$

oder

$$\frac{[|\,[\mathbf{gf}]\;\mathbf{f}]}{f^2} + |\,\mathbf{g} = \frac{[\mathbf{g}\,|\,\mathbf{f}]\,|\,\mathbf{f}}{f^2};$$

und endlich

$$\varSigma \mathbf{e}_\varrho = [\dot{E}\mathbf{f}] + \frac{[\mathbf{g}\,|\,\mathbf{f}]}{f^2}\,|\,\mathbf{f},$$

wo ich den Strich am Punkte E' der Einfachheit halber fortgelassen habe — und das ist die gesuchte Umformung. Sie sagt aus, daß sich die allgemeine Größe *zweiter Stufe stets in die Summe eines gebundenen Vektors und eines freien Bivektors zerlegen läßt, welcher letztere auf der Richtung des ersteren senkrecht steht.* Die Achse des freien Bivektors ist also parallel zur Richtung des gebundenen Vektors. $[E\mathbf{f}]$ soll die *Achse* der geometrischen Größe zweiter Stufe heißen.

Ich setze der Kürze halber

$$\varkappa = \frac{[\mathbf{g}\,|\,\mathbf{f}]}{f^2} = \frac{g}{f} \cos (\mathbf{f}, \mathbf{g}).$$

Dieser Parameter läßt sich beiläufig noch umformen. Wenn ich bedenke, daß

$$\cos (\mathbf{f}, \mathbf{g}) = \cos (\mathbf{g}, \mathbf{e}_1) \cos (\mathbf{f}, \mathbf{e}_1) + \cos (\mathbf{g}, \mathbf{e}_2) \cos (\mathbf{f}, \mathbf{e}_2)$$
$$+ \cos (\mathbf{g}, \mathbf{e}_3) \cos (\mathbf{f}, \mathbf{e}_3),$$
$$f \cos (\mathbf{f}, \mathbf{e}_1) = X, \quad f \cos (\mathbf{f}, \mathbf{e}_2) = Y, \quad f \cos (\mathbf{f}, \mathbf{e}_3) = Z,$$
$$g \cos (\mathbf{g}, \mathbf{e}_1) = L, \quad g \cos (\mathbf{g}, \mathbf{e}_2) = M, \quad g \cos (\mathbf{g}, \mathbf{e}_3) = N,$$
$$f^2 = X^2 + Y^2 + Z^2, \quad g^2 = L^2 + M^2 + N^2,$$

so wird

$$\varkappa = \frac{1}{f^2} (LX + MY + NZ) = LX + MY + NZ : X^2 + Y^2 + Z^2.$$

Hiernach kann ich einfacher so schreiben

$$\Sigma \mathfrak{a}_\varrho = [E\mathbf{f}] + \varkappa \,|\, \mathbf{f},$$

und diese Reduktion läßt sich nur auf *eine* Weise ausführen, ist also *eindeutig*, im Gegensatz zu den Reduktionen auf die baryzentrische Form, die unendlich vieldeutig sind.

113. *Die Schraube.* — Ich kehre nunmehr zu der Umdeutung der Vektorformeln für die Mechanik des starren Körpers zurück. Für die Kinematik erhalte ich dann den bekannten Satz, daß sich jede infinitesimale Bewegung eines starren Körpers als eine infinitesimale Drehung verbunden mit einer infinitesimalen Schiebung längs der Drehachse auffassen läßt oder wie man seit Robert Ball kürzer sagt, als eine Schraube. Und der Statik liefert die obige Vektorformel das einfachste Äquivalent eines beliebigen Kraftsystems in der Summe einer Kraft und eines Kräftepaars, das die Richtung der Kraft zur Achsenrichtung hat. Indem ich mich einer von den Herren Klein und Sommerfeld in ihrer „Theorie des Kreisels" gebrauchten Ausdrucksweise bediene, will ich dieses Äquivalent eine *Kraftschraube* und das kinematische Äquivalent eine *Bewegungsschraube* nennen.

Alsdann kann ich das statische und kinematische Äquivalent der geometrischen Größe zweiter Stufe kurz als *Schraube* bezeichnen. Die Richtung der *Schraubenachse* wird durch die Richtung des Vektors **f** angegeben. Dabei ist zu bemerken, daß man statt Schraubenachse in der Statik *Zentralachse* zu sagen gewohnt ist.

Die Intensität der resultierenden Kraft ist offenbar $\sqrt{[\mathbf{f} \,|\, \mathbf{f}]} = f$, und dies liefert anderseits die resultierende Winkelgeschwindigkeit, mit der das System im Zeitelement dt um die Schraubenachse rotiert.

Ferner ist das Moment des resultierenden Kräftepaars gleich $\varkappa f = g \cos(g, f)$, und dieser Ausdruck bestimmt zugleich die Größe der resultierenden Translation. Dabei führt der Faktor $\varkappa$ in der Statik den Namen *Achsenparameter*, in der Kinematik heißt er *Windungsparameter*.

114. *Umdeutungstabelle.* — Der Übersicht wegen will ich die bisherigen Ergebnisse dieses und des vorhergehenden Kapitels in einer Tabelle zusammenfassen:

Tabelle VI:

$\Sigma\mathfrak{a}_\varrho = [AB] + [CD]$ $= [Ef] + \varkappa \mid f$				$\mathfrak{f}$	f	$\varkappa f$	$\varkappa$
Vektor-rech-nung	Geome-trische Größe zweiter Stufe	Summe zweier Stäbe	Summe eines Stabes und eines Stab-paars	Stabrichtung, Achsenrichtung des Stabpaars	Stab-länge	Mo-ment des Stab-paars	Para-meter
Statik	Kraft-system am starren Körper	Kraft-kreuz	Kraft-schrau-be	Richtung der Zentralachse, Richtung der resultierenden Kraft, Achsenrichtung des resultieren-den Kräfte-paars	Inten-sität der resul-tieren-den Kraft	Mo-ment des resul-tieren-den Kräfte-paars	Ach-sen-para-meter
Kine-matik	Allge-meinste Be-wegung des starren Körpers im Zeit-element	Dreh-kreuz	Bewe-gungs-schrau-be	Richtung der Schrauben-achse, Achsenrichtung der resultieren-den Rotation, Richtung der resultierenden Translation	Größe der resul-tieren-den Winkel-ge-schwin-digkeit	Größe der resul-tieren-den Trans-lation	Win-dungs-para-meter

115. Chasles' *Satz über das Kraftkreuztetraeder.* — Ich gehe jetzt dazu über, die Fruchtbarkeit der dargelegten Auffassung von Statik und Kinematik an speziellen Sätzen darzulegen.

Chasles hat in der Statik des starren Körpers einen Satz aufgestellt, der unmittelbar evident ist, sobald ich die Dyname vektoriell als Kraftkreuz darstelle:

$$\Sigma \mathfrak{a}_\varrho = [AB] + [CD].$$

Diese Darstellung ist keine eindeutige, ich kann daher auch setzen

$$\Sigma \mathfrak{a}_\varrho = [A'B'] + [C'D'].$$

Daher muß sein

$$[AB] + [CD] = [A'B'] + [C'D'].$$

Wird jede Seite äußerlich mit sich selber multipliziert, so entsteht

$$[AB\ CD] = [A'B'\ C'D'],$$

wobei eben zu beachten ist, daß z. B. $[AB\ AB] = 0$ und $[CD\ AB] = [AB\ CD]$ ist. Nun bedeutet aber $\frac{1}{6}[AB\ CD]$ nichts anderes als das Tetraeder, gebildet aus den *konjugierten* Kräften $[AB]$, $[CD]$ als Gegenkanten. Daher der Satz: *Wie ich auch ein am starren Körper angreifendes Kraftsystem in ein Kraftkreuz zerlegen mag, immer hat das Tetraeder mit den konjugierten Kräften als Gegenkanten einen und denselben Wert.*

Ein anderer Beweis ergibt sich, wenn ich die Dyname zugleich als Kraftkreuz und als Kraftschraube darstelle, also schreibe

$$[AB] + [CD] = [E\mathfrak{f}] + k\,|\,\mathfrak{f},$$

wobei ich daran erinnere, daß die Zerlegung auf der linken Seite unendlich viel-, die auf der rechten Seite eindeutig ist. Wird auch hier jede Seite äußerlich mit sich selber multipliziert, so folgt

$$[AB\ CD] = \varkappa\,[E\mathfrak{f}\,|\,\mathfrak{f}],$$

d. h. *die zu einer gegebenen Dyname gehörigen Kraftkreuze liefern Tetraeder von konstantem Inhalt.*

Welches ist der numerische Wert aller dieser Tetraeder? Es war gesetzt

$$\mathbf{f} = X\mathbf{e}_1 + Y\mathbf{e}_2 + Z\mathbf{e}_3,$$

wo X, Y, Z die Komponenten der resultierenden Kraft sind; der numerische Wert von $[E\mathbf{f}\,|\,\mathbf{f}]$ wird gleich

$$(X^2 + Y^2 + Z^2)[\mathbf{e}_1\mathbf{e}_2\mathbf{e}_3] = X^2 + Y^2 + Z^2$$

wegen $[\mathbf{e}_1\mathbf{e}_2\mathbf{e}_3] = 1$. Der konstante Inhalt des Kraftkreuztetraeders läßt sich demnach entweder durch

$$\varkappa f^2 = fg \cos(\mathbf{f}, \mathbf{g}) = LX + MY + NZ$$

darstellen, wenn der in Nr. 112 für den Parameter $\varkappa$ aufgestellte Ausdruck herangezogen wird, oder durch

$$p_{23}q_{14} + p_{31}q_{24} + p_{12}q_{34} + p_{14}q_{23} + p_{24}q_{31} + p_{34}q_{12},$$

wenn die Koordinaten der Stäbe $[AB]$, $[CD]$ bzw. p_{ik}, q_{ik} genannt werden.

116. Rodrigues' *Satz über das Drehkreuztetraeder*. — Man verdankt Rodrigues eine kinematische Beziehung zwischen der Rotations- und Translationsgeschwindigkeit, bezogen auf die Schraubenachse, und den Winkelgeschwindigkeiten um zwei konjugierte Drehachsen. Ich will zeigen, daß dieser Satz in dem Fall einer infinitesimalen Bewegung nichts anderes ist als die kinematische Umdeutung des Satzes, den Chasles für die Statik entdeckt hat, eine Bemerkung, die übrigens bereits von Aronhold in seinen Vorlesungen über Kinematik gemacht worden ist.

Nämlich, $[AB]$ stelle eine Drehung um den Winkel $d\vartheta_1$, $[CD]$ eine solche um den Winkel $d\vartheta_2$ dar, die Drehachsen mögen den Winkel φ miteinander bilden und den kürzesten Abstand r besitzen, alsdann ist der Inhalt des sechsfachen Tetraeders

$$[AB\ CD] = r\,d\vartheta_1\,d\vartheta_2 \sin \varphi.$$

Anderseits stelle $[E\mathbf{f}]$ die Drehung um die zugehörige Schraubenachse dar, der Drehwinkel im Zeitelement sei $d\vartheta$, und endlich sei $d\tau$ die infinitesimale Schiebung in Richtung der Schraubenachse. Da nun $[E\mathbf{f}\,|\,\mathbf{f}]$ das sechsfache Tetraeder mit der Grundfläche $|\mathbf{f}$ und der Höhe $[E\mathbf{f}]$ bedeutet, so ergibt sich

$$\varkappa[E\mathbf{f}\,|\,\mathbf{f}] = d\theta \cdot d\tau,$$

denn die Größe der resultierenden Translation $d\tau$ ist gleich $\varkappa f$.
Demnach

$$d\theta \cdot d\tau = r\,d\vartheta_1\,d\vartheta_2 \sin\varphi,$$

und das ist genau die Beziehung, welche aus dem Rodriguesschen Theorem durch Spezialisieren hervorgeht, und welche sich mit der Konstanz des Drehkreuztetraeders deckt.

117. *Die Richtung der Zentral- und der Schraubenachse.* —
Ich gehe aus von der Formel

$$\Sigma\mathfrak{a}_\varrho = [AB] + [CD] = [E\mathbf{f}] + \varkappa\,|\,\mathbf{f}$$

und stelle folgende Überlegung an. Ich will von der *Lage* der gebundenen Vektoren im Raum einmal absehen und bloß auf deren Länge und Richtung achten. Dann ist es dasselbe, wie wenn ich $\Sigma\mathfrak{a}_\varrho$ statt $\Sigma\mathfrak{a}_\varrho$ bilde. Ich erhalte die beiden Darstellungsformen von $\Sigma\mathfrak{a}_\varrho$, indem ich das eine Mal, von der *baryzentrischen* Darstellung ausgehend, die Summe aller Differenzen

$$P_2 - P_1 = (\pi_{21} - \pi_{11})E_1 + (\pi_{22} - \pi_{12})E_2 + (\pi_{23} - \pi_{13})E_3 \\ + (\pi_{24} - \pi_{14})E_4,$$

das andere Mal, von der Plückerschen Darstellung ausgehend, die Summe aller Differenzen

$$P_2 - P_1 = (a_{21} - a_{11})\mathfrak{e}_1 + (a_{22} - a_{12})\mathfrak{e}_2 + (a_{23} - a_{13})\mathfrak{e}_3$$

nehme. Im ersteren Falle läßt sich die Summe $\Sigma\mathfrak{a}_\varrho$ zusammenziehen zu

$$B - A + D - C,$$

im letzteren stimmt $\Sigma(P_2 - P_1)$ genau mit dem in Nr. **110** definierten Vektor $\mathbf{f}$ überein.

Die obige Identität liefert daher, wenn ich sie bloß auf ihren freivektoriellen Inhalt untersuche:

$$B - A + D - C = \mathbf{f},$$

das heißt aber: die drei freien Vektoren $B - A$, $D - C$, $\mathbf{f}$ lassen sich zu einem geschlossenen Dreieck zusammensetzen, oder — was hier genügt — sie sind ein und derselben Ebene parallel. Nun geben $B - A$ und $D - C$ die Richtungen der beiden konjugierten Kräfte des Kraftkreuzes bzw. Drehachsen des Drehkreuzes und $\mathfrak{f}$ hat die Richtung der Zentral- bzw. Schraubenachse. Demnach gewinnt man den Satz: *Die Richtung der Zentral- bzw. Schraubenachse steht auf dem kürzesten Abstand der beiden konjugierten Kräfte des Kraftkreuzes bzw. Achsen des Drehkreuzes senkrecht.*

118. *Das Parallelogramm der Drehungen.* — Die eben gewonnene Formel
$$B - A + D - C = \mathfrak{f}$$
ist der vektorielle Ausdruck für den Satz vom Parallelogramm der

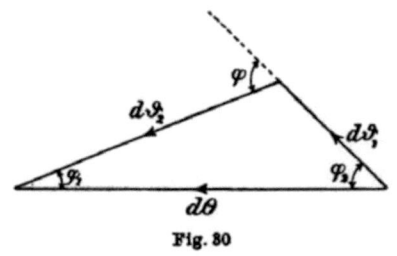

Fig. 30

Rotationen. Denn sie sagt aus, daß sich aus den Vektoren $B - A$, $D - C$, $\mathfrak{f}$ ein Dreieck zeichnen läßt, dessen Seitenlängen bzw. $d\vartheta_1$, $d\vartheta_2$, $d\theta$ sind. Demnach liest man aus der Figur 30 unmittelbar ab

$$\frac{d\vartheta_1}{\sin \varphi_1} = \frac{d\vartheta_2}{\sin \varphi_2} = \frac{d\theta}{\sin \varphi},$$
$$d\theta^2 = d\vartheta_1{}^2 + d\vartheta_2{}^2 + 2 d\vartheta_1 d\vartheta_2 \cos \varphi.$$

Dabei bedeuten φ_1, φ_2 die Winkel der konjugierten Drehachsen gegen die Schraubenachse und φ den Winkel zwischen jenen beiden Achsen.

119. *Die Gleichgewichtsbedingungen am starren Körper.* — Halten die Kräfte, die einen starren Körper angreifen, einander das Gleichgewicht, bzw. ist der starre Körper im Zustande der Ruhe, so muß die zugehörige Größe zweiter Stufe, welche diese Kräfte bzw. die möglichen Bewegungen des starren Körpers in einen Ausdruck zusammenfaßt, verschwinden. Wird die erste Form der Liniensumme benutzt, so muß sein

$$[AB] + [CD] = 0,$$
woraus, da die Linien AB und CD i. a. windschief zueinander liegen,
$$[AB] = 0, \quad [CD] = 0.$$

Wird die zweite Form der Liniensumme herangezogen, so muß sein

$$[E\mathbf{f}] + |\,\mathbf{g} = 0,$$

woraus

$$[E\mathbf{f}] = 0, \quad \mathbf{g} = 0.$$

Da nun die Einheitsvektoren voneinander unabhängig sind, zwischen ihnen also keine Beziehungen bestehen können, so folgt aus diesen Vektorgleichungen, wenn auf die Definition der Vektoren $[AB]$, $[CD]$; $\mathbf{f}$, $\mathbf{g}$ zurückgegangen wird:

$$\sum_{\varrho} p^{(\varrho)}_{23} = 0, \quad \sum_{\varrho} p^{(\varrho)}_{31} = 0, \quad \sum_{\varrho} p^{(\varrho)}_{12} = 0,$$

$$\sum_{\varrho} p^{(\varrho)}_{14} = 0, \quad \sum_{\varrho} p^{(\varrho)}_{24} = 0, \quad \sum_{\varrho} p^{(\varrho)}_{34} = 0$$

oder

$$\sum_{\varrho} x_{\varrho} = 0, \quad \sum_{\varrho} y_{\varrho} = 0, \quad \sum_{\varrho} z_{\varrho} = 0,$$

$$\sum_{\varrho} l_{\varrho} = 0, \quad \sum_{\varrho} m_{\varrho} = 0, \quad \sum_{\varrho} n_{\varrho} = 0.$$

Das sind aber die bekannten Bedingungen für das Gleichgewicht am starren Körper. Ich begnüge mich, das erstere System in die Sprache der Statik, das letztere in die Sprache der Kinematik zu übersetzen: Die Kräfte halten einander das Gleichgewicht, wenn die Summe der Kraftkomponenten für jede Kante des Koordinatentetraeders verschwindet. Und: der starre Körper ist in Ruhe, wenn erstens die Summe der Schiebekomponenten und zweitens die Summe der Dreh-komponenten nach den Achsen eines rechtwinkligen Koordi-natensystems den Wert Null haben.

Um es noch einmal hervorzuheben: die *vektorielle Be-dingung für das Gleichgewicht am starren Körper besteht*, ob es sich nun um Statik oder Kinematik handelt, einfach *in dem Verschwinden der zugehörigen geometrischen Größe zweiter Stufe.*

Ich will an dieser Stelle noch kurz auf die Anwendung aufmerksam machen, welche Herr Peano (Rendiconti Lincei, 1890) von der vektoriellen Auffassung der Dyname auf die Raumkurven gemacht hat, indem er den Vektor $\mathbf{g}$ benutzt, um durch seine Länge den *Inhalt einer geschlossenen Raumkurve* zu definieren.

Dreizehntes Kapitel.

Die regressive Multiplikation.

120. *Tabelle der benutzten extensiven Größen des Raumes.* — Um die Theorie der extensiven Größen zum Abschluß zu bringen, bleibt nur noch übrig, auch im Raum den Begriff der regressiven Multiplikation einzuführen. Vorher will ich die bisher eingeführten extensiven Größen des Raumes in einer Tabelle zusammenstellen.

Tabelle VII.

Gebilde des Raumes	Bezeichnung
Punkt	A
freier Vektor	$B - A = \mathbf{a}$
freier Bivektor = Stab-paar Ergänzung des freien Vektors	$[\mathbf{bc}] = \mid \mathbf{a}$
gebundener Vektor = Stab = Linienteil	$[AB] = [A\mathbf{a}] = \mathfrak{a}$
gebundener Bivektor = Plangröße = Blatt	$[A\mathbf{ab}] = [ABC] = [C\mathfrak{a}] = \pi$
Äußeres Produkt dreier freier Vektoren	$[B{-}A\ C{-}B\ D{-}C] = [\mathbf{abc}]$
Äußeres Produkt von vier Punkten	$[ABCD] = [A\mathbf{abc}]$ $= [\pi\ D\mid = [\mathfrak{a}\mathfrak{c}]$
Skalares Produkt zweier freier Vektoren	$[\mathbf{a} \mid \mathbf{b}]$

Im Anblick dieser Tabelle will ich noch einmal zweierlei hervorheben, erstens daß die Dimension (oder Stufe) jedes

Elementes durch äußere Multiplikation mit einem Punkt oder einem freien Vektor um eine Einheit erhöht wird, zweitens daß die äußere Multiplikation von zwei und von drei Punkten die Gerade und die Ebene liefert, welche aus ihnen durch *lineare Konstruktion* hervorgehen.

121. *Die regressive Produktbildung.* — Dies letzte Resultat will ich verallgemeinern in dem Sinne, daß die äußere Multiplikation beliebiger Elemente, gleichgültig ob Punkte, Geraden oder Ebenen, die *durch Verbindung oder durch Schnitt* der gegebenen Elemente entstanden sind, dasjenige Element liefern soll, welches aus ihnen durch *lineare Konstruktion* hervorgeht. Die neue Produktbildung (wo die Stufenzahl > 4) nennt Graß-mann *regressiv* zur Unterscheidung von der bisher geübten, der *progressiven* Multiplikation (wo die Stufenzahl ≤ 4).

Ich beginne mit Elementen, die durch Schnitt zweier und dreier Ebenen entstehen. Bezeichne ich diese Ebenen (nach Größe, Richtung, Umfahrungssinn und Verschiebungsrichtung) mit π_1, π_2, π_3 und ihre homogenen Koordinaten mit P_{ik}, so hat man nach Nr. **89**

$$\pi_1 = P_{11}\varepsilon_1 + P_{12}\varepsilon_2 + P_{13}\varepsilon_3 + P_{14}\varepsilon_4,$$
$$\pi_2 = P_{21}\varepsilon_1 + P_{22}\varepsilon_2 + P_{23}\varepsilon_3 + P_{24}\varepsilon_4,$$
$$\pi_3 = P_{31}\varepsilon_1 + P_{32}\varepsilon_2 + P_{33}\varepsilon_3 + P_{34}\varepsilon_4,$$

wo der Kürze halber gesetzt ist

$$\varepsilon_1 = [E_2 E_3 E_4], \quad \varepsilon_2 = -[E_3 E_4 E_1], \quad \varepsilon_3 = [E_4 E_1 E_2],$$
$$\varepsilon_4 = -[E_1 E_2 E_3].$$

Da in der Geometrie zwischen den Punkten und Ebenen absolute Dualität besteht, unterwerfe ich die ε_i und ihre äußeren Produkte genau denselben Bedingungen, welche ich für die E_i und ihre äußeren Produkte aufgestellt habe.

Nehme ich noch eine vierte Ebene

$$\pi_4 = P_{41}\varepsilon_1 + P_{42}\varepsilon_2 + P_{43}\varepsilon_3 + P_{44}\varepsilon_4$$

hinzu, so ergeben sich hiernach für die äußeren Produkte $\pi_1\pi_2$, $\pi_1\pi_2\pi_3$, $\pi_1\pi_2\pi_3\pi_4$ Ausdrücke, die aus denjenigen für $[P_1 P_2]$, $[P_1 P_2 P_3]$, $[P_1 P_2 P_3 P_4]$ hervorgehen, wenn die π_{ik} durch die P_{ik} und die E_i durch die ε_i ersetzt werden.

Man erkennt unmittelbar, daß das äußere Produkt $\pi_1 \pi_2$ die Schnittgerade der beiden Ebenen π_1, π_2, das äußere Produkt $\pi_1 \pi_2 \pi_3$ den Durchschnittspunkt der drei Ebenen π_1, π_2, π_3 und das äußere Produkt $\pi_1 \pi_2 \pi_3 \pi_4$ den Inhalt des von den vier Ebenen π_1, π_2, π_3, π_4 begrenzten Tetraeders darstellt. Um diese Gerade und diesen Punkt vermittelst der Kanten und Ecken des Bezugstetraeders auszudrücken, d. h. mit Hilfe der äußeren Produkte $[E_i E_k]$ und E_i, bemerke ich, daß die beiden Flächen des Bezugstetraeders ε_l und ε_m sich längs der Kante $E_m E_l$ schneiden, und daß der Schnittpunkt der drei Flächen ε_i, ε_k, ε_l die Ecke E_m ist.

Aus diesem Grunde setze ich

$$\varepsilon_l \varepsilon_m = [E_i E_k], \quad \varepsilon_i \varepsilon_k \varepsilon_l = E_m,$$

woraus

$$\varepsilon_i \varepsilon_k \varepsilon_l \varepsilon_m = [E_i E_k E_l E_m]$$

oder

$$\varepsilon_1 \varepsilon_2 \varepsilon_3 \varepsilon_4 = [E_1 E_2 E_3 E_4] = +1$$

und

$$[E_i E_k \quad \varepsilon_i] = E_k.$$

Da die Gleichungen, welche aus den oben entwickelten Bedingungen fließen, häufig zu benutzen sind, will ich sie der Bequemlichkeit halber hier zusammenstellen:

$$\varepsilon_2 \varepsilon_3 = [E_1 E_4], \quad \varepsilon_1 \varepsilon_4 = [E_2 E_3], \quad \varepsilon_2 \varepsilon_3 \varepsilon_4 = -E_1,$$
$$\varepsilon_3 \varepsilon_1 = [E_2 E_4], \quad \varepsilon_2 \varepsilon_4 = [E_3 E_1], \quad \varepsilon_3 \varepsilon_4 \varepsilon_1 = \quad E_2,$$
$$\varepsilon_1 \varepsilon_2 = [E_3 E_4], \quad \varepsilon_3 \varepsilon_4 = [E_1 E_2], \quad \varepsilon_4 \varepsilon_1 \varepsilon_2 = -E_3,$$
$$\varepsilon_1 \varepsilon_2 \varepsilon_3 = \quad E_4,$$

$$[E_1 E_2 \quad E_3 E_4 E_1] = [E_3 E_1 \quad E_4 E_1 E_2] = [E_1 E_4 \quad E_1 E_2 E_3] = E_1,$$
$$[E_3 E_2 \quad E_4 E_1 E_2] = [E_2 E_4 \quad E_1 E_2 E_3] = [E_1 E_2 \quad E_2 E_3 E_4] = E_2,$$
$$[E_3 E_4 \quad E_1 E_2 E_3] = [E_1 E_3 \quad E_2 E_3 E_4] = [E_3 E_2 \quad E_3 E_4 E_1] = E_3,$$
$$[E_1 E_4 \quad E_2 E_3 E_4] = [E_4 E_2 \quad E_3 E_4 E_1] = [E_3 E_4 \quad E_4 E_1 E_2] = E_4.$$

122. *Die Ergänzung des Punktes und die Ergänzung der Ebene.* — Die vorstehenden Formeln führen zu dem Begriff der Ergänzung eines Punktes, wie ihn F. Caspary (Bull. Sc. math. (2) **13**, 1—39, 1889) und E. W. Hyde (The directional calculus, based upon the methods of Hermann Graßmann. Boston 1890, Ginn & Comp.) formuliert haben. Dieselbe ist derjenigen durchaus analog, die in Nr. **65** für die Ergänzung des Vektors aufgestellt worden ist:

Die Ergänzung einer Ecke (Seitenebene) des vektoriellen Bezugstetraeders ist das äußere Produkt der anderen Ecken (Seitenebenen), so geordnet, daß das äußere Produkt der Ecke (Seitenebene) und ihrer Ergänzung gleich der positiven Einheit ist.

Hiernach kann ich setzen

$$| E_1 = [E_2 E_3 E_4] = \varepsilon_1, \quad | E_2 = -[E_3 E_4 E_1] = +\varepsilon_2,$$
$$| E_3 = [E_4 E_1 E_2] = \varepsilon_3, \quad | E_4 = -[E_1 E_2 E_3] = +\varepsilon_4,$$

d. h. die Ergänzung einer Ecke des vektoriellen Bezugstetraeders ist nichts anderes als die Gegenebene. Umgekehrt folgt:

$$| \varepsilon_1 = -E_1, \quad | \varepsilon_2 = -E_2, \quad | \varepsilon_3 = -E_3, \quad | \varepsilon_4 = -E_4,$$

d. h. die Ergänzung einer Seitenebene des vektoriellen Bezugstetraeders ist nichts anderes als die Gegenecke mit negativem Zeichen. Endlich folgt hieraus:

$$\| E_1 = \quad | \varepsilon_1 = -E_1, \quad \| E_2 = \quad | \varepsilon_2 = -E_2,$$
$$\| E_3 = \quad | \varepsilon_3 = -E_3, \quad \| E_4 = \quad | \varepsilon_4 = -E_4;$$
$$\| \varepsilon_1 = -| E_1 = -\varepsilon_1, \quad \| \varepsilon_2 = -| E_2 = -\varepsilon_2,$$
$$\| \varepsilon_3 = -| E_3 = -\varepsilon_3, \quad \| \varepsilon_4 = -| E_4 = -\varepsilon_4,$$

d. h. die Ergänzung der Ergänzung von Ecke bzw. Seitenebene des vektoriellen Bezugstetraeders führt wieder auf dieselbe Ecke bzw. Ebene zurück, aber mit entgegengesetztem Vorzeichen.

Die Ergänzungen der Kanten des Bezugstetraeders werden alsdann die Gegenkanten.

Denn nehme ich von $\varepsilon_2 \varepsilon_3 = [E_1 E_4]$ die Ergänzung, so wird $| E_1 E_4 = E_2 E_3$ wegen $| \varepsilon_2 \varepsilon_3 = [E_2 E_3]$ und allgemein:

$$| E_1 E_4 = [E_2 E_3], \quad | E_2 E_3 = [E_1 E_4],$$
$$| E_2 E_4 = [E_3 E_1], \quad | E_3 E_1 = [E_2 E_4],$$
$$| E_3 E_4 = [E_1 E_2], \quad | E_1 E_2 = [E_3 E_4];$$
$$\| E_1 E_4 = [E_1 E_4], \quad \| E_2 E_3 = [E_2 E_3],$$
$$\| E_2 E_4 = [E_2 E_4], \quad \| E_3 E_1 = [E_3 E_1],$$
$$\| E_3 E_4 = [E_3 E_4], \quad \| E_1 E_2 = [E_1 E_2].$$

Hierbei hebe ich besonders hervor, daß, während die Ergänzung der Ergänzung einer Ecke (Ebene) gleich der Ecke (Ebene) selber mit negativem Zeichen ist, die Ergänzung der Ergänzung einer Bezugskante gleich dieser Kante selber mit positivem Vorzeichen ist.

123. *Fundamentalformeln der regressiven Multiplikation im Raum.* — Ich will von den eben getroffenen Festsetzungen eine einfache Anwendung machen auf die Bestimmung des Schnittpunktes einer Geraden $\mathfrak{g} = [AP]$ mit einer Ebene ϱ. Dieser Punkt wird dargestellt durch das äußere Produkt $[\mathfrak{g}\varrho]$.

Setze ich

$$A = \alpha_1 E_1 + \alpha_2 E_2 + \alpha_3 E_3 + \alpha_4 E_4,$$
$$P = \pi_1 E_1 + \pi_2 E_2 + \pi_3 E_3 + \pi_4 E_4,$$
$$\varrho = R_1 \varepsilon_1 + R_2 \varepsilon_2 + R_3 \varepsilon_3 + R_4 \varepsilon_4,$$
$$f_{ik} = \alpha_i \pi_k - \alpha_k \pi_i,$$

so finde ich

$$[\mathfrak{g}\varrho] = [f_{23}\mathfrak{e}_{23} + \cdots + f_{34}\mathfrak{e}_{34} \quad R_1 \varepsilon_1 + \cdots + R_4 \varepsilon_4].$$

Wegen der Identitäten

$$f_{1k}R_1 + f_{2k}R_2 + f_{3k}R_3 + f_{4k}R_4$$
$$= \pi_k(\alpha_1 R_1 + \alpha_2 R_2 + \alpha_3 R_3 + \alpha_4 R_4) - \alpha_k(\pi_1 R_1 + \pi_2 R_2 + \pi_3 R_3 + \pi_4 R_4)$$

läßt sich der Ausdruck für $[\mathfrak{g}\varrho]$ umwandeln in

$$[AP \quad \varrho] = [A\varrho]P - [P\varrho]A = \{[A\varrho] - [P\varrho]\} O.$$

Diese Formel drückt in vektorieller Form das bekannte Resultat aus, daß ein beliebiger Punkt der durch A und P bestimmten Geraden die Koordinaten $\lambda \alpha_i + \mu \pi_i$ besitzt, wenn die Koeffizienten λ, μ den Ausdrücken

$$- [P\varrho] = - (\pi_1 R_1 + \pi_2 R_2 + \pi_3 R_3 + \pi_4 R_4),$$
$$[A\varrho] = \quad \alpha_1 R_1 + \alpha_2 R_2 + \alpha_3 R_3 + \alpha_4 R_4$$

proportional sind.

Der durch $[AP \quad \varrho]$ dargestellte Punkt gehört aber auch der Ebene $\varrho = [BCD]$ an, es muß also möglich sein, ihn linear durch die drei Punkte B, C, D darzustellen. In der Tat zeigt eine leichte Rechnung, daß

$$[AP\ BCD] = [APCD]B + [APDB]C + [APBC]D$$

ist.

Setze ich die Gültigkeit des Dualitätsprinzips voraus, so fließen aus den beiden Vektorformeln unmittelbar die dual entsprechenden:

$$[a\pi\quad R] = [aR]\pi - [\pi R]a,$$

$$[a\pi\quad \beta\gamma\delta] = [a\pi\ \gamma\delta]\beta + [a\pi\ \delta\beta]\gamma + [a\pi\ \beta\gamma]\delta.$$

Die erstere drückt die Ebene, welche der Punkt R mit der Geraden $[a\pi]$ bildet, durch die beiden Ebenen a und π aus; die letztere stellt die Ebene, welche die Gerade $[a\pi]$ mit dem Schnittpunkt der drei Ebenen β, γ, δ einschließt, durch die drei Ebenen β, γ, δ dar.

Diesen Formeln will ich noch eine beifügen, welche häufig Anwendung findet. Zu dem Zweck drücke ich die Gerade, welche durch den Punkt A und den Punkt $[\pi\varkappa\varrho]$ bestimmt ist, vermittelst der drei Geraden $[\varkappa\varrho]$, $[\varrho\pi]$, $[\pi\varkappa]$ aus. Dann wird

$$[A\quad \pi\varkappa\varrho] = [A\pi][\varkappa\varrho] + [A\varkappa][\varrho\pi] + [A\varrho][\pi\varkappa],$$

woraus durch duale Übertragung folgt

$$[a\quad PQR] = [aP][QR] + [aQ][RP] + [aR][PQ].$$

Ist nun $a = [PQS]$, so ergibt sich das Resultat

$$[PQS\ PQR] = [PQSR][PQ].$$

124. *Übungen aus der analytischen Geometrie des Raumes.* — 1) Die Gerade $[\pi\varkappa]$ laufe durch die Punkte P und Q, dann hat man

$$[\pi\varkappa] = \mathfrak{A}[PQ],$$

wo $\mathfrak{A}$ einen Proportionalitätsfaktor bedeutet. Mit Rücksicht auf Nr. 121 folgt hieraus

$$[\pi\varkappa\ \varepsilon_l\varepsilon_m] = \mathfrak{A}[PQ\ E_i E_k].$$

Folglich ergibt sich das bekannte Resultat:

$$(\pi\varkappa)_{23} : (\pi\varkappa)_{31} : (\pi\varkappa)_{12} : (\pi\varkappa)_{14} : (\pi\varkappa)_{24} : (\pi\varkappa)_{34}$$

$$= (PQ)_{14} : (PQ)_{24} : (PQ)_{34} : (PQ)_{23} : (PQ)_{31} : (PQ)_{12},$$

wo

11*

$$(\pi\varkappa)_{lm} = \pi_l\varkappa_m - \varkappa_m\varkappa_l, \quad (PQ)_{lm} = P_lQ_m - P_mQ_l$$

gesetzt ist.

2) Die Ebene γ, welche durch den Punkt

$$R = \varrho_1 E_1 + \varrho_2 E_2 + \varrho_3 E_3 + \varrho_4 E_4$$

und die Gerade

$$\mathfrak{g} = \mathfrak{g}_{23}\mathfrak{e}_{23} + \mathfrak{g}_{31}\mathfrak{e}_{31} + \mathfrak{g}_{12}\mathfrak{e}_{12} + \mathfrak{g}_{14}\mathfrak{e}_{14} + \mathfrak{g}_{24}\mathfrak{e}_{24} + \mathfrak{g}_{34}\mathfrak{e}_{34}$$

bestimmt ist, hat die Gleichung $\gamma = [R\mathfrak{g}]$. Ihre Koordinaten G_i sind daher

$$G_i = \varrho_k\mathfrak{g}_{lm} + \varrho_l\mathfrak{g}_{mk} + \varrho_m\mathfrak{g}_{kl},$$

wo die Indices i, k, l, m zu derselben Klasse wie die Zahlen 1, 2, 3, 4 gehören.

Ist der Punkt R auf der Geraden $\mathfrak{g}$ gelegen, so ist $[R\mathfrak{g}] = 0$, und man findet die bekannten Bedingungen

$$G_1 = 0, \; G_2 = 0, \; G_3 = 0, \; G_4 = 0.$$

Nun sind aber die vier Ausdrücke G_i nicht unabhängig voneinander. Zwischen ihnen bestehen die identischen Beziehungen

$$[R\gamma] = \varrho_1\gamma_1 + \varrho_2\gamma_2 + \varrho_3\gamma_3 - \varrho_4\gamma_4 = 0,$$
$$[\mathfrak{g}\gamma] = \mathfrak{g}_{41}\gamma_1 - \mathfrak{g}_{42}\gamma_2 + \mathfrak{g}_{43}\gamma_3 - \mathfrak{g}_{44}\gamma_4 = 0,$$

welche zeigen, daß die vier Bedingungsgleichungen $G_i = 0$ nur zweien unter ihnen äquivalent sind.

3) Der Durchstoßpunkt der Geraden $\mathfrak{g} = [AB]$ und der Ebene

$$\varrho = R_1\varepsilon_1 + R_2\varepsilon_2 + R_3\varepsilon_3 + R_4\varepsilon_4$$

sei G, dann läßt er zunächst die Darstellung zu

$$(1 + \mu)\, G = A + \mu B.$$

Anderseits kann er durch $[\varrho\;AB]$ ausgedrückt werden. Wegen $[AB] = [A\;B-A] = [G\;B-A]$ nimmt der regressive Ausdruck die Form an

$$[\varrho\;AB] = [\varrho\;B-A]\, G.$$

Dabei bedeutet $[\varrho\;B-A]$ den sechsfachen Inhalt des Tetraeders, dessen Grundfläche die Ebene ϱ und dessen Höhe die Projektion von $B-A$ auf die Normale der Ebene ist.

Eine andere Darstellung lautet so:

$$G = [\varrho\, \mathfrak{g}] = \gamma_1 E_1 + \gamma_2 E_2 + \gamma_3 E_3 + \gamma_4 E_4,$$

wo

$$\gamma_i = g_{i1} R_1 + g_{i2} R_2 + g_{i3} R_3 + g_{i4} R_4$$

gesetzt ist. Ist die Gerade $\mathfrak{g}$ in der Ebene ϱ gelegen, so ergeben sich die vier Bedingungsgleichungen $\gamma_i = 0$, welche sich wegen der Identitäten

$$[\varrho\, G] = \varrho_1 \gamma_1 + \varrho_2 \gamma_2 + \varrho_3 \gamma_3 + \varrho_4 \gamma_4 = 0,$$
$$[G\, \mathfrak{g}] = g_{lm} \gamma_k + g_{mk} \gamma_l + g_{kl} \gamma_m = 0$$

auf zwei unabhängige Bedingungen reduzieren.

4) Sei R ein Punkt, $\mathfrak{g}$ und $\mathfrak{h}$ zwei beliebige Geraden, dann drückt sich der Durchstoßpunkt M der Ebene $[R\mathfrak{g}]$ mit der Geraden $\mathfrak{h}$ aus in der Form

$$M = [R\mathfrak{g}\, \mathfrak{h}]$$

oder

$$M = E_1 \cdot \sum_i M_{1i} \varrho_i + E_2 \cdot \sum_i M_{2i} \varrho_i + E_3 \cdot \sum_i M_{3i} \varrho_i + E_4 \cdot \sum_i M_{4i} \varrho_i,$$

wo gesetzt ist

$$M_{ii} = g_{ki} \mathfrak{h}_{mi} + g_{lm} \mathfrak{h}_{ki} + g_{mk} \mathfrak{h}_{li}, \quad \left(\begin{matrix} i,k,l,m = 1,2,3,4;\ 2,3,4,1; \\ 3,4,1,2;\ 4,1,2,3 \end{matrix} \right)$$
$$M_{ik} = g_{il} \mathfrak{h}_{im} - g_{lm} \mathfrak{h}_{il}.$$

125. *Eine Tetraederformel von* Kronecker. — In der Nr. 123 sind für $[AP\,BCD]$ zwei verschiedene Ausdrücke aufgestellt worden. Setze ich sie einander gleich, so wird

$$[ABCD]P = [PBCD]A - [PCDA]B + [PDAB]C$$
$$- [PABC]D,$$

und das ist die schon früher, auf anderem Wege gewonnene Schwerpunkts- oder Momentenformel.

Ich will jetzt die Flächen des Vektortetraeders $ABCD$ nennen α, β, γ, δ, seinen Inhalt $\mathfrak{F}$, dann hat man

$$2\alpha = [BCD], \quad 2\beta = -[CDA], \quad 2\gamma = [DAB], \quad 2\delta = -[ABC],$$
$$[ABCD] = 6\mathfrak{F},$$

und jene Formel nimmt die Gestalt an:

$$3\mathfrak{F}P = [P\alpha]A + [P\beta]B + [P\gamma]C + [P\delta]D.$$

Durch Anwendung des Dualitätsprinzips ergibt sich hieraus

$$3\mathfrak{F}'\pi = [\pi A]\alpha + [\pi B]\beta + [\pi C]\gamma + [\pi D]\delta,$$

wo π eine beliebige Ebene und $6\mathfrak{F}' = [\alpha\beta\gamma\delta]$ ist. Um die in bezug auf π konstante Größe $\mathfrak{F}'$ zu bestimmen, lasse ich die Ebene π in die Ebene α fallen, dann wird

$$[\alpha B] = [\alpha C] = [\alpha D] = 0, \quad [\alpha A] = -3\mathfrak{F},$$

und ich erhalte $\mathfrak{F}' = -\mathfrak{F}$, daher

$$3\mathfrak{F}\pi = [A\pi]\alpha + [B\pi]\beta + [C\pi]\gamma + [D\pi]\delta.$$

Durch äußere Multiplikation der beiden Formeln für $\mathfrak{F}P$ und $\mathfrak{F}\pi$ ergibt sich, wegen $[A\alpha] = [B\beta] = [C\gamma] = [D\delta] = 3\mathfrak{F}$, die Relation

$$[P\pi] = \frac{[P\alpha][A\pi]}{[A\alpha]} + \frac{[P\beta][B\pi]}{[B\beta]} + \frac{[P\gamma][C\pi]}{[C\gamma]} + \frac{[P\delta][D\pi]}{[D\delta]},$$

welche in einer nur wenig abweichenden Gestalt bereits von **Kronecker** im 72. Bande des Journals für die reine und angewandte Mathematik S. 160 aufgestellt worden ist. Ersetzt man nämlich die Volumina $[P\pi]$, $[A\pi]$, ..., $[P\alpha]$, ..., $[A\alpha]$, ... durch die proportionalen Längen der von P, A, B, C, D auf die Ebenen $\pi, \alpha, \beta, \gamma, \delta$, gefällten Lote, so ergibt sich genau die **Kronecker**sche Formel.

126. *Verallgemeinerung des Cevasatzes.* — Ich leite zunächst den Cevasatz für die *Ebene* her. Auf den Seiten a_1, a_2, a_3 des Dreiecks $A_1 A_2 A_3$ seien drei beliebige Punkte A_1', A_2', A_3' gegeben, so seien die Längen

$$A_1 A_2' = \lambda_1, \quad A_2 A_3' = \lambda_2, \quad A_3 A_1' = \lambda_3;$$
$$A_1 A_3' = \lambda_1', \quad A_2 A_1' = \lambda_2', \quad A_3 A_2' = \lambda_3'.$$

Dann ist

$$a_1 A_1' = \lambda_3 A_2 + \lambda_2' A_3,$$
$$a_2 A_2' = \lambda_1 A_3 + \lambda_3' A_1,$$
$$a_3 A_3' = \lambda_2 A_1 + \lambda_1' A_2,$$

folglich

$$a_1[A_1 A_1'] = \lambda_3[A_1 A_2] - \lambda_2'[A_3 A_1],$$
$$a_2[A_2 A_2'] = \lambda_1[A_2 A_3] - \lambda_3'[A_1 A_2],$$
$$a_3[A_3 A_3'] = \lambda_2[A_3 A_1] - \lambda_1'[A_2 A_3]$$

und

$$a_1 a_2 a_3[A_1 A_1' \ A_2 A_2' \ A_3 A_3'] = (\lambda_1 \lambda_2 \lambda_3 - \lambda_1' \lambda_2' \lambda_3')[A_1 A_2 A_3]^2.$$

Die linke Seite stellt den Inhalt des von den drei Transversalen $A_1 A_1'$, $A_2 A_2'$, $A_3 A_3'$ gebildeten Dreiecks dar. Derselbe verschwindet, wenn sich die Transversalen in einem Punkte schneiden. Alsdann muß sein

$$\lambda_1 \lambda_2 \lambda_3 = \lambda_1' \lambda_2' \lambda_3',$$

und umgekehrt.

Im allgemeinen schließen die Transversalen ein Dreieck ein, welches $B_1 B_2 B_3$ heißen möge. Es seien die Strecken

$$A_1 A_1' = t_1, \quad A_2 A_2' = t_2, \quad A_3 A_3' = t_3;$$
$$B_2 B_3 = a_1', \quad B_3 B_1 = a_2', \quad B_1 B_2 = a_3'$$

und

$$[A_1 A_2 A_3] = \varDelta, \quad [B_1 B_2 B_3] = \varDelta',$$

so folgt

$$[A_1 A_1'] = \frac{t_1}{a_1'}[B_2 B_3], \quad [A_2 A_2'] = \frac{t_2}{a_2'}[B_3 B_1],$$

$$[A_3 A_3'] = \frac{t_3}{a_3'}[B_1 B_2],$$

daher

$$[A_1 A_1' \ A_2 A_2' \ A_3 A_3'] = \frac{t_1 t_2 t_3}{a_1' a_2' a_3'}[B_1 B_2 B_3]^2.$$

Durch Kombination mit der oben gewonnenen Relation ergibt sich

$$\frac{a_1 a_2 a_3 \cdot t_1 t_2 t_3}{a_1' a_2' a_3'} \frac{\varDelta'^2}{\varDelta^2} = A_2 A_3' \cdot A_1 A_2' \cdot A_3 A_1' - A_3' A_1 \cdot A_2' A_3 \cdot A_1' A_2,$$

und d. i. eine *Verallgemeinerung des Cevasatzes in der Ebene.*

Erweiterung auf den Raum. — Auf den Kanten a_1, a_2, a_3, a_4 des Vierflachs $A_1 A_2 A_3 A_4$ seien vier beliebige Punkte A_1', A_2', A_3', A_4' gegeben, so daß die Längen von

$$A_1 A_1' = \lambda_1, \quad A_2 A_2' = \lambda_2, \quad A_3 A_3' = \lambda_3, \quad A_4 A_4' = \lambda_4,$$
$$A_1' A_2 = \lambda_1', \quad A_2' A_3 = \lambda_2', \quad A_3' A_4 = \lambda_3', \quad A_4' A_1 = \lambda_4'$$

sind. Alsdann ist

$$a_1 A_1' = \lambda_1' A_1 + \lambda_1 A_2,$$
$$a_2 A_2' = \lambda_2' A_2 + \lambda_2 A_3,$$
$$a_3 A_3' = \lambda_3' A_3 + \lambda_3 A_4,$$
$$a_4 A_4' = \lambda_4' A_4 + \lambda_4 A_1,$$

folglich

$$a_1 [A_1' A_3 A_4] = -\lambda_1' \beta + \lambda_1 \alpha,$$
$$a_2 [A_2' A_4 A_1] = \lambda_2' \gamma - \lambda_2 \beta,$$
$$a_3 [A_3' A_1 A_2] = -\lambda_3' \delta + \lambda_3 \gamma,$$
$$a_4 [A_4' A_2 A_3] = \lambda_4' \alpha - \lambda_4 \delta.$$

Linker Hand stehen die Ebenen, welche durch jeden Teilpunkt und seine Gegenseite gelegt sind. Bilde ich das äußere Produkt derselben, so ergibt sich der Inhalt des von ihnen gebildeten Tetraeders, nämlich

$$a_1 a_2 a_3 a_4 [A_1' A_3 A_4 \quad A_2' A_4 A_1 \quad A_3' A_1 A_2 \quad A_4' A_2 A_3]$$
$$= (-\lambda_1' \lambda_2' \lambda_3' \lambda_4' + \lambda_1 \lambda_2 \lambda_3 \lambda_4)[\alpha \beta \gamma \delta].$$

Schneiden sich die vier genannten Ebenen in einem Punkt, so verschwindet der Inhalt jenes Tetraeders, und das ist nur möglich, wenn

$$\lambda_1 \lambda_2 \lambda_3 \lambda_4 = \lambda_1' \lambda_2' \lambda_3' \lambda_4',$$

und umgekehrt. Es ergibt sich so der bekannte Satz: *Nehme ich auf den Kanten des Vierflachs* $A_1 A_2 A_3 A_4$ *vier beliebige Punkte* A_1', A_2', A_3', A_4' *an und lege durch jeden Punkt und seine Gegenkante die Ebene, so gibt die Relation*

$$A_1 A_1' \cdot A_2 A_2' \cdot A_3 A_3' \cdot A_4 A_4' = A_1' A_2 \cdot A_2' A_3 \cdot A_3' A_4 \cdot A_4' A_1$$

die notwendige und hinreichende Bedingung dafür, daß sich die vier Ebenen in einem Punkte schneiden.

127. *Über Tetraeder, die aus zwei beliebigen Tetraedern abgeleitet sind.* — Seien A, B, C, D; A', B', C', D' die Ecken zweier beliebiger Tetraeder, und sei O ein beliebiger Punkt.

Dann führe ich folgende Punkte ein

$$A_1 = [OA\ BCD], \quad A_1' = [OA'\ B'C'D'],$$
$$A_2 = [OB\ CDA], \quad A_2' = [OB'\ C'D'A'],$$
$$A_3 = [OC\ DAB], \quad A_3' = [OC'\ D'A'B'],$$
$$A_4 = [OD\ ABC], \quad A_4' = [OD'\ A'B'C']$$

und

$$[AA'\ A_1 A_1'] = P,$$
$$[BB'\ B_1 B_1'] = Q,$$
$$[CC'\ C_1 C_1'] = R,$$
$$[DD'\ D_1 D_1'] = S,$$

wobei ich von den Gewichten der Punkte absehe, weil sie für den zu beweisenden Satz nicht in Betracht kommen. Nun benutze ich die in Nr. **123** gegebene Formel, um die Punkte A_1, A_3, ..., A_1', A_2', ... in anderer Weise darzustellen. Zugleich bezeichne ich Seitenebenen und Inhalt der Vektortetraeder wie folgt:

$$[BCD] = \alpha, \quad [B'C'D'] = \alpha'$$
$$[CDA] = -\beta, \quad [C'D'A'] = -\beta'$$
$$[DAB] = \gamma, \quad [D'A'B'] = \gamma'$$
$$[ABC] = -\delta, \quad [A'B'C'] = -\delta'$$
$$[ABCD] = \mathfrak{F}, \quad [A'B'C'D'] = \mathfrak{F}'.$$

Alsdann wird

$$*A_1 = [O\alpha]A - \mathfrak{F}\cdot O, \quad *A_1' = [O\alpha']A' - \mathfrak{F}'\cdot O,$$
$$*A_2 = [O\beta]B - \mathfrak{F}\cdot O, \quad *A_2' = [O\beta']B' - \mathfrak{F}'\cdot O,$$
$$*A_3 = [O\gamma]C - \mathfrak{F}\cdot O, \quad *A_3' = [O\gamma']C' - \mathfrak{F}'\cdot O,$$
$$*A_4 = [O\delta]D - \mathfrak{F}\cdot O, \quad *A_4' = [O\delta']D' - \mathfrak{F}'\cdot O.$$

Demnach

$$[A_1 A_1'] = [O\alpha][O\alpha'][AA'] - \mathfrak{F}[O\alpha'][OA'] + \mathfrak{F}'[O\alpha][OA],$$
$$[A_2 A_2'] = [O\beta][O\beta'][BB'] - \mathfrak{F}[O\beta'][OB'] + \mathfrak{F}'[O\beta][OB],$$

. . . .

folglich, da $[OA\ AA'] = [OA'A]A$, $[OA'\ AA'] = [OA'A]A'$,...,

$$*P = \mathfrak{F}'[O\alpha]A - \mathfrak{F}[O\alpha']A' = \quad \mathfrak{F}'\cdot A_1 - \mathfrak{F}\cdot A_1',$$
$$*Q = \mathfrak{F}'[O\beta]B - \mathfrak{F}[O\beta']B' = -\mathfrak{F}'\cdot A_2 + \mathfrak{F}\cdot A_2',$$
$$*R = \mathfrak{F}'[O\gamma]C - \mathfrak{F}[O\gamma']C' = \quad \mathfrak{F}'\cdot A_3 - \mathfrak{F}\cdot A_3',$$
$$*S = \mathfrak{F}'[O\delta]D - \mathfrak{F}[O\delta']D' = -\mathfrak{F}'\cdot A_4 + \mathfrak{F}\cdot A_4'.$$

Hier bezeichnen die linker Hand angebrachten Sterne Faktoren, die mich für den ins Auge gefaßten Satz nicht interessieren.

Addiere ich jetzt die vier untereinander stehenden Gleichungen, so lautet die rechte Seite

$$\mathfrak{F}'\{[O\alpha]A + [O\beta]B + [O\gamma]C + [O\delta]D\}$$
$$- \mathfrak{F}\{[O\alpha']A' + [O\beta']B' + [O\gamma']C' + [O\delta']D'\}.$$

Nun ist

$$[O\alpha]A + [O\beta]B + [O\gamma]C + [O\delta]D = \mathfrak{F}O,$$
$$[O\alpha']A' + [O\beta']B' + [O\gamma']C' + [O\delta']D' = \mathfrak{F}'O,$$

folglich verschwindet die rechte Seite, das heißt, die vier Punkte P, Q, R, S liegen in einer Ebene. Ich erhalte also den Satz: *Verbinde ich die Ecken zweier Tetraeder mit einem beliebig angenommenen Punkt und suche die Durchstoßpunkte dieser Verbindungslinien mit den entsprechenden Gegenflächen, so erhalte ich zwei neue Tetraeder. Jede Verbindungslinie homologer Ecken derselben schneidet die entsprechende der beiden ursprünglichen Tetraeder. Diese vier Schnittpunkte liegen in einer Ebene.*

128. Studys *Satz über die Graßmannschen Doppelverhältnisse zweier Tetraeder.* — Seien $A_1A_2A_3A_4$, $B_1B_2B_3B_4$ zwei beliebige Vektortetraeder, α_1, α_2, α_3, α_4 und β_1, β_2, β_3, β_4 die zugehörigen Seitenebenen, $\mathfrak{A}$ und $\mathfrak{B}$ ihre Inhalte, so daß

$$\alpha_1 = \quad [A_2A_3A_4], \qquad \beta_1 = \quad [B_2B_3B_4],$$
$$\alpha_2 = -[A_3A_4A_1], \qquad \beta_2 = -[B_3B_4B_1],$$
$$\alpha_3 = \quad [A_4A_1A_2], \qquad \beta_3 = \quad [B_4B_1B_2],$$
$$\alpha_4 = -[A_1A_2A_3], \qquad \beta_4 = -[B_1B_2B_3],$$
$$\mathfrak{A} = [A_1A_2A_3A_4], \qquad \mathfrak{B} = [B_1B_2B_3B_4].$$

Ferner seien die Verbindungslinien entsprechender Ecken der beiden Tetraeder

$$\mathfrak{a}_i = [A_i B_i] \qquad (i = 1, 2, 3, 4)$$

und die Schnittlinien entsprechender Ebenen

$$\mathfrak{b}_i = [\alpha_i \beta_i] \qquad (i = 1, 2, 3, 4).$$

Alsdann bilde ich aus je zweien der Geraden $\mathfrak{b}_i$ die äußeren Produkte und finde

$$[\mathfrak{b}_i \mathfrak{b}_k] = [\alpha_i \beta_i \ \alpha_k \beta_k] = -[\alpha_i \alpha_k \ \beta_i \beta_k].$$

Nun ist aber im Hinblick auf Nr. 123

$$[\alpha_i \alpha_k] = -[A_k A_l A_m][A_l A_m A_i] = -[A_k A_l A_m A_i][A_l A_m]$$
$$= (-1)^{i+1} \mathfrak{A}[A_l A_m],$$

und entsprechend folgt

$$[\beta_i \beta_k] = (-1)^{i+1} \mathfrak{B}[B_l B_m] \qquad (i, k, l, m = 1, 2, 3, 4).$$

Demnach

$$[\alpha_i \alpha_k \ \beta_i \beta_k] = \mathfrak{A}\mathfrak{B}[A_l A_m B_l B_m] = -\mathfrak{A}\mathfrak{B}[A_l B_l \ A_m B_m],$$

so daß

$$[\mathfrak{b}_i \mathfrak{b}_k] = \mathfrak{A}\mathfrak{B}[\mathfrak{a}_i \mathfrak{a}_m].$$

Folglich wird

$$[\mathfrak{b}_i \mathfrak{b}_k][\mathfrak{b}_l \mathfrak{b}_m] = \mathfrak{A}^2 \mathfrak{B}^2 [\mathfrak{a}_i \mathfrak{a}_k][\mathfrak{a}_l \mathfrak{a}_m],$$

woraus

$$[\mathfrak{b}_2 \mathfrak{b}_3][\mathfrak{b}_1 \mathfrak{b}_4] : [\mathfrak{b}_3 \mathfrak{b}_1][\mathfrak{b}_2 \mathfrak{b}_4] : [\mathfrak{b}_1 \mathfrak{b}_2][\mathfrak{b}_3 \mathfrak{b}_4]$$
$$= [\mathfrak{a}_2 \mathfrak{a}_3][\mathfrak{a}_1 \mathfrak{a}_4] : [\mathfrak{a}_3 \mathfrak{a}_1][\mathfrak{a}_2 \mathfrak{a}_4] : [\mathfrak{a}_1 \mathfrak{a}_2][\mathfrak{a}_3 \mathfrak{a}_4],$$

d. h. *die Graßmannschen Doppelverhältnisse der Verbindungslinien zugeordneter Ecken zweier Tetraeder sind gleich den* Graßmannschen *Doppelverhältnissen der entsprechenden Schnittlinien ihrer Seitenflächen.*

129. *Die Lage der Zentral- und der Schraubenachse.* — In Nr. 117 habe ich den Satz hergeleitet, daß die *Richtung* der Zentral- bzw. Schraubenachse auf dem kürzesten Abstand zweier konjugierter Kräfte des Kraftkreuzes, bzw. Achsen des Drehkreuzes senkrecht steht. Ich will dieses Resultat vervollständigen, indem ich nunmehr auch die *Lage* der in Rede stehenden Achse bestimme.

Wieder gehe ich aus von der Gleichung

$$[AB] + [CD] = [A'B'] + [C'D'] = \cdots = [E\mathfrak{f}] + \varkappa \,|\, \mathfrak{f}.$$

Ich nehme *irgendeine zu* $\mathfrak{f}$ *senkrechte* Ebene, welche durch den gebundenen Bivektor φ dargestellt werde, und multipliziere mit ihm die Gleichung äußerlich, so erhalte ich

$$[AB\,\varphi]+[CD\,\varphi]=[E\mathfrak{f}\,\varphi], \quad [AB\,\varphi']+[CD\,\varphi']=[E\mathfrak{f}\,\varphi'],$$

usw. Hier stellen die regressiven Produkte Punkte dar, nämlich die Schnittpunkte der Ebenen $\varphi, \varphi', \ldots$ mit den Geraden $[AB], [CD],$ $[A'B'], [C'D'], \ldots$ und $[E\mathfrak{f}]$. Demnach läßt sich immer senkrecht gegen die Achse eine Ebene finden, derart daß ihre Schnittpunkte mit zwei konjugierten Stäben und mit der Achse auf einer und derselben Geraden liegen, d. h. aber nichts anderes als: die Achse $[E\mathfrak{f}]$ schneidet die kürzeste Entfernung zweier konjugierter Stäbe. Statisch bzw. kinematisch gesprochen, heißt dies: die Zentral- bzw. Schraubenachse schneidet die kürzeste Entfernung zweier konjugierter Kräfte des Kraftkreuzes, bzw. Achsen des Drehkreuzes und zwar so, daß sie — wie unter Hinzunahme des früher gewonnenen Ergebnisses beigefügt sei — auf ihr senkrecht steht.

Dieser Satz ist für die Statik zuerst von Schweins (Steiners Lehrer in Heidelberg) im 32. Bande des Crelleschen Journals aufgestellt worden. Schweins nennt die Achse $[E\mathfrak{f}]$ die *Hauptdrehlinie* des Systems; sein Beweis ist später von F. Möbius vereinfacht worden.

130. *Lage des Schnittpunktes der Schraubenachse mit dem kürzesten Abstand zweier konjugierter Achsen.* — Multipliziere die Gleichung

$$[AB] + [CD] = [E'\mathfrak{f}] + \varkappa \,|\, \mathfrak{f}$$

äußerlich das eine Mal mit $[CD]$, das andere Mal mit $[AB]$, so folgt

$$[AB\,CD] = [E'\mathfrak{f}\,CD] + \varkappa\,[|\,\mathfrak{f}\,CD],$$
$$[CD\,AB] = [E'\mathfrak{f}\,AB] + \varkappa\,[|\,\mathfrak{f}\,AB],$$

woraus, da die linken Seiten übereinstimmen:

$$[E'\mathfrak{f}\,AB] - [E'\mathfrak{f}\,CD] = \varkappa\,[|\,\mathfrak{f}\,CD] - \varkappa\,[|\,\mathfrak{f}\,AB].$$

Die kürzesten Abstände der Schraubenachse von den konjugierten Achsen AB, CD seien bzw. r_1, r_2, dann ist unter Beibehaltung der in Nr. 118 gewählten Bezeichnung:

$$[E'\mathfrak{f}\ AB] = d\Theta \cdot d\vartheta_1 \cdot r_1 \sin \varphi_2,$$
$$[E'\mathfrak{f}\ CD] = d\Theta \cdot d\vartheta_2 \cdot r_2 \sin \varphi_1,$$
$$\varkappa[|\mathfrak{f}\ AB] = d\tau \cdot d\vartheta_1 \cdot \cos \varphi_2,$$
$$\varkappa[|\mathfrak{f}\ CD] = d\tau \cdot d\vartheta_2 \cdot \cos \varphi_1,$$

folglich

$$r_1 d\Theta\, d\vartheta_1 \sin \varphi_2 - r_2 d\Theta\, d\vartheta_2 \sin \varphi_1 = d\tau\, d\vartheta_2 \cos \varphi_1 - d\tau\, d\vartheta_1 \cos \varphi_2.$$

Nun ist in Nr. 118 und 116 gefunden

$$\frac{d\vartheta_1}{\sin \varphi_1} = \frac{d\vartheta_2}{\sin \varphi_2} = \frac{d\Theta}{\sin \varphi}, \quad d\tau\, d\Theta = r\, d\vartheta_1\, d\vartheta_2 \sin \varphi,$$

woraus

$$\frac{d\Theta}{d\vartheta_1} \sin \varphi_1 = \frac{d\Theta}{d\vartheta_2} \sin \varphi_2 = \sin \varphi, \quad \frac{d\tau}{d\vartheta_1} = r \sin \varphi_2, \quad \frac{d\tau}{d\vartheta_2} = r \sin \varphi_1;$$

demnach liefert obige Gleichung

$$r_1 \sin \varphi - r_2 \sin \varphi = r \sin \varphi_2 \cos \varphi_1 - r \sin \varphi_1 \cos \varphi_2.$$

Wegen $r_1 + r_2 = r$ und $\varphi_1 + \varphi_2 = \varphi$ wird

$$\frac{r_2 + r_1}{r_2 - r_1} = \frac{\sin (\varphi_1 + \varphi_2)}{\sin (\varphi_1 - \varphi_2)},$$

woraus

$$\frac{r_1}{r_2} = \frac{\cos \varphi_1 \sin \varphi_2}{\sin \varphi_1 \cos \varphi_2} = \frac{tg\, \varphi_2}{tg\, \varphi_1},$$

d. h. die Schraubenachse teilt den kürzesten Abstand der konjugierten Achsen im Verhältnis der Tangenten der Winkel, welche die Schraubenachse mit diesen Achsen bildet.

131. *Die Äquivalenzbedingungen zweier Kraftsysteme am starren Körper.* — Sollen zwei Kraftsysteme $\sum_i A_i B_i$ und $\sum_i A_i' B_i'$, die einen starren Körper angreifen, einander äquivalent sein, so gibt der vektorielle Ansatz $\sum_i A_i B_i = \sum_i A_i' B_i'$ die notwendigen und hinreichenden Bedingungen. Dieselben lassen sich in mannigfache Form kleiden, da der Ansatz noch gelten muß, wenn ich die Gleichung mit einem beliebigen Punkt oder einer beliebigen Ebene oder auch einer beliebigen Geraden äußerlich multipliziere.

Ich will diese verschiedenen Möglichkeiten näher betrachten. Zuerst werde die Gleichung $\sum_i A_i B_i = \sum_i A_i' B_i'$ äußerlich mit einem beliebigen Punkt P multipliziert, so treten die Momentensummen der beiden Kraftsysteme in bezug auf den Punkt P auf.

Sodann multipliziere ich dieselbe Gleichung mit einer beliebigen Ebene π und beachte, daß

$$[A_i B_i\ \pi] = [A_i - B_i\ \pi]\,O$$

ist, wo O den Durchstoßpunkt der Kraft $[A_i B_i]$ mit der Ebene π bezeichnet und $[A_i - B_i\ \pi]$ den sechsfachen Inhalt eines Tetraeders bedeutet, dessen Grundfläche die Ebene π und dessen Höhe die Projektion der Kraft $[A_i B_i]$ auf die Normale der Ebene ist. In dem Ansatz $\sum_i [A_i B_i\ \pi] = \sum_i [A_i' B_i'\ \pi]$ fällt dann die Ebene π als gemeinsamer Faktor heraus, und es bleiben übrig die Summen der Punkte, in denen die Kräfte der beiden Kraftsysteme die Ebene π durchstoßen, jeder multipliziert mit einer Masse, die gleich der Projektion der zugehörigen Kraft auf die Normale der Ebene π ist. Um die Ausdrucksweise zu kürzen, will ich einen Ausdruck einführen, den Herr Carvallo vorgeschlagen hat. Herr Carvallo nennt einen solchen Durchstoßpunkt multipliziert mit seiner Masse *Bildpunkt der betreffenden Kraft auf der Ebene* π, und *Bildpunkt eines Kraftsystems auf derselben Ebene* nennt er den Schwerpunkt der Bildpunkte der einzelnen Kräfte auf π. Hiernach kann ich einfacher so sagen: Wird die Gleichung $\sum_i [A_i B_i] = \sum_i [A_i' B_i']$ äußerlich mit einer Ebene π multipliziert, so treten die Bildpunkte der beiden Kraftsysteme auf der Ebene π auf.

Und wird der vektorielle Ansatz $\sum_i [A_i B_i] = \sum_i [A_i' B_i']$ äußerlich mit einer Geraden $\mathfrak{p}$ multipliziert, so treten die Momentensummen der beiden Kraftsysteme in bezug auf die Gerade $\mathfrak{p}$ auf.

Eine vierte Form der Äquivalenzbedingung ergibt sich, wenn ich die Gleichung $\sum_i [A_i B_i] = \sum_i [A_i' B_i']$ innerlich mit einem Vektor $\mathfrak{s}$ multipliziere, den ich als virtuelle Verrückung deute. Das innere Produkt $[A_i B_i \,|\, s]$ stellt dann die Arbeit dar, welche die Kraft $[A_i B_i]$ leistet, wenn der starre Körper in der Zeiteinheit die Verrückung s erleidet.

Hiernach kann ich die Äquivalenzbedingungen zweier Kraftsysteme in folgende verschiedenen Formen kleiden:

Damit zwei Kraftsysteme, die einen starren Körper angreifen, äquivalent seien, ist notwendig und hinreichend, daß entweder die Momentensumme des einen Systems in bezug auf einen beliebigen Punkt gleich der entsprechenden des anderen Systems ist, oder der Bildpunkt des einen Systems auf einer beliebigen Ebene mit demjenigen des anderen Systems auf derselben Ebene zusammenfällt, oder die Momentensumme des einen Systems in bezug auf eine beliebige Gerade gleich derjenigen des anderen Systems für dieselbe Gerade ist, oder die Arbeit, welche das eine System für jede virtuelle Verrückung des starren Körpers leistet, gleich der entsprechenden Arbeit des anderen Systems ist.

Es verdient noch hervorgehoben zu werden, daß die beiden ersten Formen der Äquivalenzbedingung einander dual entsprechen.

132. *Übungen.* — 1) Die Schraubenachse wird erhalten als der kürzeste Abstand zwischen den kürzesten Abständen der konjugierten Achsen zweier äquivalenter Drehkreuze.

2) Die Summe der Projektionen zweier konjugierter Drehungen auf die Schraubenachse ist konstant und zwar gleich der Rotation des starren Systems.

3) Die Schraubenachse stellt sich dar in der Form

$$X[Ee_1] + Y[Ee_2] + Z[Ee_3]$$
$$+ (L - \varkappa X)\,|\,e_1 + (M - \varkappa Y)\,|\,e_2 + (N - \varkappa Z)\,|\,e_3.$$

4) Das äußere Produkt zweier Schrauben, von Klein und Sommerfeld als *Moment der beiden Schrauben aufeinander*, von Ball als *virtueller Koeffizient* bezeichnet, ist gleich

$$[Ef \ \ E'f'] + (\varkappa + \varkappa')[f\,|\,f'].$$

Vierzehntes Kapitel.

Das Nullsystem.

133. *Zuordnung von Punkt und Ebene im Raum.* — Wie im vorstehenden Kapitel gezeigt, beherrscht die allgemeine Größe zweiter Stufe die Statik und Kinematik des starren Körpers. Dieselbe Größe führt aber auch zu dem von Möbius entdeckten *Nullsystem*, so daß man sagen kann, sie bildet das verknüpfende Band zwischen der Mechanik des starren Körpers und dem zugehörigen Nullsystem. Dies will ich im folgenden darlegen.

1) Einem gegebenen, am starren Körper angreifenden Kraftsystem entsprechen unendlich viele Kraftkreuze. Unter diesen betrachte ich diejenigen, bei denen der eine Arm durch einen beliebigen, von vornherein gegebenen Punkt A im Raume gehen soll. Und es entsteht die Frage: wenn der eine Arm eines Kraftkreuzes um A rotiert, welche Bewegung führt der andere Arm aus?

Die Kraftkreuze seien

$$[AB] + [CD], \quad [AB'] + [C'D'], \quad [AB''] + [C''D''], \ldots$$

Da sie einem und demselben Kraftsystem gleichwertig sein sollen, muß sein

$$[AB] + [CD] = [AB'] + [C'D'] = [AB''] + [C''D''] = \cdots$$

Ich multipliziere diese Gleichungen äußerlich mit dem gegebenen Punkt A, so folgt

$$[ACD] = [AC'D'] = [AC''D''] = \cdots$$

und diese Vektorgleichungen sagen aus: Erstens, die Kraftarme $[CD]$, $[C'D']$, $[C''D'']$, ... gehören einer und derselben Ebene an; zweitens, diese Ebene enthält den Punkt A in sich; und drittens, die von A mit jenen Kraftarmen eingeschlossenen Dreiecke sind inhaltsgleich.

Demnach: *Dreht sich eine Gerade eines Kraftkreuzes um einen beliebig vorgeschriebenen Punkt A, so bewegt sich die konjugierte Gerade in einer dem Punkte A zugeordneten und ihn enthaltenden Ebene α derart, daß das Dreieck mit A als Ecke und dem zweiten Kraftarm als Gegenseite einen konstanten Inhalt besitzt.*

Ich nehme jetzt den dualen Fall. Ich gebe von vornherein die Ebene α, betrachte alle die Kraftkreuze, wo der eine Arm in dieser Ebene liegt, und frage nach der Bewegung, die dann der andere Arm ausführt.

Die Antwort erhalte ich, wenn ich die Gleichungen

$$[AB] + [CD] = [A'B'] + [C'D'] = [A''B''] + [C''D''] = \cdots$$

äußerlich mit α multipliziere, dann wird

$$[AB\ α] + [CD\ α] = [A'B'\ α] + [C'D'\ α]$$
$$= [A''B''\ α] + [C''D''\ α] = \cdots$$

Nun sollen die Geraden $[CD]$, $[C'D']$, $[C''D'']$, ... der Ebene α angehören, die vektorielle Bedingung dafür lautet $[CD\ α] = 0$, $[C'D'\ α] = 0$, $[C''D''\ α] = 0$, ... Demnach ergibt sich

$$[AB\ α] = [A'B'\ α] = [A''B''\ α] = \cdots,$$

d. h. die Ebene α wird von den Geraden $[AB]$, $[A'B']$, $[A''B'']$, ... in demselben Punkte getroffen.

Demnach: *Bewegt sich eine Gerade eines Systems in einer beliebig vorgeschriebenen Ebene α, so dreht sich die konjugierte Gerade um einen der Ebene α zugeordneten und in ihr liegenden Punkt A derart, daß ihre Projektion auf die Normale der Ebene α konstant bleibt.*

134. *Nullpunkt, Nullinie, Nullebene.* — Ich betrachte nunmehr eine Gerade, die den Punkt A mit einem beliebigen Punkt der Ebene α verbindet, etwa mit C, und multipliziere die Gleichungen

$$[AB] + [CD] = [A'B'] + [C'D'] = [A''B''] + [C''D''] = \cdots$$

äußerlich mit $[AC]$, so ist wegen

$$[AB\ AC] = 0, \quad [CD\ AC] = 0$$

ebenfalls

$$[A'B'\ AC] + [C'D'\ AC]$$
$$= [A''B''\ AC] + [C''D''\ AC] = \cdots = 0,$$

d. h. das Moment des Kraftsystems in bezug auf die Achse [AC] verschwindet. Da nun dieselbe Betrachtung gilt, wenn ich statt AC die Geraden [AD], [AC'], [AD'], [AC''], [AD''], ... nehme, so kann ich sagen: Das Moment des Kräftesystems verschwindet für jede von A ausgehende Gerade der Ebene α.

Möbius nennt deshalb diese Geraden *Nullinien*, den Punkt A *Nullpunkt* und die Ebene α *Nullebene*. Jedem Punkt ist hiernach eine durch ihn gehende Nullebene zugeordnet und zu jeder Ebene gehört ein in ihr liegender Nullpunkt. Die beiden zusammengehörigen Wirkungslinien eines Kraftkreuzes nennt man *konjugierte Geraden*, die Geraden g *Durchmesser* und die Gerade [Ef] die *Hauptachse des Nullsystems*.

Eine andere Eigenschaft des Nullsystems ergibt sich ohne weiteres, wenn ich die Gleichungen

$$[AB] + [CD] = [AB'] + [C'D'],$$
$$[AB'] + [C'D'] = [AB''] + [C''D''], \text{ usw.}$$

in der Form schreibe:

$$[A\ B - B'] = [C'D'] - [CD],$$
$$[A\ B' - B''] = [C''D''] - [C'D'],$$
$$\cdots \quad \cdots$$

d. h. die freien Vektoren $B - B'$, $B' - B''$, ... sind parallel der Ebene, welcher die gebundenen Vektoren [CD], [$C'D'$], [$C''D''$], ... angehören. Demnach, *bewegt sich eine Gerade eines Systems in der Nullebene α, so dreht sich die konjugierte Gerade um den Nullpunkt A derart, daß ihr Endpunkt eine zu α parallele Ebene beschreibt. Die Verrückung dieses Endpunktes läßt sich, nach Größe, Richtung und Sinn, aus den zugehörigen Lagen der ersten Geraden nach den Regeln der Vektoraddition finden.*

135. *Den Nullpunkt einer gegebenen Ebene zu konstruieren, und die duale Aufgabe.* — Um das Nullsystem, welches die Bewegung eines starren Körpers charakterisiert, vollständig zu beherrschen, bedarf es noch der Lösung zweier Aufgaben, einmal den Nullpunkt einer gegebenen Ebene, und umgekehrt die Nullebene zu einem gegebenen Punkt zu bestimmen.

Sei φ eine beliebige Ebene, dargestellt durch einen gebundenen Bivektor, so multipliziere ich die Gleichungen

$$[AB] + [CD] = [A'B'] + [C'D'] = \cdots$$

äußerlich mit φ und erhalte

$$[AB\ \varphi] + [CD\ \varphi] = [A'B'\ \varphi] + [C'D'\ \varphi] = \cdots$$

Die äußeren Produkte stellen Punkte dar, nämlich die Schnittpunkte der Ebene φ mit den Geraden des Systems. Die Summe je zweier solcher Vektorprodukte stellt wieder einen Punkt dar, und dieser Punkt ist, wie die Gleichung lehrt, für die verschiedenen Kraftkreuze identisch. Demnach, *schneide ich die Kraftkreuze eines und desselben Systems durch eine beliebige Ebene und verbinde die Schnittpunkte je zweier konjugierter Geraden miteinander, so schneiden sich alle diese Verbindungslinien in einem Punkt. Und dieser Punkt ist der Nullpunkt der Ebene* φ, denn die genannten Verbindungslinien sind lauter Nullinien. In der Tat, ich kann die Verbindungslinien darstellen in der Form

$$[AB\ \varphi\ CD\ \varphi],\ [A'B'\ \varphi\ C'D'\ \varphi],\ \ldots,$$

und das Moment des gegebenen Systems in bezug auf jede dieser Linien verschwindet.

Ich will noch den Nullpunkt der Ebene φ explizite darstellen. Dazu benutze ich die in Nr. **100** aufgestellte Formel, wonach

$$[AB\ \varphi] = [A\varphi]B - [B\varphi]A,$$

so daß der Nullpunkt gleich

$$[A\varphi]B - [B\varphi]A + [C\varphi]D - [D\varphi]C$$
$$= [A'\varphi]B' - [B'\varphi]A' + [C'\varphi]D' - [D'\varphi]C' = \cdots$$

wird.

Ich suche jetzt umgekehrt zu einem beliebigen Punkt P die Nullebene, dann multipliziere ich die Gleichungen

$$[AB] + [CD] = [A'B'] + [C'D'] = \cdots$$

äußerlich mit P und finde

$$[ABP] + [CDP] = [A'B'P] + [C'D'P] = \cdots$$

Hier stellen die äußeren Produkte Ebenen dar, die Summe je zweier solcher Produkte gibt wieder eine Ebene, und diese Ebene ist für die einem System äquivalenten Kraftkreuze konstant. Demnach, *lege ich durch je zwei konjugierte Geraden und einen beliebigen Punkt je zwei Ebenen, so liegen die Spuren dieser Ebenenpaare in einer und derselben Ebene. Und diese Ebene ist die Nullebene des Punktes P*, denn die genannten Spuren sind lauter Nullinien.

136. *Zusammenhang des Nullsystems mit dem linearen Komplex.* — Zum Schluß dieser Betrachtung über das Nullsystem will ich noch mit einem Wort darauf hinweisen, wie die Nullinien zu den Grundbegriffen der Liniengeometrie hinführen. Nämlich, wie oben gesagt, heißt Nullinie jede Gerade, für welche das Moment der Liniensumme Σa_ϱ verschwindet. Demnach muß die Nullinie

$$\mathfrak{n} = \mathfrak{X}[Ee_1] + \mathfrak{Y}[Ee_2] + \mathfrak{Z}[Ee_3] + \mathfrak{L}[e_2 e_3] + \mathfrak{M}[e_3 e_1] + \mathfrak{N}[e_1 e_2]$$

der Bedingungsgleichung

$$[\mathfrak{n} \quad \Sigma a_\varrho] = 0$$

oder

$$L\mathfrak{X} + M\mathfrak{Y} + N\mathfrak{Z} + X\mathfrak{L} + Y\mathfrak{M} + Z\mathfrak{N} = 0$$

genügen, d. h. die Nullinien bilden einen linearen Komplex. Und so zeigt sich, wie der erst von Plücker zur Entwickelung gebrachte Komplexbegriff bereits in dem von Graßmann geschaffenen Begriff der Liniensumme implizite enthalten war.

Denjenigen, welche die Ableitung der Liniengeometrie aus den Graßmannschen Prinzipien weiter verfolgen wollen, sei die Abhandlung von Herrn E. Müller im zweiten Bande der Monatshefte für Math. u. Ph. (1891) empfohlen.

Fünfzehntes Kapitel.

Tetraederkonfigurationen.

137. *Die Möbiusschen Tetraeder.* — Ein einfaches Beispiel eines Nullsystems bieten zwei Tetraeder, die einander gleichzeitig ein- und umgeschrieben sind. Daß solche Tetraeder möglich und wie sie zu konstruieren sind, hat zuerst F. Möbius aufgedeckt. Die beiden Tetraeder seien $ABCD$ und $A_1B_1C_1D_1$ mit den Seitenflächen α, β, γ, δ, bzw. α_1, β_1, γ_1, δ_1, dann ist

$$2\alpha = [BCD], \quad 2\beta = -[CDA], \quad 2\gamma = [DAB],$$
$$2\delta = -[ABC],$$
$$2\alpha_1 = [B_1C_1D_1], \quad 2\beta_1 = -[C_1D_1A_1], \quad 2\gamma_1 = [D_1A_1B_1],$$
$$2\delta_1 = -[A_1B_1C_1].$$

Die Ecken A, B, C, D sollen bzw. in den Seitenflächen α_1, β_1, γ_1, δ_1 liegen, daher

$$[A\alpha_1] = 0, \quad [B\beta_1] = 0, \quad [C\gamma_1] = 0, \quad [D\delta_1] = 0,$$

und umgekehrt sollen die Ecken A_1, B_1, C_1, D_1 in den Seitenflächen α, β, γ, δ liegen, also

$$[A_1\alpha] = 0, \quad [B_1\beta] = 0, \quad [C_1\gamma] = 0, \quad [D_1\delta] = 0.$$

Es läßt sich also zunächst der Punkt A_1, welcher mit den Punkten B, C, D in einer Ebene liegen soll, linear durch diese darstellen; und Entsprechendes gilt von den anderen Punkten. Auf diese Weise ergibt sich die Darstellung

$$\omega_1 A_1 = \quad \cdot \quad + \lambda_{12}B + \lambda_{13}C + \lambda_{14}D,$$
$$\omega_2 B_1 = \lambda_{21}A + \quad \cdot \quad + \lambda_{23}C + \lambda_{24}D,$$
$$\omega_3 C_1 = \lambda_{31}A + \lambda_{32}B + \quad \cdot \quad + \lambda_{34}D,$$
$$\omega_4 D_1 = \lambda_{41}A + \lambda_{42}B + \lambda_{43}C + \quad \cdot \quad ,$$

wo die Faktoren ω_1, ω_2, ... linker Hand gleich den entsprechenden Koeffizientensummen rechter Hand sind.

Indem ich nunmehr den Punkt A zwinge mit den Punkten B_1, C_1, D_1 komplanar zu liegen, also das äußere Produkt $[AB_1C_1D_1]$ oder $[A\,\alpha_1] = 0$ setze und entsprechend $[B\beta_1] = 0, \ldots$, erhalte ich zwischen den Koeffizienten $\lambda_{r\,s}$ die Bedingungen

$$\lambda_{r\,s} + \lambda_{s\,r} = 0.$$

Demnach, *wählt man das eine der beiden* Möbius*schen Tetraeder zum Bezugstetraeder, so stellen sich die Koordinaten der Ecken des anderen durch die Elemente einer schiefsymmetrischen Determinante dar.*

Hieraus berechnen sich die Seitenflächen des Vektortetraeders

$$\omega_2\omega_3\omega_4 \cdot \alpha_1 = \vartheta\{ \quad \cdot \quad + \lambda_{43}\beta + \lambda_{24}\gamma + \lambda_{32}\delta\},$$
$$\omega_3\omega_4\omega_1 \cdot \beta_1 = \vartheta\{\lambda_{34}\alpha + \quad \cdot \quad + \lambda_{41}\gamma + \lambda_{13}\delta\},$$
$$\omega_4\omega_1\omega_2 \cdot \gamma_1 = \vartheta\{\lambda_{43}\alpha + \lambda_{14}\beta + \quad \cdot \quad + \lambda_{21}\delta\},$$
$$\omega_1\omega_2\omega_3 \cdot \delta_1 = \vartheta\{\lambda_{23}\alpha + \lambda_{31}\beta + \lambda_{12}\gamma + \quad \cdot \quad \},$$

wo

$$\vartheta = \lambda_{23}\lambda_{41} + \lambda_{31}\lambda_{42} + \lambda_{12}\lambda_{43}.$$

Und umgekehrt lassen sich die Ecken und Flächen des Tetraeders $ABCD$ durch die Ecken und Flächen von $A_1B_1C_1D_1$ durchaus analog ausdrücken.

Aus dieser analytischen Darstellung der Möbiusschen Tetraeder fließt unmittelbar eine einfache Lagenbeziehung derselben. Dazu bilde ich die Gleichungen der Kanten des Vektortetraeders $A_1B_1C_1D_1$. Ich finde

$$\omega_1\omega_2[A_1B_1] = -\lambda_{12}\lambda_{21}[AB] - \lambda_{13}\lambda_{21}[AC] - \lambda_{14}\lambda_{21}[AD]$$
$$+ \lambda_{12}\lambda_{23}[BC] + \lambda_{12}\lambda_{24}[BD] + (\lambda_{13}\lambda_{24} - \lambda_{14}\lambda_{23})[CD],$$
$$\omega_3\omega_4[C_1D_1] = (\lambda_{31}\lambda_{43} - \lambda_{41}\lambda_{32})[AB] + \lambda_{31}\lambda_{43}[AC] + \lambda_{32}\lambda_{43}[BC]$$
$$- \lambda_{34}\lambda_{41}[AD] - \lambda_{34}\lambda_{42}[BD] - \lambda_{34}\lambda_{43}[CD],$$

folglich

$$\lambda_{34}\omega_1\omega_2[A_1B_1] - \lambda_{12}\omega_3\omega_4[C_1D_1] = \vartheta\lambda_{12}[AB] - \vartheta\lambda_{34}[CD];$$

und entsprechende Relationen bestehen zwischen den übrigen Paaren von Gegenkanten. Wenn aber zwischen vier gebundenen Vektoren eine lineare Beziehung besteht, so gehören (nach

Nr. 93) dieselben einem und demselben System von Erzeugenden eines einschaligen Hyperboloids an. Daher der Satz:
Je zwei einander entsprechende Gegenkantenpaare zweier Möbiusschen *Tetraeder bestimmen ein System von Erzeugenden je dreier*
einschaliger Hyperboloide.

Nehme ich jetzt noch die beiden Tetraeder $A_2 B_2 C_2 D_2$ und
$A_3 B_3 C_3 D_3$ hinzu, deren jedes dem Tetraeder $ABCD$ gleichzeitig ein- und umbeschrieben ist, so habe ich es im ganzen
mit vier Möbiusschen Tetraedern zu tun. Es läßt sich nun
stets erreichen, daß jedes von ihnen jedem anderen gleichzeitig
ein- und umbeschrieben ist. Die sechzehn Punkte A_i, B_i, C_i, D_i
($i = 0, 1, 2, 3$) bilden alsdann, was man nennt, eine Kummersche
Konfiguration. Ihre Abhängigkeit läßt sich, wie folgt, zur
Darstellung bringen:

$$\omega_{1i} \cdot A_i = \quad \cdot \quad + \lambda_{12}^{(i)} B + \lambda_{13}^{(i)} C + \lambda_{14}^{(i)} D,$$

$$\omega_{2i} \cdot B_i = \lambda_{21}^{(i)} A + \quad \cdot \quad + \lambda_{23}^{(i)} C + \lambda_{24}^{(i)} D,$$

$$\omega_{3i} \cdot C_i = \lambda_{31}^{(i)} A + \lambda_{32}^{(i)} B + \quad \cdot \quad + \lambda_{34}^{(i)} D, \qquad \lambda_{rs}^{(i)} + \lambda_{sr}^{(i)} = 0 \quad (i = 1, 2, 3),$$

$$\omega_{4i} \cdot D_i = \lambda_{41}^{(i)} A + \lambda_{42}^{(i)} B + \lambda_{43}^{(i)} C + \quad \cdot \quad ;$$

$$\omega_{2i} \omega_{3i} \omega_{4i} \cdot \alpha_i = \vartheta^{(i)} \{ \quad \cdot \quad + \lambda_{43}^{(i)} \beta + \lambda_{24}^{(i)} \gamma + \lambda_{32}^{(i)} \delta \},$$

$$\omega_{3i} \omega_{4i} \omega_{1i} \cdot \beta_i = \vartheta^{(i)} \{ \lambda_{34}^{(i)} \alpha + \quad \cdot \quad + \lambda_{41}^{(i)} \gamma + \lambda_{13}^{(i)} \delta \},$$

$$\omega_{4i} \omega_{1i} \omega_{2i} \cdot \gamma_i = \vartheta^{(i)} \{ \lambda_{42}^{(i)} \alpha + \lambda_{14}^{(i)} \beta + \quad \cdot \quad + \lambda_{21}^{(i)} \delta \},$$

$$\omega_{1i} \omega_{2i} \omega_{3i} \cdot \delta_i = \vartheta^{(i)} \{ \lambda_{23}^{(i)} \alpha + \lambda_{31}^{(i)} \beta + \lambda_{12}^{(i)} \gamma + \quad \cdot \quad \},$$

$$\vartheta^{(i)} = \lambda_{23}^{(i)} \lambda_{41}^{(i)} + \lambda_{31}^{(i)} \lambda_{42}^{(i)} + \lambda_{12}^{(i)} \lambda_{43}^{(i)}.$$

Soll jedes der vier Tetraeder in bezug auf jedes andere
ein Möbiussches sein, so haben die Koeffizienten $\lambda_{rs}^{(i)}$ noch
gewissen Bedingungsgleichungen zu genügen. Nämlich, es
muß sein   ·

$$[A_i \alpha_i] = [B_i \beta_i] = [C_i \gamma_i] = [D_i \delta_i] = \text{const}$$

$$[A_i \alpha_k] = [B_i \beta_k] = [C_i \gamma_k] = [D_i \delta_k] = 0 \; (i \gtrless k) \qquad (i, k = 0, 1, 2, 3).$$

Wandle ich diese Vektorbeziehungen in skalare Gleichungen um, so ergibt sich

$$\lambda_{23}^{(i)}\lambda_{41}^{(i)} + \lambda_{31}^{(i)}\lambda_{42}^{(i)} + \lambda_{12}^{(i)}\lambda_{43}^{(i)} = \text{const},$$
$$\lambda_{23}^{(i)}\lambda_{41}^{(k)} + \lambda_{31}^{(i)}\lambda_{42}^{(k)} + \lambda_{12}^{(i)}\lambda_{43}^{(k)} = 0, \qquad (i,k=1,2,3)$$

138. *Vierfach hyperboloide Tetraeder.* — Ich will jetzt zwei Tetraeder betrachten $A_1 A_2 A_3 A_4$, $B_1 B_2 B_3 B_4$ so gelegen, daß die Verbindungslinien entsprechender Ecken zur selben Schar von Erzeugenden eines Hyperboloids gehören. Als entsprechende Ecken wähle ich die vier Gruppen

$$A_1 A_2 A_3 A_4 \qquad A_1 A_2 A_3 A_4 \qquad A_1 A_2 A_3 A_4 \qquad A_1 A_2 A_3 A_4$$
$$B_1 B_2 B_3 B_4, \qquad B_2 B_1 B_4 B_3, \qquad B_3 B_4 B_1 B_2, \qquad B_4 B_3 B_2 B_1.$$

Das erste Tetraeder sei das Bezugstetraeder, dann lassen sich die Ecken des zweiten zunächst darstellen in der Form

$$\alpha_i B_i = \alpha_{i1} A_1 + \alpha_{i2} A_2 + \alpha_{i3} A_3 + \alpha_{i4} A_4,$$
$$\alpha_i = \alpha_{i1} + \alpha_{i2} + \alpha_{i3} + \alpha_{i4} \qquad (i=1,2,3,4).$$

Sollen die Verbindungslinien entsprechender Ecken der ersten Gruppe zu derselben Regelschar eines Hyperboloids gehören, so muß eine lineare Beziehung der Form

$$m_1 [A_1 B_1] + m_2 [A_2 B_2] + m_3 [A_3 B_3] + m_4 [A_4 B_4] = 0$$

bestehen. Dieselbe führt zu der bereits von Herrn O. Hermes aufgestellten Bedingung $\alpha_{ik} = \alpha_{ki}$. Nehme ich jetzt die Verbindungslinien entsprechender Ecken der anderen drei Gruppen hinzu, so erhalte ich nach einigen Rechnungen, die ich an dieser Stelle übergehe, folgende Darstellung für zwei *vierfach hyperboloid* gelegene Tetraeder:

$$*B_1 = \quad\ \alpha_1 A_1 + \quad\ \alpha_2 A_2 + \quad\ \alpha_3 A_3 + \alpha_4 A_4,$$
$$*B_2 = r_2\, \alpha_2 A_1 + r_1\, \alpha_1 A_2 + r_3'\, \alpha_4 A_3 + \alpha_3 A_4,$$
$$*B_3 = r_3\, \alpha_3 A_1 + r_2'\, \alpha_4 A_2 + r_1\, \alpha_1 A_3 + \alpha_2 A_4,$$
$$*B_4 = r_1'\, \alpha_4 A_1 + r_3\, \alpha_3 A_2 + r_2\, \alpha_2 A_3 + \alpha_1 A_4,$$

wo

$$r_1' = r_2 r_3, \quad r_2' = r_3 r_1, \quad r_3' = r_1 r_2$$

gesetzt ist.

Die linker Hand angebrachten Sterne sollen wieder die Koeffizientensummen der rechten Seite andeuten. Die Koeffizienten hängen, wie man sieht, von sechs Parametern ab. Werden eine bzw. zwei der Ecken B_i gegeben, so existieren ∞^3 bzw. ∞^1 Tetraeder, die zum Bezugstetraeder vierfach hyperboloid gelegen sind.

Einen speziellen Fall der vierfach hyperboloiden Tetraeder bilden die vierfach perspektiven oder *desmischen* Tetraeder, deren Darstellung aus der obigen hervorgeht, wenn $\alpha_1 = \alpha_2 = \alpha_3 = \alpha_4$ und $r_1 = -1$, $r_2 = 1$, $r_3 = -1$; also $r_1' = -1$, $r_2' = 1$, $r_3' = -1$ gewählt wird.

Noch einen Spezialfall will ich hervorheben, das ist der Fall $r_1 = r_2 = r_3 = 1$, also $r_1' = r_2' = r_3' = 1$. Alsdann ergeben sich vierfach hyperboloide Tetraeder von folgendem einfachen Typ:

$$\alpha B_1 = \alpha_1 A_1 + \alpha_2 A_2 + \alpha_3 A_3 + \alpha_4 A_4,$$
$$\alpha B_2 = \alpha_2 A_1 + \alpha_1 A_2 + \alpha_4 A_3 + \alpha_3 A_4,$$
$$\alpha B_3 = \alpha_3 A_1 + \alpha_4 A_2 + \alpha_1 A_3 + \alpha_2 A_4,$$
$$\alpha B_4 = \alpha_4 A_1 + \alpha_3 A_2 + \alpha_2 A_3 + \alpha_1 A_4,$$
$$\alpha = \alpha_1 + \alpha_2 + \alpha_3 + \alpha_4.$$

Diese beiden Tetraeder sind isobar, weil $\Sigma B_i = \Sigma A_i$. Ferner gilt von ihnen: Liegen zwei Tetraeder zu einem dritten vierfach hyperboloid, so liegen sie auch untereinander vierfach hyperboloid. Bezeichne ich endlich den Inhalt des von den Gegenkanten $B_i A_k$, $B_r A_s$ gebildeten Tetraeders mit

$$T_{ik}^{rs} = [B_i A_k \quad B_r A_s],$$

so hat dieser Typ die Eigenschaft, daß folgende sechzehn Tetraeder gleichen Inhalt haben:

$$T_{11}^{22} = T_{33}^{44} = -T_{12}^{21} = -T_{34}^{43} = (\alpha_3^2 - \alpha_4^2)[A_1 A_2 A_3 A_4],$$
$$T_{22}^{33} = T_{44}^{11} = -T_{23}^{32} = -T_{41}^{14} = (\alpha_2^2 - \alpha_3^2)[A_1 A_2 A_3 A_4],$$
$$T_{14}^{23} = T_{41}^{32} = -T_{24}^{13} = -T_{42}^{31} = (\alpha_1^2 - \alpha_2^2)[A_1 A_2 A_3 A_4],$$
$$T_{34}^{21} = T_{43}^{12} = -T_{24}^{31} = -T_{42}^{13} = (\alpha_4^2 - \alpha_1^2)[A_1 A_2 A_3 A_4],$$

und daß die weitere Relation besteht:

$$T_{11}^{22} + T_{22}^{33} + T_{14}^{22} + T_{34}^{21} = 0.$$

Dieser (in der Literatur mehrfach behandelte) Typ vierfach hyperboloider Tetraeder beansprucht ein besonderes Interesse noch dadurch, daß er zusammen mit den Möbiusschen Tetraedern in enger Beziehung zu der Theorie der Thetafunktionen von zwei Argumenten steht, wie ich in der nächsten Nummer kurz darlegen will.

139. *Zusammenhang der* Möbius*schen und der vierfach hyperboloiden Tetraeder mit den hyperelliptischen Thetafunktionen.* — Ich betrachte 16 Punkte A_i, B_i, C_i, D_i $(i = 1, 2, 3, 4)$, die sich durch die Ecken des Bezugstetraeders E_1, E_2, E_3, E_4 wie folgt darstellen lassen:

$$\begin{aligned}
*A_1 &= \alpha_1 E_1 - \alpha_2 E_2 - \alpha_3 E_3 + \alpha_4 E_4,\\
*A_2 &= -\alpha_2 E_1 - \alpha_1 E_2 + \alpha_4 E_3 + \alpha_3 E_4,\\
*A_3 &= \alpha_3 E_1 + \alpha_4 E_2 + \alpha_1 E_3 + \alpha_2 E_4,\\
*A_4 &= \alpha_4 E_1 - \alpha_3 E_2 + \alpha_2 E_3 - \alpha_1 E_4;\\
*B_1 &= \alpha_2 E_1 + \alpha_1 E_2 + \alpha_4 E_3 + \alpha_3 E_4,\\
*B_2 &= \alpha_1 E_1 - \alpha_2 E_2 + \alpha_3 E_3 - \alpha_4 E_4,\\
*B_3 &= -\alpha_4 E_1 + \alpha_3 E_2 + \alpha_2 E_3 - \alpha_1 E_4,\\
*B_4 &= \alpha_3 E_1 + \alpha_4 E_2 - \alpha_1 E_3 - \alpha_2 E_4;\\
*C_1 &= -\alpha_3 E_1 + \alpha_4 E_2 - \alpha_1 E_3 + \alpha_2 E_4,\\
*C_2 &= \alpha_4 E_1 + \alpha_3 E_2 + \alpha_2 E_3 + \alpha_1 E_4,\\
*C_3 &= \alpha_1 E_1 + \alpha_2 E_2 - \alpha_3 E_3 - \alpha_4 E_4,\\
*C_4 &= \alpha_2 E_1 - \alpha_1 E_2 - \alpha_4 E_3 + \alpha_3 E_4;\\
*D_1 &= -\alpha_4 E_1 - \alpha_3 E_2 + \alpha_2 E_3 + \alpha_1 E_4,\\
*D_2 &= -\alpha_3 E_1 + \alpha_4 E_2 + \alpha_1 E_3 - \alpha_2 E_4,\\
*D_3 &= -\alpha_2 E_1 + \alpha_1 E_2 - \alpha_4 E_3 + \alpha_3 E_4,\\
*D_4 &= \alpha_1 E_1 + \alpha_2 E_2 + \alpha_3 E_3 + \alpha_4 E_4,
\end{aligned}$$

wobei ich auf der linken Seite die mich im folgenden nicht weiter interessierenden Gewichtssummen durch Sterne angedeutet habe. Es interessiert uns an dieser Stelle auch nicht, daß die sechzehn Punkte in der Anordnung $A_1 B_2 C_3 D_4$, $A_2 B_1 C_4 D_3$, $A_3 B_4 C_1 D_2$, $A_4 B_3 C_2 D_1$ die Ecken von vier Tetraedern bilden, die zum Bezugstetraeder $E_1 E_2 E_3 E_4$ *desmisch* liegen. Von Bedeutung für die gegenwärtige Betrachtung ist es, daß die vier Tetraeder

$$A_1 B_3 C_4 D_2,$$
$$A_2 B_4 C_3 D_1,$$
$$A_3 B_1 C_2 D_4,$$
$$A_4 B_2 C_1 D_3$$

zum Bezugstetraeder vierfach hyperboloid gelegen sind. Und auch die Konfiguration, welche durch die Möbiusschen Tetraeder definiert ist, kommt unter den sechzehn Punkten vor. Nämlich, die Tetraeder:

$$A_1 B_1 C_1 D_1,$$
$$A_2 B_2 C_2 D_2,$$
$$A_3 B_3 C_3 D_3$$

sind dem Tetraeder $A_4 B_4 C_4 D_4$ gleichzeitig ein- und umgeschrieben. Dies erkennt man, wenn man folgende Beziehungen berücksichtigt (vgl. Caspary, Ann. de l'Ec. Normale (3) **10**, 282):

$$A_h = - \alpha_{3h} B_4 + \alpha_{2h} C_4 + \alpha_{1h} D_4,$$
$$B_h = - \alpha_{1h} C_4 + \alpha_{3h} A_4 + \alpha_{2h} D_4,$$
$$C_h = - \alpha_{2h} A_4 + \alpha_{1h} B_4 + \alpha_{3h} D_4,$$
$$D_h = - \alpha_{1h} A_4 - \alpha_{2h} B_4 - \alpha_{3h} C_4,$$

$$(h = 1, 2, 3)$$

wo die α_{mn} einem orthogonalen Neunersystem angehören:

$$\alpha \alpha_{11} = \alpha_1^2 - \alpha_2^2 - \alpha_3^2 + \alpha_4^2, \quad \alpha \alpha_{12} = 2(\alpha_1 \alpha_2 + \alpha_3 \alpha_4),$$
$$\alpha \alpha_{13} = 2(\alpha_2 \alpha_4 + \alpha_1 \alpha_3),$$
$$\alpha \alpha_{21} = 2(\alpha_1 \alpha_2 + \alpha_3 \alpha_4), \quad \alpha \alpha_{22} = \alpha_1^2 - \alpha_2^2 + \alpha_3^2 - \alpha_4^2,$$
$$\alpha \alpha_{23} = 2(\alpha_2 \alpha_3 - \alpha_1 \alpha_4),$$
$$\alpha \alpha_{31} = 2(\alpha_2 \alpha_4 - \alpha_1 \alpha_3), \quad \alpha \alpha_{32} = 2(\alpha_2 \alpha_3 + \alpha_1 \alpha_4),$$
$$\alpha \alpha_{33} = \alpha_1^2 + \alpha_2^2 - \alpha_3^2 - \alpha_4^2,$$
$$\alpha = \alpha_1^2 + \alpha_2^2 + \alpha_3^2 + \alpha_4^2.$$

Dies vorausgesetzt erinnere ich nunmehr daran, daß die Theorie der hyperelliptischen Thetas auf *sechzehn* Thetafunktionen zurückgeführt werden kann, ähnlich wie Jacobi die elliptischen Funktionen zu *vier* Thetas zusammengezogen hat. Nun lassen sich die Thetaquadrate von zwei Argumenten stets linear durch passend gewählte drei oder vier unter ihnen ausdrücken, durch drei, das sind die Rosenhainschen, durch vier, das sind die Göpelschen Relationen. Dies bringt auf den Gedanken, die sechzehn hyperelliptischen Thetaquadrate durch Punkte im Raum darzustellen, da doch jeder Punkt im Raum linear durch vier beliebige Punkte ausgedrückt werden kann. Setzt man nun die Göpelschen Relationen auf diese Weise in Relationen zwischen Punkten im Raum um und untersucht dieselben genauer, so erkennt man, es sind gerade die Relationen, wie sie bei vierfach hyperboloid gelegenen Tetraedern auftreten; und ebenso führen die Rosenhainschen Relationen gerade zu den Möbiusschen Tetraedern. Dieser Zusammenhang ist um so interessanter, als man berechtigt ist zu sagen: Alle Relationen, die an vierfach hyperboloiden bzw. Möbiusschen Tetraedern auftreten, entsprechen den Göpelschen bzw. Rosenhainschen Relationen, oder was dasselbe ist, die „Weberschen Tetraeder erster Art" sind lauter Möbiussche, die „Weberschen Tetraeder zweiter Art" (vgl. H. Weber, Journ. f. d. reine u. angew. Math. 84) sind lauter vierfach hyperboloide Tetraeder. Dieser Satz ist, was die Rosenhainschen Relationen angeht, wohl zuerst von F. Caspary ausgesprochen worden.

Auf Grund dieses Zusammenhanges will ich den hier betrachteten Typ vierfach hyperboloider Tetraeder in den nachstehenden Übungen (Nr. 140, 143) kurz als Göpelsche Tetraeder bezeichnen.

140. *Übungen.* — 1) Die Göpelschen Tetraeder

$$A_1 B_3 C_4 D_2, \qquad A_2 B_4 C_3 D_1,$$
$$A_3 B_1 C_2 D_4, \qquad A_4 B_2 C_1 D_3$$

haben gleichen Inhalt.

2) Die Tetraeder

$$A_h A_l B_h B_l \qquad A_h A_l C_h C_l \qquad A_h A_l D_h D_l \qquad B_h B_l C_h C_l,$$
$$A_k A_4 B_k B_4, \qquad A_k A_4 C_k C_4, \qquad A_k A_4 D_k D_4, \qquad B_k B_4 C_k C_4, \qquad \cdots$$

$$(h, k, l = 1, 2, 3; \quad 2, 3, 1; \quad 3, 1, 2)$$

liegen zueinander einfach hyperboloid.

3) Sind $U_1 U_2 U_3 U_4$, $V_1 V_2 V_3 V_4$, $W_1 W_2 W_3 W_4$ drei Göpelsche Tetraeder, so sind folgende Tetraeder inhaltsgleich:

$$[U_h V_k W_h W_k] = [U_l V_4 W_l W_4],$$
$$[U_h V_k W_l W_4] = [U_l V_4 W_h W_k].$$

$$(h, k, l = 1, 2, 3; 2, 3, 1; 3, 1, 2.)$$

Sechzehntes Kapitel.

Anwendungen auf die Oberflächen und Raumkurven.

141. *Allgemeine Erzeugung der Oberflächen, der Komplexe, der Raumkurven und der Strahlenkongruenzen.* — Ich bezeichne mit $A, B, \ldots$ feste Punkte, mit $\alpha, \beta, \ldots$ feste Ebenen, mit

$$X = x_1 E_1 + x_2 E_2 + x_3 E_3 + x_4 E_4, \quad x_1 + x_2 + x_3 + x_4 = 1,$$

einen variablen Punkt. Alsdann stellt das äußere Produkt

$$[X A \quad \alpha \quad B \quad \beta \ldots]$$

einen Punkt oder eine Gerade dar, je nachdem das letzte Element in dem äußeren Produkt eine Ebene oder ein Punkt ist. Wird das äußere Produkt vermittelst des Fundamentalsatzes der regressiven Multiplikation transformiert, so ergibt sich ein Ausdruck, der in den Koordinaten x_i homogen und vom ersten Grade ist. Demnach stellt ein äußeres Produkt, wo der Punkt X m-mal vorkommt, einen homogenen Ausdruck m^{ten} Grades in den x_i dar.

Um nun die verschiedenen, möglichen äußeren Produkte unterscheiden zu können, benutze ich den Begriff der Dimension oder, wie Graßmann sagt, den Begriff der Stufe. Erteile ich dem Punkt A die Stufe Eins, so hat das äußere Produkt $[XA]$ die Stufe Zwei, die Ebene α die Stufe Drei, das äußere Produkt $[XA\ \alpha]$ die Stufe Fünf usw. Es genügt offenbar die Stufenzahl mod 4 zu nehmen. Demnach werden nur äußere Produkte auftreten, deren Stufen $\equiv 0, 1, 2, 3$ mod 4 sind.

Ist die Stufe eines äußeren Produktes gleich Null, so enthält es weder die E_i noch ihre äußeren Produkte $[E_i E_k]$, $[E_i E_k E_l]$, es ist eine homogene Funktion n^{ten} Grades, wenn der Punkt X n-mal vorkommt. Daher:

Ein gleich Null gesetztes äußeres Produkt, dessen Stufe
$\equiv 0$, *mod* 4 *ist, und welches den Punkt X n-mal enthält,*
stellt die Gleichung einer vom Punkte X beschriebenen algebrai-
schen Fläche n^{ter} Ordnung dar.

Tritt an die Stelle des variablen Punktes X die variable
Ebene

$$\xi = \xi_1 \varepsilon_1 + \xi_2 \varepsilon_2 + \xi_3 \varepsilon_3 + \xi_4 \varepsilon_4,$$

so ergibt sich der duale Satz:

Ein gleich Null gesetztes äußeres Produkt, dessen Stufe
$\equiv 0$, *mod* 4 *ist, und welches die Ebene ξ n-mal enthält,*
stellt die Gleichung einer von der Ebene ξ eingehüllten algebrai-
schen Fläche n^{ter} Klasse dar.

Und ersetze ich endlich den Punkt X durch die variable
Gerade $\mathfrak{x}$, so kann diese entweder als Verbindung zweier
Punkte oder als Schnitt zweier Ebenen aufgefaßt werden.
Alsdann findet man:

Ein gleich Null gesetztes äußeres Produkt, dessen Stufe
$\equiv 0$, *mod* 4 *ist, und welches die Gerade $\mathfrak{x}$ n-mal enthält,*
stellt die Gleichung eines algebraischen Komplexes dar. Dieser
Komplex ist entweder von der n^{ten} Ordnung oder von der n^{ten} Klasse,
je nachdem die Gerade $\mathfrak{x}$ die Verbindung zweier Punkte oder der
Schnitt zweier Ebenen ist.

Ich gehe nunmehr zu den äußeren Produkten über, deren
Stufe $\equiv 1$ oder $\equiv 3$, mod 4 ist. Dieselben lassen sich darstellen in der Form $[PQ \quad \varrho]$ oder in der Form $[\pi\varkappa \quad R]$.
Nun liefert aber der Fundamentalsatz der regressiven Multiplikation

$$[PQ \quad \varrho] = [P\varrho]Q - [Q\varrho]P,$$
$$[\pi\varkappa \quad R] = [\pi R]\varkappa - [\varkappa R]\pi.$$

Folglich spaltet sich die Vektorgleichung $[PQ \quad \varrho] = 0$ in die
beiden Gleichungen

$$[P\varrho] = 0, \qquad [Q\varrho] = 0,$$

und analog zerfällt die Vektorgleichung $[\pi\varkappa \quad R] = 0$ in

$$[\pi R] = 0, \qquad [\varkappa R] = 0,$$

d. h.

Ein gleich Null gesetztes äußeres Produkt, dessen Stufe $\equiv 1$ oder $\equiv 3$, mod 4 ist, stellt entweder die Gleichung einer Raumkurve oder einer abwickelbaren Fläche oder einer Strahlenkongruenz dar, je nachdem das erzeugende Element des äußeren Produktes ein Punkt oder eine Ebene oder eine Gerade ist.

Dieses letztere Theorem ist zuerst von Ferdinand Caspary ausgesprochen und bewiesen worden, während das oben mitgeteilte, welches die Erzeugung der Oberflächen behandelt, schon von Hermann Graßmann herrührt.

142. *Gleichung des einschaligen Hyperboloids.* — Sei X ein beweglicher Punkt und A, B, C, D, E, F sechs feste Punkte. Ich bilde daraus die drei Stäbe $[AB]$, $[CD]$, $[EF]$, dann stellt $[XAB]$ die durch den Punkt X und den Stab $[AB]$ bestimmte Ebene dar, folglich $[XAB\ CD]$ einen Punkt, nämlich den Durchstoßpunkt jener Ebene mit dem Stab $[CD]$. Bezeichne ich nun für den Augenblick diesen Punkt mit P, so erkenne ich, daß die Gerade XP die beiden Geraden AB und CD trifft. Soll sie auch die Gerade EF treffen, so habe ich nur nötig, zu setzen

$$[P\ \ EF\ \ X] = 0,$$

woraus, wenn P durch $[X\ \ AB\ \ CD]$ ersetzt wird, folgt

$$[X\ \ AB\ \ CD\ \ EF\ \ X] = 0$$

als Gleichung des Ortes aller Geraden, welche die drei festen Geraden AB, CD, EF ständig schneiden. Dies ist also die Gleichung des einschaligen Hyperboloids mit $[AB]$, $[CD]$, $[EF]$ als Erzeugenden.

Dieselbe läßt sich leicht noch in eine andere Form bringen bei Benutzung der Identität (vgl. Nr. **123**)

$$[AP\ \ BCD] = [ABCD]P - [PBCD]A.$$

Dann wird zunächst

$$[XAB\ \ CD] = [XABC]D - [XABD]C,$$

und die in Rede stehende Gleichung nimmt die Gestalt an

$$-[XABC][XDEF] + [XABD][XCEF] = 0.$$

Da die äußeren Produkte $[XABC], \dots [XCEF]$ Determinanten sind, so ist hiermit die Gleichung des Hyperboloids in jene Form gebracht, wie sie gewöhnlich in der analytischen Geometrie benutzt wird.

Ich will die Gleichung des betrachteten Hyperboloids der Kürze halber schreiben in der Form

$$\mathfrak{H} = 0,$$

so daß also

$$\mathfrak{H} = -[XABC][XDEF] + [XABD][XCEF]$$

gesetzt ist.

Vertausche ich jetzt die Punkte B und C, so erhalte ich ein zweites Hyperboloid

$$\mathfrak{H}_1 = [X \quad AC \quad BD \quad EF \quad X] = 0,$$

welches mit dem Hyperboloid $\mathfrak{H}$ die Erzeugende $[EF]$ gemeinsam hat. Und es wird

$$\mathfrak{H}_1 = [XABC][XDEF] + [XACD][XBEF].$$

Zwischen den Determinanten, die in $\mathfrak{H}$ und $\mathfrak{H}_1$ vorkommen, besteht nun eine einfache Identität, die aus der bekannten Punktgleichung

$$[XBCD]A - [XCDA]B + [XDAB]C - [XABC]D$$
$$= [ABCD]X$$

fließt, wenn dieselbe mit $[XEF]$ äußerlich multipliziert wird, nämlich

$$[XBCD][XAEF] - [XCDA][XBEF] + [XDAB][XCEF]$$
$$- [XABC][XDEF] = 0.$$

Führe ich noch die Abkürzungen ein

$$[XBCD][XAEF] = A, \quad [XDAB][XCEF] = \Gamma,$$
$$[XCDA][XBEF] = B, \quad [XABC][XDEF] = \varDelta,$$

so nimmt die Identität die Form an

$$A - B + \Gamma - \varDelta = 0.$$

Die Ausdrücke $\mathfrak{H}$ und $\mathfrak{H}_1$ schreiben sich hiernach einfacher so
$$\mathfrak{H} = \Gamma - \varDelta, \qquad \mathfrak{H}_1 = B + \varDelta.$$
Durch Multiplikation folgt
$$\mathfrak{H}\mathfrak{H}_1 = B\Gamma - \varDelta(B - \Gamma + \varDelta),$$
oder
$$\mathfrak{H}\mathfrak{H}_1 = B\Gamma - A\varDelta,$$
eine Identität, die bereits von **Cayley** (Lond. Math. Soc. **4**, 21) aufgefunden worden ist.

Dieselbe läßt sich noch umformen, wenn ich die Identität
$$A - \varDelta = B - \Gamma$$
quadriere, so daß
$$2B\Gamma - 2A\varDelta = B^2 + \Gamma^2 - A^2 - \varDelta^2$$
wird. Alsdann ergibt sich
$$2\mathfrak{H}\mathfrak{H}_1 = B^2 + \Gamma^2 - A^2 - \varDelta^2.$$

143. *Übungen.* — 1) Die Gleichungen der Hyperboloide, welche bei den **Göpel**schen Tetraedern auftreten (vgl. Nr. **139**), sind
$$[X \quad A_1B_1 \quad A_2B_2 \quad A_3B_3 \quad X] = 0,$$
$$[X \quad A_1B_2 \quad A_2B_1 \quad A_3B_4 \quad X] = 0,$$
$$[X \quad A_1B_3 \quad A_2B_4 \quad A_3B_1 \quad X] = 0,$$
$$[X \quad A_1B_4 \quad A_2B_3 \quad A_3B_2 \quad X] = 0;$$
skalar umgesetzt mit
$$xX = x_1E_1 + x_2E_2 + x_3E_3 + x_4E_4, \quad x = x_1 + x_2 + x_3 + x_4$$
erhalten sie die Form:
$$\alpha_4(\alpha_2{}^2 - \alpha_3{}^2)(x_2x_3 + x_1x_4) + \alpha_3(\alpha_4{}^2 - \alpha_2{}^2)(x_3x_1 + x_2x_4)$$
$$+ \alpha_2(\alpha_3{}^2 - \alpha_4{}^2)(x_1x_2 + x_3x_4) = 0,$$
$$\alpha_3(\alpha_1{}^2 - \alpha_4{}^2)(x_2x_3 + x_1x_4) + \alpha_4(\alpha_3{}^2 - \alpha_1{}^2)(x_3x_1 + x_2x_4)$$
$$+ \alpha_1(\alpha_4{}^2 - \alpha_3{}^2)(x_1x_2 + x_3x_4) = 0,$$
$$\alpha_2(\alpha_4{}^2 - \alpha_1{}^2)(x_2x_3 + x_1x_4) + \alpha_1(\alpha_2{}^2 - \alpha_4{}^2)(x_3x_1 + x_2x_4)$$
$$+ \alpha_4(\alpha_1{}^2 - \alpha_2{}^2)(x_1x_2 + x_3x_4) = 0,$$
$$\alpha_1(\alpha_3{}^2 - \alpha_2{}^2)(x_2x_3 + x_1x_4) + \alpha_2(\alpha_1{}^2 - \alpha_3{}^2)(x_3x_1 + x_2x_4)$$
$$+ \alpha_3(\alpha_2{}^2 - \alpha_1{}^2)(x_1x_2 + x_3x_4) = 0.$$

Diese Gleichungen erlauben eine merkwürdige Zerlegung, die ich ebenfalls mitteilen will, wobei ich mich auf das erste der Hyperboloide beschränke:

$$\frac{(\alpha_1\alpha_2 - \alpha_3\alpha_4)x_1 + (\alpha_3{}^2 - \alpha_2{}^2)x_2 + (\alpha_2\alpha_4 - \alpha_1\alpha_3)x_4}{(\alpha_3{}^2 - \alpha_4{}^2)x_2 + (\alpha_1\alpha_4 - \alpha_2\alpha_3)x_3 + (\alpha_3\alpha_4 - \alpha_1\alpha_3)x_4} = \frac{\alpha_2 x_1 - \alpha_3 x_4}{\alpha_4 x_2 - \alpha_3 x_4}.$$

Und endlich läßt sich diese Gleichung noch in die elegante Form bringen

$$\begin{vmatrix} x_2 x_3 + x_1 x_4 & \alpha_2\alpha_3 & \alpha_4 \\ -(x_3 x_1 + x_2 x_4) & \alpha_4\alpha_2 & \alpha_3 \\ x_1 x_2 + x_3 x_4 & \alpha_3\alpha_4 & \alpha_2 \end{vmatrix} = 0.$$

2) Zu beweisen, daß die vier Hyperboloide der vorstehenden Übung denselben Mittelpunkt besitzen, und daß dieser Mittelpunkt in den Schwerpunkt des Bezugstetraeders fällt. Dabei ist vorausgesetzt, daß die Koeffizienten α_1, α_2, α_3, α_4 voneinander verschieden sind.

144. *Sätze* Cremonas *über die kubische Raumkurve.* — Die Raumkurve dritter Ordnung wird von jeder Ebene in drei Punkten getroffen. Demnach ist jede durch sie hindurchgelegte Kegelfläche, deren Spitze auf der Raumkurve liegt, von der zweiten Ordnung, denn jede durch die Spitze gehende Ebene schneidet sie nur längs zweier Leitlinien. Ich betrachte nun sieben Punkte der Raumkurve, die ich bezeichne mit X, A, B, C, D, E, F, einen variablen und sechs feste Punkte. Dann bilden die Stäbe $[XA]$, $[XB]$, $[XC]$, $[XD]$, $[XE]$, $[XF]$ sechs Leitlinien einer Kegelfläche zweiter Ordnung. Daher liegen die sechs Punkte A', B', C', D', E', F', in denen diese Leitlinien von einer Ebene geschnitten werden, auf einem Kegelschnitt. Daraus folgt nach dem Satze des Pascal

$$[A'B'\ D'E'\quad B'C'\ E'F'\quad C'D'\ F'A'] = 0,$$

oder wenn

$$[A'B'\quad D'E'] = P',$$
$$[B'C'\quad E'F'] = Q',$$
$$[C'D'\quad F'A'] = R'$$

gesetzt wird,

$$[P'Q'R'] = 0.$$

Diese Gleichung bringt zum Ausdruck, daß die drei Punkte P', Q', R' auf einer Geraden g liegen. Lege ich durch den Punkt X und die Gerade g eine Ebene ξ, so liegen die vier Punkte X, P', Q', R' in der Ebene ξ, diese enthält also die drei Geraden $[XP']$, $[XQ']$, $[XR']$. Anderseits liegt P' auf $[A'B']$ und $[D'E']$, oder $[XP']$ liegt in den beiden Ebenen $[XA'B']$ und $[XD'E']$. Da nun diese Ebenen mit den Ebenen $[XAB]$ und $[XDE]$ zusammenfallen, so ist die Gerade $[XP']$ der Durchschnitt dieser beiden Ebenen, d. h.

$$[XP'] = [XAB \quad XDE],$$
$$[XQ'] = [XBC \quad XEF],$$
$$[XR'] = [XCD \quad XFA].$$

Da die Geraden $[XP']$, $[XQ']$, $[XR']$ der Ebene ξ angehören, so erhält man den Satz:

Legt man durch einen Punkt X einer kubischen Raumkurve und durch die Seiten eines dieser Kurve eingeschriebenen Sechsecks sechs Ebenen, so liegen die drei Durchschnittslinien je zweier Gegenebenen in einer Ebene ξ, welcher auch der Punkt X angehört.

Der Durchschnitt der beiden Ebenen $[XAB]$, $[XDE]$ trifft die Geraden $[AB]$ und $[DE]$, d. h. er geht durch die Punkte $[XAB \; DE]$ und $[XDE \; AB]$. Setze ich also

$$[XAB \quad DE] = L, \quad [XDE \quad AB] = L',$$
$$[XBC \quad EF] = M', \quad [XEF \quad BC] = M,$$
$$[XCD \quad FA] = N, \quad [XFA \quad CD] = N',$$

so wird

$$[XP'] = [LL'], \quad [XQ'] = [MM'], \quad [XR'] = [NN'],$$

woraus, weil doch die Geraden $[XP']$, $[XQ']$, $[XR']$ der Ebene ξ angehören und sich in X schneiden, folgt

$$[LL' \quad MM' \quad NN'] = 0,$$

d. h.

Legt man durch einen Punkt X einer kubischen Raumkurve und durch jede Seite eines ihr eingeschriebenen Sechsecks eine

Ebene, welche die Gegenseite schneidet, so ergeben sich sechs Schnittpunkte: diese liegen in einer Ebene und bilden ein Brianchon*sches Sechseck, dessen* Brianchon*scher Punkt X ist* (vgl. F. Caspary, Sur les cubiques gauches. Darboux, Bull. (2) **11**, 222—236, 1887).

145. *Die* Chaslessche *Fläche.* — Als Chaslessche Fläche bezeichne ich den geometrischen Ort der Spitzen aller Kegel zweiter Ordnung, welche durch sechs gegebene Punkte gehen. Nenne ich diese A, B, C, D, E, F und die variable Spitze X, so folgt aus den Darlegungen der vorigen Nummer, daß die sieben Punkte L, M', N, L', M, N', X in einer Ebene liegen. Wähle ich von diesen außer X noch drei beliebig aus, so hat man $[X\ L'\ M\ N] = 0$ oder

$$[XDE\ AB \quad XEF\ BC \quad XCD\ FAX] = 0$$

als Gleichung der Chaslesschen Fläche (vgl. die oben zitierte Abhandlung Casparys).

Aus dieser Gleichung kann man unmittelbar eine Erzeugung der Fläche ablesen, nämlich diese:

Legt man durch die sechs Seiten eines räumlichen Sechsecks und einen variablen Punkt sechs Ebenen, bestimmt deren Durchschnitte mit den Gegenseiten und unterwirft den variablen Punkt der Bedingung, mit drei beliebigen dieser sechs Schnittpunkte in einer Ebene zu bleiben, so beschreibt der variable Punkt die Chaslessche *Fläche.*

Die Gleichung der Fläche läßt sich noch in bemerkenswerter Weise umformen. Man hat nämlich unter Anwendung des Fundamentalsatzes der regressiven Multiplikation

$$L' = [XADE]B - [XBDE]A,$$
$$M = [XBEF]C - [XCEF]B,$$
$$N = [XCDF]A - [XACD]F.$$

Dann nimmt die Gleichung der Fläche zunächst die Gestalt an:

$$[XABC]\,[XADE]\,[XBEF]\,[XCDF] = [XACD]\mathfrak{A},$$

wo

$$\mathfrak{A} = [XADE][XBEF][XBCF]$$
$$- [XBDE][XBEF][XACF]$$
$$+ [XBDE][XCEF][XABF]$$

gesetzt ist.   Nun ist nach der Momentenformel

$$[XBCE]\,F - [XBCF]\,E + [XBEF]\,C - [XCEF]\,B$$
$$+ [BCEF]\,X = 0,$$

woraus durch äußere Multiplikation mit $[XAF]$:

$$[XBCF][XAEF] - [XBEF][XACF]$$
$$+ [XCEF][XABF] = 0$$

folgt.   Benutze ich diese Relation, so wandelt sich $\mathfrak{A}$ um in

$$\mathfrak{A} = [XBCF]\{[XADE][XBEF] - [XBDE][XAEF]\}$$

Wende ich noch einmal die Momentenformel an, so fließt aus ihr auf ähnlichem Wege wie eben

$$[XADE][XBEF] - [XBDE][XAEF]$$
$$- [XABE][XDEF] = 0.$$

Dann finde ich endlich

$$\mathfrak{A} = [XBCF][XABE][XDEF].$$

Hiernach erhält die Gleichung der Chaslesschen Fläche die Form

$$[XABC][XADE][XBEF][XCDF]$$
$$- [XACD][XBCF][XABE][XDEF] = 0.$$

Dabei sind die Faktoren nichts anderes als Determinanten vierter Ordnung; z. B. bedeutet $[XABC]$ die Determinante

$$\begin{vmatrix} X_1 & A_1 & B_1 & C_1 \\ X_2 & A_2 & B_2 & C_2 \\ X_3 & A_3 & B_3 & C_3 \\ X_4 & A_4 & B_4 & C_4 \end{vmatrix},$$

wo A_i, B_i, C_i, D_i, X_i $(i = 1, 2, 3, 4)$ die homogenen Koordinaten der Punkte A, B, C, D, X bezeichnen.

Ich will noch mit einem Wort auf den Zusammenhang der Chaslesschen Fläche mit der Theorie der Thetafunktionen von zwei Argumenten hinweisen. Wie zuerst Herr Schottky gefunden hat, lassen sich die Koordinaten der Fläche als Produkte von *vier* Thetas darstellen, von denen *drei ungerade* sind. Caspary fand alsdann eine zweite, wesentlich verschiedene Darstellung; er zeigte, daß sich ihre Koordinaten durch die Produkte von *drei* Thetas ausdrücken lassen, wobei nur *eine ungerade* Funktion vorkommt (vgl. Darboux Bull. (2) **15**, 308—317, 1891).

146. *Die Bauersche Fläche.* — Ich will noch eine Anwendung des Graßmannschen Satzes, der sich auf die Erzeugung der Oberflächen bezieht, geben. Die geometrische Erzeugung der Bauerschen Fläche (Münchner Sitzungsber. **18**, 337—354, 1888) ist geknüpft an zwei Tetraeder $A_1 A_2 A_3 A_4$ und $B_1 B_2 B_3 B_4$. Treffen die vier von einem Punkte X ausgehenden Strahlen XA_1, XA_2, XA_3, XA_4 die entsprechenden Ebenen des zweiten Tetraeders in Punkten Q_1, Q_2, Q_3, Q_4 und liegen diese in einer Ebene, so beschreibt der Punkt X die in Rede stehende Fläche. Nenne ich die Seitenebenen der beiden Vektortetraeder α_1, α_2, α_3, α_4, β_1, β_2, β_3, β_4, so lassen sich die Punkte Q_i, wenn ich von ihren Gewichten absehe, wie folgt darstellen:

$$Q_i = [XA_i \quad \beta_i] \qquad (i = 1, 2, 3, 4).$$

Die Bedingung dafür, daß Q_1, Q_2, Q_3, Q_4 komplanar liegen, lautet

$$[Q_1 \quad Q_2 \quad Q_3 \quad Q_4] = 0,$$

demnach ergibt sich als Gleichung der Bauerschen Fläche

$$[XA_1 \quad \beta_1 \quad XA_2 \quad \beta_2 \quad XA_3 \quad \beta_3 \quad XA_4 \quad \beta_4] = 0,$$

d. h. die Fläche ist von der vierten Ordnung. Ihre Eigenschaften kann ich unmittelbar ablesen, wenn ich die Gleichung vermittelst des Fundamentalsatzes der regressiven Multiplikation umforme. Es ist nämlich

$$[XA_i \quad \beta_i] = [X\beta_i] A_i - [A_i \beta_i] X.$$

Werden diese vier Ausdrücke äußerlich miteinander multipliziert, so ergibt sich

$$[A_1 A_2 A_3 A_4] - \frac{[A_1 \beta_1]}{[X \beta_1]} [X A_2 A_3 A_4] + \frac{[A_1 \beta_2]}{[X \beta_2]} [X A_3 A_4 A_1]$$

$$- \frac{[A_3 \beta_3]}{[X \beta_3]} [X A_4 A_1 A_2] + \frac{[A_4 \beta_4]}{[X \beta_4]} [X A_1 A_2 A_3] = 0$$

oder wenn

$$[A_2 A_3 A_4] = \alpha_1, \quad [A_3 A_4 A_1] = -\alpha_2, \quad [A_4 A_1 A_2] = \alpha_3, \quad [A_1 A_2 A_3] = -\alpha_4$$

gesetzt wird:

$$[A_1 \beta_1] \frac{[X \alpha_1]}{[X \beta_1]} + [A_2 \beta_2] \frac{[X \alpha_2]}{[X \beta_2]} + [A_3 \beta_3] \frac{[X \alpha_3]}{[X \beta_3]} + [A_4 \beta_4] \frac{[X \alpha_4]}{[X \beta_4]}$$

$$= [A_1 A_2 A_3 A_4].$$

Diese Gleichungsform läßt unmittelbar eine Reihe von Eigenschaften der Bauerschen Fläche hervortreten. Die Gleichung ist identisch erfüllt, wenn der Punkt X auf einer der Kanten des Tetraeders (B) liegt, demnach enthält die Fläche die sechs Kanten des Tetraeders (B), und die Ecken desselben sind Knotenpunkte der Fläche. Die Gleichung ist weiter identisch erfüllt, wenn X gleichzeitig dreien der Seitenflächen des Tetraeders (A) angehört, wenn also X in die Ecken A_i fällt, denn es ist doch

$$[A_1 \alpha_2] = [A_1 \alpha_3] = [A_1 \alpha_4] = [A_2 \alpha_1] = \cdots = [A_4 \alpha_3] = 0.$$

Demnach enthält die Bauersche Fläche auch die Ecken des (A)-Tetraeders.

Betrachte ich ferner die Spuren $[\alpha_i \beta_i]$ $(i = 1, 2, 3, 4)$, so zeigt sich die Gleichung identisch erfüllt, wenn der Punkt X einer dieser Schnittgeraden angehört, d. h. die Fläche enthält noch vier weitere Geraden, nämlich die Durchschnitte entsprechender Tetraederseiten $[\alpha_i \beta_i]$.

Demnach besitzt die gesuchte Fläche vierter Ordnung die vier Knotenpunkte $[\beta_2 \beta_3 \beta_4]$, $[\beta_3 \beta_4 \beta_1]$, $[\beta_4 \beta_1 \beta_2]$, $[\beta_1 \beta_2 \beta_3]$ und die zehn Geraden $[\beta_2 \beta_3]$, $[\beta_3 \beta_1]$, $[\beta_1 \beta_2]$, $[\beta_1 \beta_4]$, $[\beta_2 \beta_4]$, $[\beta_3 \beta_4]$, $[\alpha_1 \beta_1]$, $[\alpha_2 \beta_2]$, $[\alpha_3 \beta_3]$, $[\alpha_4 \beta_4]$.

147. *Eine Raumkurve vierten Grades und erster Spezies.* — Ich will nunmehr auch von dem Casparyschen Theorem, welches die Erzeugung der Raumkurven behandelt, eine ein-

fache Anwendung beibringen. Ich gehe aus von der Vektorgleichung
$$[X \; \mathfrak{a}_1 \mathfrak{a}_2 \mathfrak{a}_3 \quad X \; \mathfrak{b}_1 \mathfrak{b}_2 \mathfrak{b}_3 \; X] = 0,$$

wo $\mathfrak{a}_1$, $\mathfrak{a}_2$, $\mathfrak{a}_3$; $\mathfrak{b}_1$, $\mathfrak{b}_2$, $\mathfrak{b}_3$ feste Geraden im Raum bedeuten. Das
äußere Produkt linker Hand hat eine Stufenzahl $= 3$, mod 4.
Diese Gleichung zerfällt gemäß den Überlegungen der Nr. **141**
in die beiden Gleichungen

$$[X \; \mathfrak{a}_1 \mathfrak{a}_2 \mathfrak{a}_3 \; X] = 0, \quad [X \; \mathfrak{b}_1 \mathfrak{b}_2 \mathfrak{b}_3 \; X] = 0,$$

und diese stellen, wie aus Nr. **142** hervorgeht, einschalige
Hyperboloide dar, deren Erzeugende $\mathfrak{a}_1$, $\mathfrak{a}_2$, $\mathfrak{a}_3$ bzw. $\mathfrak{b}_1$, $\mathfrak{b}_2$, $\mathfrak{b}_3$
sind. Nun schneiden sich zwei Flächen zweiten Grades im
allgemeinen in einer Raumkurve vierten Grades und erster
Spezies, demnach definiert die Vektorgleichung

$$[X \; \mathfrak{a}_1 \mathfrak{a}_2 \mathfrak{a}_3 \; X \; \mathfrak{b}_1 \mathfrak{b}_2 \mathfrak{b}_3 \; X] = 0$$

eine Raumkurve vierten Grades und erster Spezies und spricht
folgende Erzeugung derselben aus:

Schneiden die Schenkel eines Winkels je drei beliebige Ge-
raden, so beschreibt der Scheitel des Winkels eine Raumkurve
vierten Grades und erster Spezies, für welche — wie ich gleich
hinzufügen kann — *sämtliche sechs Geraden Sekanten sind.*

Nun erinnere ich an die Erzeugung, welche die Gleichung

$$[X \; \mathfrak{a}_1 \mathfrak{a}_2 \mathfrak{a}_3 \; X] = 0$$

für das einschalige Hyperboloid ausspricht. Sind drei beliebige
windschiefe Geraden gegeben, so wird diese Regelfläche von
einem Punkt X beschrieben, dessen Bewegung an folgende
Bedingung geknüpft ist: Lege ich durch ihn und die erste
Gerade eine Ebene, welche die zweite in einem Punkt Q
trifft, so muß die Ebene, welche durch Q und die dritte Gerade
hindurchgeht, wieder den variablen Punkt enthalten.

Aus dieser Erzeugung folgt, daß ich die Gleichung desselben Hyperboloids auch in folgenden Formen schreiben kann:

$$[X\mathfrak{a}_1 \quad X\mathfrak{a}_2 \quad \mathfrak{a}_3] = 0,$$

oder

$$[X\mathfrak{a}_2 \quad X\mathfrak{a}_3 \quad \mathfrak{a}_1] = 0,$$

oder

$$[X\mathfrak{a}_3 \quad X\mathfrak{a}_1 \quad \mathfrak{a}_2] = 0.$$

Da die entsprechenden Überlegungen auch für die andere Gleichung $[X\ \mathfrak{b}_1\mathfrak{b}_2\mathfrak{b}_3\ X] = 0$ gelten, so ergibt sich der Satz:

Seien zwei Systeme von je drei Geraden gegeben. Legt man durch einen Punkt X des Raumes und durch je zwei Geraden des einen wie des andern Systems Ebenen, und schneidet die Spur dieser Ebenen jedesmal die zugehörige dritte Gerade, so beschreibt der Punkt X eine Raumkurve vierten Grades und erster Spezies, für welche sämtliche sechs Geraden Sekanten sind.

148. *Eine Raumkurve neunten Grades.* — Ich gehe aus von der Vektorgleichung

$$[XA_1a_1\quad XA_2a_2\quad XA_3a_3\quad XB_1\beta_1\quad XB_2\beta_2\quad XB_3\beta_3\quad C] = 0,$$

wo A_1, A_2, A_3, B_1, B_2, B_3, C feste Punkte und a_1, a_2, a_3; β_1, β_2, β_3 feste Ebenen bedeuten. Da die Stufenzahl des Produkts linker Hand $\equiv 3$, mod 4 ist, stellt die Gleichung eine Raumkurve dar. Um deren Grad zu finden, zerfälle ich die Gleichung gemäß den allgemeinen Überlegungen der Nr. **141** in die beiden Gleichungen

$$[XA_1a_1\quad XA_2a_2\quad XA_3a_3\quad C] = 0,$$
$$[XB_1\beta_1\quad XB_2\beta_2\quad XB_3\beta_3\quad C] = 0,$$

und diese stellen Flächen dritten Grades dar. Ihr Schnitt ist eine Kurve neunten Grades. Demnach ergibt sich:

Bewegen sich zwei veränderliche Tetraeder mit gemeinsamer Spitze X, so daß sich ihre Grundflächen um denselben, die sechs von X auslaufenden Kanten um verschiedene feste Punkte drehen, während die sechs Ecken der Grundflächen in festen Ebenen liegen, alsdann beschreibt die gemeinsame Spitze eine Kurve neunten Grades.

Diese Kurve ist übrigens — wie hinzugefügt werden mag — eine *allgemeine* Kurve neunten Grades, da jene Gleichungen *allgemeine* Flächen dritten Grades repräsentieren.

Siebzehntes Kapitel.

Vektordifferentiation mit Anwendungen auf die Mechanik des starren Körpers und die Elektrizitätslehre.

149. *Differential von Punkt und Vektor.* — Denke ich mir den freien Vektor $\mathbf{a} = A - E$ veränderlich und um den Punkt E gedreht, so möge er in eine neue Lage $\mathbf{a}' = A' - E$ kommen. Alsdann stellt der Vektor $\mathbf{a}' - \mathbf{a} = A' - A$ die Änderung dar, welche $\mathbf{a}$ bei der Drehung erfahren hat (Fig. 31). Wird diese Änderung unendlich klein, so daß ich $\mathbf{a}' - \mathbf{a} = d\mathbf{a}$ setzen kann, so erkenne ich, daß *das Differential eines freien Vektors wieder einen freien Vektor darstellt.* In der neuen Lage ist der Vektor gleich $\mathbf{a} + d\mathbf{a}$ geworden.

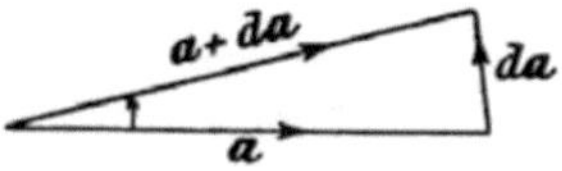

Fig. 31.

Hieraus ergibt sich unmittelbar die Bedeutung des Differentials eines *Punktes*. Denn da $\mathbf{a} = A - E$, wo E relativ zu A fest gedacht ist, so wird — *unter Beibehaltung der Differentiationsregel für Summen* — $d\mathbf{a} = dA$. Linker Hand steht ein freier Vektor, demnach muß *das Differential eines Punktes ebenfalls einen freien Vektor darstellen.*

Bei weiterer Differentiation ergibt sich, daß auch die höheren Differentiale eines freien Vektors und eines Punktes wieder freie Vektoren darstellen.

Da also das Differential eines Punktes sowohl wie das Differential eines Vektors zu Vektoren führen, kann ich, wo es mir passend erscheint, die beiden Differentiale durcheinander ersetzen.

Um die Gesetze der Vektordifferentiation zu gewinnen, knüpfe ich an die kartesische Darstellung eines Vektors an:

$$\mathbf{a} = a_1 \mathbf{e}_1 + a_2 \mathbf{e}_2 + a_3 \mathbf{e}_3,$$

wo a_1, a_2, a_3 skalare, aber veränderliche Größen, $\mathbf{e}_1$, $\mathbf{e}_2$, $\mathbf{e}_3$ unveränderliche Einheitsvektoren bedeuten. Ich differentiiere die Gleichung und erhalte

$$d\mathbf{a} = \mathbf{e}_1 \, da_1 + \mathbf{e}_2 \, da_2 + \mathbf{e}_3 \, da_3.$$

150. *Differential von innerem und äußerem Produkt.* — Ich untersuche weiter, wie sich das innere und wie sich das äußere Produkt zweier freier Vektoren gegen Differentiation verhalten, um festzustellen, in welchen Grenzen die Multiplikationsregeln der Differentiation erhalten bleiben.

Nehme ich zunächst das innere Produkt, so ist nach Nr. 67:

$$\mathbf{a}\,|\,\mathbf{b} = a_1 b_1 + a_2 b_2 + a_3 b_3,$$

folglich, da rechter Hand nur skalare Größen stehen:

$$d[\mathbf{a}\,|\,\mathbf{b}] = (a_1 db_1 + a_2 db_2 + a_3 db_3) + (b_1 da_1 + b_2 da_2 + b_3 da_3),$$

also ergibt sich die Vorschrift

$$d[\mathbf{a}\,|\,\mathbf{b}] = \mathbf{a}\,|\,d\mathbf{b} + \mathbf{b}\,|\,d\mathbf{a},$$

insbesondere, wenn $\mathbf{b} = \mathbf{a}$ gewählt wird:

$$d[\mathbf{a}\,|\,\mathbf{a}] = 2\mathbf{a}\,|\,d\mathbf{a}.$$

Für das äußere Produkt zweier freier Vektoren benutze ich die Formel aus Nr. 69

$$\mathbf{a}\mathbf{b} = (a_2 b_3 - a_3 b_2)\,|\,\mathbf{e}_1 + (a_3 b_1 - a_1 b_3)\,|\,\mathbf{e}_2 + (a_1 b_2 - a_2 b_1)\,|\,\mathbf{e}_3,$$

deren Differentiation liefert

$$d[\mathbf{a}\mathbf{b}] = [\mathbf{a}\quad d\mathbf{b}] + [d\mathbf{a}\quad \mathbf{b}],$$

d. h. das Differential eines Bivektors ist wieder ein Bivektor. Und hier ist die Reihenfolge wohl zu beachten, während sie bei der Differentiation skalarer Produkte gleichgültig ist.

Bei weiterer Differentiation ergibt sich offenbar

$$d^2[\mathbf{a}\,|\,\mathbf{b}] = \mathbf{a}\,|\,d^2\mathbf{b} + 2\,d\mathbf{a}\,|\,d\mathbf{b} + \mathbf{b}\,|\,d^2\mathbf{a},$$

$$d^2[\mathbf{a}\mathbf{b}] = [\mathbf{a}\quad d^2\mathbf{b}] + [d^2\mathbf{a}\quad \mathbf{b}] \quad \text{usw.}$$

Die vorstehenden Betrachtungen zusammenfassend, kann ich sagen: *Vektor und Bivektor behalten bei der Differentiation ihren Charakter bei, wohingegen der Punkt durch Differentiation in einen freien Vektor übergeht. Bei der Differentiation des äußeren Produktes zweier freier Vektoren ist die Reihenfolge der Faktoren von Bedeutung.*

151. *Übungen.* — 1) Zu beweisen, daß das Differential der Ergänzung eines Vektors gleich der Ergänzung des Vektordifferentials ist: $d\,|\,\mathbf{a} = |\,d\mathbf{a}$.

2) Was wird aus dem *gebundenen Vektor* bei der Differentiation? Jeder gebundene Vektor oder Stab läßt sich darstellen in der Form eines äußeren Produktes zwischen Punkt und freiem Vektor, etwa $[E\mathbf{a}] = \mathfrak{a}$. Dann wird

$$d\mathfrak{a} = [E \quad d\mathbf{a}] + [dE \quad \mathbf{a}],$$

d. h. das Differential eines Stabes setzt sich aus einem Stab und einem freien Bivektor zusammen, stellt also eine Schraube dar. Eine zweite Darstellung ergibt sich, wenn ich den gebundenen Vektor als äußeres Produkt zweier Punkte auffasse $[E_1 E_2] = \mathfrak{a}$:

$$d\mathfrak{a} = [E_1 \quad dE_2] + [dE_1 \quad E_2].$$

3) Es ist zu beweisen, daß die Differentiale $d\mathbf{e}_1$, $d\mathbf{e}_2$, $d\mathbf{e}_3$ Vektoren darstellen, die auf den Vektoren $\mathbf{e}_1$ bzw. $\mathbf{e}_2$, $\mathbf{e}_3$ senkrecht stehen.

4) Zu beweisen, daß die Einheitsvektoren folgenden Differentialidentitäten genügen:

$$d\mathbf{e}_1 = [\mathbf{e}_3\,|\,d\mathbf{e}_1]\mathbf{e}_3 - [\mathbf{e}_1\,|\,d\mathbf{e}_2]\mathbf{e}_2,$$
$$d\mathbf{e}_2 = [\mathbf{e}_1\,|\,d\mathbf{e}_2]\mathbf{e}_1 - [\mathbf{e}_2\,|\,d\mathbf{e}_3]\mathbf{e}_3,$$
$$d\mathbf{e}_3 = [\mathbf{e}_2\,|\,d\mathbf{e}_3]\mathbf{e}_2 - [\mathbf{e}_3\,|\,d\mathbf{e}_1]\mathbf{e}_1.$$

Wie lauten die entsprechenden Identitäten im vierdimensionalen Raum? (Vgl. Leipziger Akademieberichte 1900, 147.)

152. *Die Differentialidentität erster Ordnung, welche ein Feldvektor zu befriedigen hat.* — Ändert sich ein Vektor in einem gewissen Bereiche stetig mit dem Orte, so nennt man den Bereich das *Feld* des Vektors und spricht von einem *Feldvektor*.

Von einem festen Punkte O denke ich mir zwei Koordinatensysteme ausgehend, das eine im Raume fest, das andere um O beweglich, und einen Vektor, der, auf das feste System bezogen, mit $\mathbf{j}$, im beweglichen System mit $\mathbf{i}$ bezeichnet werden möge. Die Veränderung, welche der Vektor in der

Zeit dt erleidet, werde $d\mathbf{j}$ bzw. $d\mathbf{i}$ genannt, je nachdem sie im festen oder beweglichen System gemessen wird. Auf den Achsen des beweglichen Systems seien die Einheitsvektoren $\mathbf{e}_1$, $\mathbf{e}_2$, $\mathbf{e}_3$ abgetragen, und es sei

$$\mathbf{i} = i_1\,\mathbf{e}_1 + i_2\,\mathbf{e}_2 + i_3\,\mathbf{e}_3,$$

wo i_1, i_2, i_3, $\mathbf{e}_1$, $\mathbf{e}_2$, $\mathbf{e}_3$ von den Variablen t_1, t_2, ... abhängen. Ich beschränke die Betrachtung zunächst auf den Fall einer Variablen.

Dann setzt sich die vektorielle Änderung $\frac{d\mathbf{i}}{dt}$ zusammen aus der vektoriellen Veränderung $\frac{d\mathbf{j}}{dt}$, bezogen auf die beweglichen Einheitsvektoren, und aus der vektoriellen Veränderung des beweglichen Systems, welche durch $i_1\frac{d\mathbf{e}_1}{dt} + i_2\frac{d\mathbf{e}_2}{dt} + i_3\frac{d\mathbf{e}_3}{dt}$ dargestellt werden kann. Und es entsteht die Relation

$$\frac{d\mathbf{i}}{dt} - \frac{d\mathbf{j}}{dt} = i_1\frac{d\mathbf{e}_1}{dt} + i_2\frac{d\mathbf{e}_2}{dt} + i_3\frac{d\mathbf{e}_3}{dt}.$$

Es kommt jetzt darauf an, Differentialbeziehungen zwischen den $\mathbf{e}_1$, $\mathbf{e}_2$, $\mathbf{e}_3$ abzuleiten.

Ich weiß, daß die Differentiale $d\mathbf{e}_1$, $d\mathbf{e}_2$, $d\mathbf{e}_3$ Vektoren darstellen. Dieselben müssen sich daher vermittelst der Einheitsvektoren linear ausdrücken lassen. Ich kann also ansetzen

$$d\mathbf{e}_i = x_i\,\mathbf{e}_1 + y_i\,\mathbf{e}_2 + z_i\,\mathbf{e}_3 \qquad (i = 1, 2, 3).$$

Um die unbekannten Koeffizienten auszuwerten, benutze ich die Orthogonalitätsbeziehungen

$$\mathbf{e}_i \,|\, \mathbf{e}_i = 1, \qquad \mathbf{e}_i \,|\, \mathbf{e}_k = 0, \quad (i, k = 1, 2, 3; \; i \gtrless k),$$

aus denen durch Differentiation folgt

$$\mathbf{e}_i \,|\, d\mathbf{e}_i = 0, \qquad \mathbf{e}_i \,|\, d\mathbf{e}_k + \mathbf{e}_k \,|\, d\mathbf{e}_i = 0.$$

Multipliziere ich hiernach jede der drei Ausgangsgleichungen innerlich mit $\mathbf{e}_1$, $\mathbf{e}_2$, $\mathbf{e}_3$, so finde ich

$$
\begin{aligned}
x_1 &= 0, & y_1 &= -\,\mathbf{e}_1 \,|\, d\mathbf{e}_2, & z_1 &= \mathbf{e}_3 \,|\, d\mathbf{e}_1, \\
x_2 &= \mathbf{e}_1 \,|\, d\mathbf{e}_2, & y_2 &= 0, & z_2 &= -\,\mathbf{e}_2 \,|\, d\mathbf{e}_3, \\
x_3 &= -\,\mathbf{e}_3 \,|\, d\mathbf{e}_1, & y_3 &= \mathbf{e}_2 \,|\, d\mathbf{e}_3, & z_3 &= 0.
\end{aligned}
$$

Also bestehen zwischen den Einheitsvektoren folgende Differentialidentitäten

$$\frac{d\mathfrak{e}_1}{dt} = q\,\mathfrak{e}_3 - r\,\mathfrak{e}_2,$$

$$\frac{d\mathfrak{e}_2}{dt} = r\,\mathfrak{e}_1 - p\,\mathfrak{e}_3,$$

$$\frac{d\mathfrak{e}_3}{dt} = p\,\mathfrak{e}_2 - q\,\mathfrak{e}_1,$$

wenn

$$p\,dt = \mathfrak{e}_2\,|\,d\mathfrak{e}_3, \qquad q\,dt = \mathfrak{e}_3\,|\,d\mathfrak{e}_1, \qquad r\,dt = \mathfrak{e}_1\,|\,d\mathfrak{e}_2$$

gesetzt wird.

Diese Differentialidentitäten lassen sich nun in bemerkenswerter Weise zusammenziehen. Zu dem Zweck führe ich einen neuen Vektor ein

$$\mathfrak{u} = p\,\mathfrak{e}_1 + q\,\mathfrak{e}_2 + r\,\mathfrak{e}_3,$$

dann überzeugt man sich sofort, daß sich $d\mathfrak{e}_i$ ausdrücken läßt in der Form der Ergänzung des äußeren Produktes $\mathfrak{e}_i\,\mathfrak{u}$, so daß ich schreiben kann

$$\frac{d\mathfrak{e}_i}{dt} = |\,\mathfrak{e}_i\,\mathfrak{u} \qquad\qquad (i = 1, 2, 3).$$

Führe ich diese Differentialbeziehungen in den Ausdruck für $\frac{d\mathfrak{i}}{dt} - \frac{d\mathfrak{j}}{dt}$ ein, so ergibt sich

$$\frac{d\mathfrak{i}}{dt} - \frac{d\mathfrak{j}}{dt} = i_1\,|\,\mathfrak{e}_1\,\mathfrak{u} + i_2\,|\,\mathfrak{e}_2\,\mathfrak{u} + i_3\,|\,\mathfrak{e}_3\,\mathfrak{u} = |\,[i_1\,\mathfrak{e}_1 + i_2\,\mathfrak{e}_2 + i_3\,\mathfrak{e}_3 \quad \mathfrak{u}]$$

oder

$$\frac{d\mathfrak{i}}{dt} - \frac{d\mathfrak{j}}{dt} = |\,\mathfrak{i}\,\mathfrak{u},$$

und das ist die gesuchte Differentialrelation, der ein beliebiger Vektor zu genügen hat, wenn er von der einen Variablen t abhängt. Da es eine Relation zwischen drei Vektoren des Raumes ist, so liest man unmittelbar aus ihr ab, daß die Vektoren $\frac{d\mathfrak{i}}{dt}$, $\frac{d\mathfrak{j}}{dt}$, $|\,\mathfrak{i}\,\mathfrak{u}$ stets parallel zu ein und derselben Ebene liegen.

Ist der Feldvektor eine Funktion von mehreren Variablen $t_1, t_2, \ldots$, so tritt ein System solcher Relationen auf:

$$\frac{\partial \mathbf{i}}{\partial t_1} - \frac{\partial \mathbf{j}}{\partial t_1} = |\, \mathbf{i}\, \mathbf{u}^{(t_1)}, \quad \frac{\partial \mathbf{i}}{\partial t_2} - \frac{\partial \mathbf{j}}{\partial t_2} = |\, \mathbf{i}\, \mathbf{u}^{(t_2)}, \ldots;$$

und wird noch

$$\frac{\partial \mathbf{i}}{\partial t_1}\, dt_1 + \frac{\partial \mathbf{i}}{\partial t_2}\, dt_2 + \cdots = d\mathbf{i},$$

$$\frac{\partial \mathbf{j}}{\partial t_1}\, dt_1 + \frac{\partial \mathbf{j}}{\partial t_2}\, dt_2 + \cdots = d\mathbf{j},$$

$$\mathbf{u}^{(t_1)} dt_1 + \mathbf{u}^{(t_2)} dt_2 + \cdots = \mathbf{u}$$

gesetzt, so lassen sich dieselben zusammenfassen in die eine Identität

$$d\mathbf{i} - d\mathbf{j} = |\, \mathbf{i}\, \mathbf{u}.$$

153. *Geschwindigkeits- und Beschleunigungsvektor, Impuls- und Kraftvektor.* — Das Differential eines Punktes stellt die Lagenänderung dar, die der materielle Punkt im Zeitelement erfahren hat. Ich kann daher $\frac{dP}{dt}$ als die Geschwindigkeit des Punktes P nach Größe, Richtung und Sinn deuten. Bezeichnet weiter E einen Punkt, der relativ zum Punkte P in Ruhe bleibt, so ist $dP = d(P - E) = d\mathbf{r}$, wo $\mathbf{r}$ den Radiusvektor, gezogen vom festen Punkte E nach einem Punkte der Bahn, bezeichnet. Demnach kann ich die Geschwindigkeit von P vektoriell auch durch $\frac{d\mathbf{r}}{dt} = \mathbf{v}$ darstellen. Der zugehörige Impulsvektor wird erhalten, wenn ich den Geschwindigkeitsvektor mit der Masse m des Punktes multipliziere, ist also gleich $m\mathbf{v}$.

In gleicher Weise erkenne ich, daß die Beschleunigung des Punktes P sowohl durch $\frac{d^2 P}{dt^2}$ als auch durch $\frac{d^2 \mathbf{r}}{dt^2} = \frac{d\mathbf{v}}{dt}$ ausgedrückt werden kann. Für die kinetische Kraft als Ursache dieser Beschleunigung erhalte ich dann die Darstellung $m\frac{d^2 P}{dt^2}$ oder $m\frac{d^2 \mathbf{r}}{dt^2} = m\frac{d\mathbf{v}}{dt}$, wenn der Punkt P mit der Masse m belegt ist.

154. *Zerlegung der Beschleunigung in Tangential- und Normal-beschleunigung.* — Um die Probleme der Bewegung unter Berücksichtigung des Widerstandes geometrisch zu behandeln, ist es nötig zu wissen, wie die Beschleunigung einer Bewegung von der Krümmung der Bahn abhängt.

Die Bewegung eines materiellen Punktes erfolgt im allgemeinen in einer Raumkurve. Ist $\mathbf{r}$ der Radiusvektor desselben zur Zeit t und hat der Punkt auf seiner Bahn von einem bestimmten Anfangspunkt aus den Bogen s durchmessen, so ist sein Geschwindigkeitsvektor definiert durch

$$\mathbf{v} = \frac{d\mathbf{r}}{dt} = \frac{d\mathbf{r}}{ds} \cdot \frac{ds}{dt}.$$

Nun ist $d\mathbf{r} = (\mathbf{r} + d\mathbf{r}) - \mathbf{r}$ ein Vektor, der die Richtung der Tangente an die Bahnkurve anzeigt. Da sein numerischer Wert gleich dem Bogenelement ds ist, nenne ich ihn $\mathbf{t}\,ds$, indem ich unter $\mathbf{t}$ einen Einheitsvektor, parallel der Bahntangente, verstehe. Daher

$$\mathbf{v} = \mathbf{t}\frac{ds}{dt}.$$

Durch Differentiation finde ich den Beschleunigungsvektor

$$\frac{d\mathbf{v}}{dt} = \frac{d\mathbf{t}}{ds}\left(\frac{ds}{dt}\right)^2 + \mathbf{t}\frac{d^2s}{dt^2}.$$

Hier bezeichnet $\frac{ds}{dt}$ die Geschwindigkeit, $\frac{d^2s}{dt^2}$ die Beschleunigung in der Bahn. Um die Bedeutung von $\frac{d\mathbf{t}}{ds}$ zu erkennen, gehe ich zu einem unendlich benachbarten Punkte der Bahn über, welchem die Bogenlänge $s + ds$ und der Einheitsvektor $\mathbf{t} + d\mathbf{t}$ entspricht, dessen Richtung durch die unendlich benachbarte Tangente angezeigt wird. Der Vektor $d\mathbf{t}$ liegt dann einmal in der Ebene, welche durch die beiden Vektoren $\mathbf{t}$ und $\mathbf{t} + d\mathbf{t}$ gelegt ist, d. h. in der Schmiegungsebene, zweitens steht er auf dem Vektor $\mathbf{t}$ senkrecht, denn aus $\mathbf{t}\,|\,\mathbf{t} = 1$ folgt durch Differentiieren $\mathbf{t}\,|\,d\mathbf{t} = 0$; d. h. er hat die Richtung der Hauptnormale des Bahnpunktes. Und sein numerischer Wert ergibt sich, da $\mathbf{t}$ ein Einheitsvektor, gleich $d\tau$, wo $d\tau$ den Kontingenzwinkel bezeichnet. Da nun $\frac{d\tau}{ds} = \frac{1}{\varrho}$, gleich der ersten Krümmung, so wird der numerische Wert von $\frac{dt}{ds}$ durch $\frac{1}{\varrho}$ angegeben. Bezeichnet noch $\mathbf{n}$ einen zur Hauptnormale parallelen Einheitsvektor, so ergibt sich die Beziehung

$$\frac{d\mathbf{v}}{dt} = \frac{1}{\varrho}\left(\frac{ds}{dt}\right)^2 \mathbf{n} + \frac{d^2s}{dt^2}\,\mathbf{t}.$$

Der Beschleunigungsvektor jeder Bewegung läßt sich also in die Summe zweier Vektoren zerlegen, die aufeinander senkrecht stehen. Der eine weist parallel zur Hauptnormale der Bahn, und zwar nach dem Krümmungsmittelpunkt hin und ist seinem numerischen Wert nach gleich $\frac{1}{\varrho}\left(\frac{ds}{dt}\right)^2$, d. i. gleich dem Quadrat der Geschwindigkeit multipliziert mit der Krümmung; der zweite ist der Bahntangente parallel, und sein Betrag ist gleich $\frac{d^2s}{dt^2}$, d. i. gleich der Beschleunigung in der Bahn.

Demnach kann eine gegebene Bewegung stets durch das Zusammenwirken einer Tangentialkraft $= m\,\frac{d^2s}{dt^2}$ und einer Normal- oder Zentripetalkraft $= \frac{m}{\varrho}\left(\frac{ds}{dt}\right)^2$ erzeugt werden.

Für ebene Kurven ist $\mathbf{n} = |\,\mathbf{t}$, daher

$$\frac{d\mathbf{v}}{dt} = \frac{d^2s}{dt^2}\,\mathbf{t} + \frac{1}{\varrho}\left(\frac{ds}{dt}\right)^2 |\,\mathbf{t}.$$

155. *Ein spezieller Fall der Bewegung eines starren Systems von zwei Freiheitsgraden.* — Eine Fläche habe die Krümmungslinien

$$u = \text{const}, \quad v = \text{const}.$$

Dann betrachte ich in dem Flächenpunkt M an Stelle des starren Systems das Dreikant, gebildet aus den beiden Tangenten, die sich in M an die Krümmungslinien ziehen lassen, und aus der Flächennormale. Da diese Kanten aufeinander senkrecht stehen, kann ich sie als Vektoren des Systems $(\mathbf{e}_1, \mathbf{e}_2, \mathbf{e}_3)$ auffassen. Und zwar denke ich mir $\mathbf{e}_1, \mathbf{e}_2$ auf der Tangente, die in M an die Krümmungslinien $v = \text{const}$ bzw.

$u = $ const gezogen sind, und e_3 auf der Flächennormale abgetragen.

Die Geschwindigkeit, womit sich M in der Krümmungslinie $v = $ const entlang bewegt, wird dargestellt durch den Vektor $\frac{\partial M}{\partial u}$, und dieser hat offenbar die Richtung des Einheitsvektors e_1; ebenso ist der Geschwindigkeitsvektor $\frac{\partial M}{\partial v}$ parallel zu e_2, demnach kann ich setzen

$$\frac{\partial M}{\partial u} = \xi\, e_1, \qquad \frac{\partial M}{\partial v} = \eta_1\, e_2,$$

wo ξ, η_1 Translationskomponenten des starren Systems bedeuten.

Der Schnittpunkt der zu M gehörigen Flächennormale mit ihren benachbarten Normalen läßt sich darstellen in der Form $M + \varrho\, e_3$, wo ϱ den ersten Hauptkrümmungsradius bezeichnet. Lasse ich nun bloß u variieren, so bewegt sich der Schnittpunkt mit einer Geschwindigkeit, deren Richtung in die Normale fällt. Diese Geschwindigkeit ist mit Rücksicht auf Nr. **152**

$$\frac{\partial (M + \varrho\, e_3)}{\partial u} = \frac{\partial M}{\partial u} + \varrho\, \frac{\partial e_3}{\partial u} + e_3\, \frac{\partial \varrho}{\partial u} = \xi\, e_1 + \varrho (p\, e_2 - q\, e_1) + e_3\, \frac{\partial \varrho}{\partial u}.$$

Folglich muß sein:

$$\xi - \varrho q = 0, \qquad p = 0.$$

Entsprechend liefert die Krümmungslinie $u = $ const

$$\eta_1 + \varrho_1 p_1 = 0, \qquad q_1 = 0,$$

wo ϱ_1 den zweiten Hauptkrümmungsradius bedeutet. Beide Hauptkrümmungsradien bestimmen sich aus den beiden Bedingungsgleichungen $\xi - \varrho q = 0$ und $\eta_1 + \varrho_1 p_1 = 0$. Dabei bedeuten p, q; p_1, q_1 Rotationskomponenten des starren Systems.

Hiernach gewinne ich die Differentialrelationen zwischen den Translations- und Rotationskomponenten einmal, indem ich zum Ausdruck bringe, daß $\frac{\partial^2 M}{\partial u\, \partial v} = \frac{\partial^2 M}{\partial v\, \partial u}$, das andere Mal, indem ich $\frac{\partial^2 e_i}{\partial u\, \partial v} = \frac{\partial^2 e_i}{\partial v\, \partial u}$ ansetze.

Die erstere Identität liefert

$$\frac{\partial}{\partial v}(\xi\, \mathfrak{e}_1) = \frac{\partial}{\partial u}(\eta_1\, \mathfrak{e}_2)$$

oder

$$\frac{\partial \xi}{\partial v}\, \mathfrak{e}_1 + \xi(q_1\, \mathfrak{e}_3 - r_1\, \mathfrak{e}_2) = \frac{\partial \eta_1}{\partial u}\, \mathfrak{e}_2 + \eta_1\, (r\, \mathfrak{e}_1 - p\, \mathfrak{e}_3),$$

woraus wegen $p = 0$, $q_1 = 0$:

$$\frac{\partial \xi}{\partial v} = \eta_1\, r, \quad \frac{\partial \eta_1}{\partial u} = -\, \xi\, r_1.$$

Aus der anderen Identität erhalte ich

$$\frac{\partial}{\partial v}(q\, \mathfrak{e}_3 - r\, \mathfrak{e}_2) = -\, \frac{\partial}{\partial u}(r_1\, \mathfrak{e}_2),$$

$$\frac{\partial}{\partial v}(r\, \mathfrak{e}_1) \qquad = \qquad \frac{\partial}{\partial u}(r_1\, \mathfrak{e}_1 - p_1\, \mathfrak{e}_3),$$

$$\frac{\partial}{\partial v}(q\, \mathfrak{e}_1) \qquad = -\, \frac{\partial}{\partial u}(p_1\, \mathfrak{e}_2),$$

oder

$$q\, p_1\, \mathfrak{e}_2 + \mathfrak{e}_3\, \frac{\partial q}{\partial v} - r(r_1\, \mathfrak{e}_1 - p_1\, \mathfrak{e}_3) - \mathfrak{e}_2\, \frac{\partial r}{\partial v} = -\, r_1\, r\, \mathfrak{e}_1 - \mathfrak{e}_2\, \frac{\partial r_1}{\partial u},$$

$$r_1(q\, \mathfrak{e}_3 - r\, \mathfrak{e}_2) + \mathfrak{e}_1\, \frac{\partial r_1}{\partial u} + p_1\, q\, \mathfrak{e}_1 - \mathfrak{e}_3\, \frac{\partial p_1}{\partial u} = -\, r\, r_1\, \mathfrak{e}_2 + \mathfrak{e}_1\, \frac{\partial r}{\partial v},$$

$$-\, q\, r_1\, \mathfrak{e}_2 + \mathfrak{e}_1\, \frac{\partial q}{\partial v} \qquad = -\, p_1\, r\, \mathfrak{e}_1 - \mathfrak{e}_2\, \frac{\partial p_1}{\partial u},$$

woraus

$$\frac{\partial r}{\partial v} - \frac{\partial r_1}{\partial u} = q\, p_1, \quad \frac{\partial q}{\partial v} = -\, r\, p_1, \quad \frac{\partial p_1}{\partial u} = r_1\, q.$$

Die gefundenen Differentialrelationen sind als spezielle Fälle in den Relationen enthalten, welche Kirchhoff und Darboux zwischen den Translations- und Rotationskomponenten eines starren Systems, dessen Bewegung von zwei Parametern abhängt, aufgestellt haben (Kirchhoff, Vorlesungen über mathematische Physik, 4. und 5. Vorlesung, Darboux, Théorie générale des surfaces, I, 49, 66, und Lelieuvre, Nouv. Ann. (4) **4**, 309 bis 313).

156. *Die kinematische Grundgleichung für den starren Körper.* — Die in Nr. **152** entwickelten Differentialrelationen spielen sowohl in der Flächentheorie wie in der Mechanik eine fundamentale Rolle. Ich will von ihnen eine einfache Anwendung auf die Kinematik des starren Körpers machen. Ich betrachte die Bewegung eines starren Körpers in bezug auf ein im Raume festes System mit dem Nullpunkt O und denke mir mit dem Körper fest verbunden ein zweites System, dessen Nullpunkt in den Schwerpunkt S des Körpers falle, und auf dessen Achsen die Einheitsvektoren e_1, e_2, e_3 liegen mögen. P sei ein Punkt des Körpers,

dann ist

$$P - O = \varrho, \quad S - P = r, \quad S - O = s,$$

$$\varrho = s - r, \quad \frac{d\varrho}{dt} = \frac{ds}{dt} - \frac{dr}{dt}.$$

Anderseits kann ich ansetzen

$$r = x e_1 + y e_2 + z e_3,$$

wo x, y, z Konstante sind und e_1, e_2, e_3 von der Zeit abhängen. Aus der Differentialidentität in Nr. **152** finde ich daher

$$\frac{dr}{dt} = | \, r \, u.$$

Demnach folgt

$$\frac{d\varrho}{dt} = \frac{ds}{dt} - | \, r \, u,$$

oder

$$v = v_0 + | \, u \, r.$$

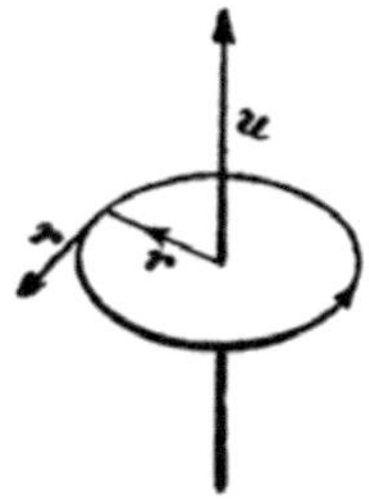

Fig. 32.

Hier stellt $v = \frac{d\varrho}{dt}$ die Geschwindigkeit eines Körperpunktes in bezug auf das feste System dar, $v_0 = \frac{ds}{dt}$ die Geschwindigkeit des Körperschwerpunktes bezogen auf das feste System, d. i. die Translationsgeschwindigkeit, und $| \, r \, u$ die Rotationsgeschwindigkeit, deren Richtung durch die Festsetzung bestimmt ist, daß das System $| \, u \, r, \, u, \, r$ einem Rechtssystem entspricht (Fig. 32). Das ist *die kinematische Grundgleichung für die allgemeinste Bewegung des starren Körpers.*

157. *Die gewöhnlichen Wurfgesetze.* — Bei dem Wurf im luftleeren Raum ist die Ursache der Bewegungsänderung die Erdschwere, deren Wirkung, d. i. die Beschleunigung, durch den Vektor **g** gemessen werde. Bezeichnet **r** die Strecke, welche von einem festen Punkt nach dem beweglichen Massenpunkt gezogen ist, so ist diese Beschleunigung gleich $\frac{d^2\mathbf{r}}{dt^2}$, demnach entsteht die Gleichung $\frac{d^2\mathbf{r}}{dt^2} = \mathbf{g}$. Ist die Wirkung, also die Strecke **g**, konstant, so folgt durch Integration unmittelbar

$$\frac{d\mathbf{r}}{dt} = \mathbf{c} + \mathbf{g}\,t, \quad \mathbf{r} = \mathbf{b} + \mathbf{c}\,t + \tfrac{1}{2}\mathbf{g}\,t^2,$$

wo **b**, **c** willkürliche konstante Strecken, **b** die Anfangsgeschwindigkeit, **c** den Anfangswert von **r** bezeichnen. Die letzte Gleichung sagt aus, daß die drei Vektoren **r** − **b**, **c** und **g** einer und derselben Ebene parallel sind. Die Bewegung verläuft also in einer Ebene und beschreibt eine Parabel.

158. *Der Flächensatz bei der Planetenbewegung.* — Der Radiusvektor **r**, welcher das Zentrum mit dem Planeten verbindet, beschreibe im Zeitelement dt die Fläche $d\varphi$ und komme dabei in die neue Lage $\mathbf{r} + d\mathbf{r}$, dann ist die beschriebene Fläche

$$2\,d\varphi = \mathbf{r} \quad d\mathbf{r},$$

woraus

$$2\frac{d\varphi}{dt} = \mathbf{r} \quad \frac{d\mathbf{r}}{dt},$$

folglich

$$2\frac{d^2\varphi}{dt^2} = \mathbf{r} \quad \frac{d^2\mathbf{r}}{dt^2} + \frac{d\mathbf{r}}{dt} \quad \frac{d\mathbf{r}}{dt}.$$

Hier sieht man zunächst, daß der zweite Summand auf der rechten Seite verschwindet, weil das äußere Produkt zweier gleicher Vektoren Null ist. Aber auch der erste Summand muß verschwinden. Der Faktor $\frac{d^2\mathbf{r}}{dt^2}$ ist die Beschleunigung des Planeten, also der Gravitation proportional, und diese ist nach dem Zentrum gerichtet. Da nun der Radiusvektor **r** das Zentrum mit dem Planeten verbindet, haben die Faktoren des äußeren Produktes $r \frac{d^2r}{dt^2}$ gleiche Richtung, daher ist dieses Produkt gleich Null. Folglich ergibt sich $\frac{d^2\varphi}{dt^2} = 0$, d. h. $\frac{d\varphi}{dt}$ gleich einer konstanten Fläche, und das ist das erste Kepler-sche Gesetz.

159. *Über die Zweikörperbewegung.* — Zwei Massenpunkte P, P' bewegen sich frei mit gegebenen Anfangsgeschwindig-keiten, allein ihrer gegenseitigen Anziehung oder Abstoßung unterworfen. Ihre Massen seien m, m', und die Kraft, womit sie aufeinander wirken, werde durch den Vektor $\mathbf{k}$ dargestellt. Alsdann lauten die Lagrangeschen Gleichungen der Bewegung in vektorieller Form

$$m \frac{d^2P}{dt^2} = \mathbf{k}, \qquad m' \frac{d^2P'}{dt^2} = -\mathbf{k},$$

woraus durch Addition

$$m \frac{d^2P}{dt^2} + m' \frac{d^2P'}{dt^2} = 0$$

und durch Integration

$$m \frac{dP}{dt} + m' \frac{dP'}{dt} = \mathbf{c}$$

folgt, d. h. die Resultante der Momentankräfte bleibt nach Größe und Richtung konstant.

Wird noch

$$mP + m'P' = (m + m')P_0$$

gesetzt, wo P_0 den Massenmittelpunkt bedeutet, so folgt

$$(m + m') \frac{dP_0}{dt} = \mathbf{c},$$

d. h. der Massenmittelpunkt bewegt sich geradlinig mit konstanter Geschwindigkeit.

Multipliziere ich weiter die Ausgangsgleichungen mit P bzw. P' äußerlich, so wird

$$m \left[P \frac{d^2P}{dt^2} \right] + m' \left[P' \frac{d^2P'}{dt^2} \right] = [P\mathbf{k}] - [P'\mathbf{k}] = [P - P' \ \mathbf{k}].$$

Hier verschwindet die rechte Seite, denn in dem äußeren Produkt $[P - P'\ \mathbf{k}]$ fallen die Richtungen der Vektoren $P - P'$ und $\mathbf{k}$ zusammen. Aus der Gleichung

$$m\left[P \frac{d^2 P}{dt^2}\right] + m'\left[P' \frac{d^2 P'}{dt^2}\right] = 0$$

folgt dann durch Integration, da

$$\frac{d}{dt}\left[P \frac{dP}{dt}\right] = \left[P \frac{d^2 P}{dt^2}\right] + \left[\frac{dP}{dt} \frac{dP}{dt}\right] = P \frac{d^2 P}{dt^2}$$

ist:

$$m\left[P \frac{dP}{dt}\right] + m'\left[P' \frac{dP'}{dt}\right] = \mathfrak{C}$$

oder, wenn E einen beliebigen festen Punkt bedeutet:

$$m\left[(P - E)\ \frac{d(P - E)}{dt}\right] + m'\left[(P' - E)\ \frac{d(P' - E)}{dt}\right] = \gamma,$$

d. h. das resultierende Paar der Momentankräfte bleibt während der Bewegung nach Größe und Richtung konstant. Dieses Resultat mit dem oben gewonnenen zusammenfassend, kann man sagen: Es bleibt während der Bewegung die Stoßschraube nach Größe und Richtung konstant.

Aus der vorletzten Gleichung lassen sich noch weitere Schlüsse ziehen. Auf der linken Seite steht die Summe zweier gebundener Vektoren, und zwar bedeutet $\left[P \frac{dP}{dt}\right]$ die Tangente der Bahn im Punkte P und $\left[P' \frac{dP'}{dt}\right]$ die entsprechende Tangente in P'. Die Konstante $\mathfrak{C}$ auf der rechten Seite bedeutet daher eine allgemeine Größe zweiter Stufe, eine Schraube.

Jetzt multipliziere ich diese Gleichung einmal mit einem beliebigen Punkt X, das andere Mal mit einer beliebigen Ebene ξ, so folgt

$$m\left[P \frac{dP}{dt}\ X\right] + m'\left[P' \frac{dP'}{dt}\ X\right] = [\mathfrak{C}X],$$

$$m\left[P \frac{dP}{dt}\ \xi\right] + m'\left[P' \frac{dP'}{dt}\ \xi\right] = [\mathfrak{C}\xi].$$

Die erste dieser beiden Gleichungen stellt eine vektorielle Beziehung zwischen drei Ebenen dar, sagt also aus, daß sich die drei Ebenen in einer Geraden schneiden. Und zwar ergibt sich der Satz: Legt man durch die Tangenten, welche man in den beiden Punkten an ihre Bahnen ziehen kann, und einen beliebigen festen Punkt Ebenen, so schneiden sich alle diese Ebenen auf einer festen Ebene, der *invariabeln* Ebene.

Die zweite Gleichung liefert eine Beziehung zwischen drei Punkten, besagt also, daß die drei Punkte stets kollinear liegen. Demnach erhält man den zweiten Satz: Die Tangenten, welche man in den beiden Punkten an ihre Bahnen legen kann, schneiden eine beliebige feste Ebene in zwei Punkten, deren Verbindungslinie stets durch einen und denselben festen Punkt geht.

Der erste Satz rührt von Poinsot, sein duales Gegenstück von Herrn Mehmke (Zeitschr. f. Math. u. Ph. **49**, 96) her.

160. *Die Eulerschen Differentialgleichungen des kräftefreien Kreisels.* — Unter einem kräftefreien Kreisel verstehe ich einen schweren Körper, der in seinem Schwerpunkt O aufgehängt ist. Erhält derselbe einen einmaligen Impuls, so ist seine Bewegung bekannt, wenn ich weiß, wie sich der Endpunkt des Impulsvektors, bezogen auf das mit dem Kreisel fest verbundene System, bewegt. Ich kann dann den Vektor $\mathfrak{i}$ der Nr. **152** als den Impuls des Körpers deuten, der nur von einer Variablen, der Zeit t, abhängt. Was den Vektor $\mathfrak{j}$ anbetrifft, so stellt er den Impuls, bezogen auf das im Raume feste System, dar. Wenn nun auf den Körper keine weiteren äußeren Kräfte einwirken, ist *der Impuls im Raume konstant,* daher $\frac{d\mathfrak{j}}{dt} = 0$. Demnach fließt aus der genannten Nummer die Differentialgleichung

$$\frac{d\mathfrak{i}}{dt} = |\,\mathfrak{i}\,\mathfrak{u}$$

als *vektorielle Form der Eulerschen Gleichungen des kräftefreien Kreisels.* Dieselbe findet sich bereits in der Kreiseltheorie von Klein und Sommerfeld mit der Abänderung, daß daselbst der Bivektor im Hamiltonschen Sinn wieder als Vektor aufgefaßt ist.

Die kinematische Bedeutung des Vektors **u** ergibt sich aus folgender Überlegung. Diejenigen Punkte des Kreisels, welche im Zeitelement dt dem Vektor **u** angehören, haben auf Grund der obigen Gleichung die Geschwindigkeit Null, alle anderen Punkte bewegen sich mit Geschwindigkeiten, deren Vektor auf der Ebene des Bivektors **iu** senkrecht steht, d. h. der Kreisel bewegt sich so, wie wenn er um die Achse **u** rotierte. Der Vektor **u** ist daher als der *momentane oder instantane Drehvektor* anzusprechen. Und der Inhalt der obigen Gleichung lautet: Die resultierende Geschwindigkeit eines Kreiselpunktes wird durch einen Vektor dargestellt, der auf dem Dreh- und dem Impulsvektor senkrecht steht und so gerichtet ist, daß der letztere in den ersteren auf dem kürzesten Wege durch eine positive Drehung übergeführt wird, daß also die drei Vektoren ein „Rechtssystem" bilden. Die Größe der Geschwindigkeit wird durch den Inhalt des aus Impuls- und Drehvektor gebildeten Parallelogramms, der gleich $iu \sin (\mathbf{i}, \mathbf{u})$ ist, gemessen.

Um die skalare Form der Eulerschen Gleichungen zu gewinnen, nenne ich zunächst, in Anlehnung an die in der Mechanik übliche Bezeichnung, L, M, N die Impulskoordinaten, bezogen auf das im Kreisel feste System, und p, q, r die Rotationskomponenten in demselben System. Alsdann ergibt sich aus der obigen Differentialgleichung:

$$\frac{dL}{dt} = rM - qN, \quad \frac{dM}{dt} = pN - rL, \quad \frac{dN}{dt} = qL - pM.$$

Lasse ich nun das mit dem Kreisel verbundene System mit dem Hauptträgheitskreuz zusammenfallen und benutze die Relationen, welche alsdann zwischen den Impulskomponenten und den Komponenten der Rotation bestehen, nämlich

$$L = Ap, \quad M = Bq, \quad N = Cr,$$

so erhalte ich die Differentialgleichungen

$$A\frac{dp}{dt} = (B - C)qr, \quad B\frac{dq}{dt} = (C - A)rp, \quad C\frac{dr}{dt} = (A - B)pq,$$

und das sind die Eulerschen Gleichungen des kräftefreien Kreisels in ihrer gewöhnlichen Form.

Dieselben sagen, rein kinetisch betrachtet, nichts anderes aus, als daß bei der kräftefreien Drehung eines starren Körpers um einen festen Punkt der Impulsvektor im Raume konstant bleibt.

Der in den Eulerschen Gleichungen auftretende Vektor **i u** hat, worauf die Herren **Klein** und **Sommerfeld** in ihrer Kreiseltheorie hingewiesen haben, noch eine kinetische Bedeutung. Er stellt nämlich *den von den Zentrifugalkräften herrührenden unendlich kleinen Drehstoß* dar.

Treten jetzt äußere Kräfte hinzu, so lassen sich diese zu einer einzigen Drehkraft **k** mit Bezug auf den festen Punkt zusammensetzen, so daß

$$\frac{d\mathbf{j}}{dt} = \mathbf{k}$$

wird. Und die Eulerschen Gleichungen nehmen alsdann die allgemeinere Form an

$$\frac{d\mathbf{l}}{dt} = |\,\mathbf{i\,u} + \mathbf{k}.$$

Sie bringen in vektorieller Form die Tatsache zum Ausdruck, daß die Änderungsgeschwindigkeit des Impulsvektors im Raume gleich der von den äußeren Kräften herrührenden Drehkraft ist.

161. *Die Impulsgleichungen des starren Körpers.* — Auf die Massenpunkte des starren Körpers mögen die äußeren Kräfte $\mathbf{k}_1$, $\mathbf{k}_2$, ... wirken und ihnen die Beschleunigungen $\frac{d\mathbf{v}_1}{dt}$, $\frac{d\mathbf{v}_2}{dt}$, ... erteilen. Diesen Beschleunigungen entsprechen die Trägheitskräfte $-\,m_1\frac{d\mathbf{v}_1}{dt}$, $-\,m_2\frac{d\mathbf{v}_2}{dt}$, ..., welche ebenfalls an den Massenpunkten angreifen. Nach dem d'Alembertschen Prinzip müssen die äußeren Kräfte den Trägheitskräften das Gleichgewicht halten. Das ist, gemäß dem Prinzip der virtuellen Arbeit, der Fall, wenn die Arbeit, welche die Kräfte $\mathbf{k}_1 - m_1\frac{d\mathbf{v}_1}{dt}$, $\mathbf{k}_2 - m_2\frac{d\mathbf{v}_2}{dt}$, ... bei jeder kinematisch möglichen Bewegung leisten, verschwindet. Es muß also das skalare Produkt

$$\Sigma\left[\mathbf{k}_i - m_i\frac{d\mathbf{v}_i}{dt}\,|\,\mathbf{v}_i\right] = 0$$

sein. Nun ist nach der kinematischen Grundgleichung in Nr. **156**

$$\mathbf{v}_i = \mathbf{v}_0 + |\ \mathbf{u}\,\mathbf{r}_i,$$

daher muß

$$\Sigma\left[\left(\mathbf{k}_i - m_i\frac{d\mathbf{v}_i}{dt}\right)|\ \mathbf{v}_0\right] + \Sigma\left[\left(\mathbf{k}_i - m_i\frac{d\mathbf{v}_i}{dt}\right)||\ \mathbf{u}\,\mathbf{r}_i\right]$$

für beliebige Werte der Translations- und Rotationsgeschwindig-
keiten verschwinden. Dieser Forderung wird nur dann genügt,
erstens wenn $\Sigma\left(\mathbf{k}_i - m_i\frac{d\mathbf{v}_i}{dt}\right) = 0$ oder

$$\Sigma\mathbf{k}_i = \frac{d}{dt}\,\Sigma m_i\mathbf{v}_i,$$

d. h., wenn die Änderungsgeschwindigkeit des Impulsvektors
gleich der resultierenden Stoßkraft ist, und zweitens wenn das
äußere Produkt $\Sigma\left[\left(\mathbf{k}_i - m_i\frac{d\mathbf{v}_i}{dt}\right)\mathbf{u}\ \mathbf{r}_i\right]$ verschwindet. Das
letztere läßt sich schreiben in der Form $\left[\mathbf{u}\ \Sigma\ \mathbf{r}_i\left(\mathbf{k}_i - m_i\frac{d\mathbf{v}_i}{dt}\right)\right]$.
Daher muß $\Sigma\left[\mathbf{r}_i\left(\mathbf{k}_i - m_i\frac{d\mathbf{v}_i}{dt}\right)\right] = 0$ oder

$$\Sigma[\mathbf{r}_i\mathbf{k}_i] = \Sigma m_i\left[\mathbf{r}_i\frac{d\mathbf{v}_i}{dt}\right]$$

sein. Berücksichtigt man, daß $\left[\mathbf{r}_i\frac{d\mathbf{v}_i}{dt}\right] = \frac{d}{dt}[\mathbf{r}_i\mathbf{v}_i] - \left[\frac{d\mathbf{r}_i}{dt}\mathbf{v}_i\right]$
und daß die Geschwindigkeit $\frac{d\mathbf{r}_i}{dt}$ gleich der Differenz $\mathbf{v}_i - \mathbf{v}_0$
ist, so ergibt sich die zweite Bedingung in der Form

$$\Sigma[\mathbf{r}_i\mathbf{k}_i] = \frac{d}{dt}\Sigma[\mathbf{r}_i\ m_i\mathbf{v}_i] + [\mathbf{v}_0\ \Sigma m_i\mathbf{v}_i].$$

Man bezeichnet nun den Vektor $\Sigma m_i\mathbf{v}_i$ als *Schiebeimpuls* oder
kurz als *Impuls* und die Ergänzung des Bivektors $[\mathbf{r}_i\ m_i\mathbf{v}_i]$
als *Drehimpuls*, die Summe beider als *Impulsschraube* und die
beiden Gleichungen

$$\frac{d}{dt}\Sigma m_i\mathbf{v}_i\ = \Sigma\mathbf{k}_i$$

$$\frac{d}{dt}\Sigma[\mathbf{r}_i\ m_i\mathbf{v}_i] + [\mathbf{v}_0\ \Sigma m_i\mathbf{v}_i] = \Sigma[\mathbf{r}_i\mathbf{k}_i]$$

als die *Impulsgleichungen* des starren Körpers.

162. *Die Impulsgleichungen des Elektrons.* — Die Impulsgleichungen des starren Körpers haben in neuester Zeit eine erweiterte Anwendung auf das Gebiet der Elektrodynamik gefunden.

Nämlich, bei den elektromagnetischen Schwingungen kann man zwei Gruppen unterscheiden, je nachdem es sich um die freien oder um die erzwungenen elektromagnetischen Wellen, also insbesondere die elektrischen Wellen in Drähten handelt. Die von Maxwell und Hertz geschaffenen Anschauungen haben nun bei der zweiten Gruppe durch Einführung des *Elektrons* eine Modifikation erfahren. (Vgl. O. Lummer, Arch. der Math. u. Ph. (3) **8**, 227—234.)

Das Elektron, das Atom der negativen Elektrizität, wird als eine starre Kugel betrachtet, über welche die Elektrizität gleichförmig verteilt ist. Und es wird die Hypothese aufgestellt: Wie die Materie an den Volumenelementen des starren Körpers, so haftet die Elektrizität an den Volumenelementen des starren Elektrons. Demnach muß für die Bewegungen des Elektrons die kinematische Grundgleichung des starren Körpers gelten, wie sie in Nr. **156** aufgestellt worden ist. Indem ich mich der in der Elektronentheorie üblichen Schreibweise anschließe (vgl. Abraham, Annalen der Physik (4) **10**, 105—179), schreibe ich diese Gleichung in der Form:

$$\mathfrak{w} = \mathfrak{q} + |\,[\mathfrak{u}\,\mathfrak{r}],$$

wo der Vektor $\mathfrak{q}$ die Translationsgeschwindigkeit des Elektrons, $\mathfrak{u}$ seine momentane Rotationsachse und $\mathfrak{r}$ den vom Mittelpunkt nach einem beliebigen Punkt des Elektrons gezogenen Radiusvektor bezeichnet.

Um das vom Elektron erregte elektromagnetische Feld zu beschreiben, bedient man sich seit Hertz zweier Vektoren, des elektrischen Vektors $\mathfrak{E}$ und des magnetischen Vektors $\mathfrak{H}$. Aus ihnen setzt sich in einfacher Weise ein dritter Vektor zusammen, der Poynting sche oder *Energie*-Vektor $\mathfrak{S}$, welcher durch die Ergänzung des Bivektors $[\mathfrak{E}\mathfrak{H}]$ dargestellt wird:

$$\mathfrak{S} = \frac{c}{4\pi} \,|\, [\mathfrak{E}\mathfrak{H}],$$

wo c die Lichtgeschwindigkeit bedeutet. Derselbe bestimmt die Energiewanderung in dem elektromagnetischen Felde: Die Richtung dieser Energiewanderung steht senkrecht zur elektrischen und magnetischen Kraft, in dem Sinne, daß die drei Vektoren $\mathfrak{S}$, $\mathfrak{E}$, $\mathfrak{H}$ ein Rechtssystem bilden; und die Energiemenge, welche durch jede Flächeneinheit einer zur Wanderungsrichtung senkrecht gelegten Ebene in einer Sekunde geht, ist gleich dem Flächeninhalt des Parallelogramms mit den Seiten $\mathfrak{E}$ und $\mathfrak{H}$, multipliziert mit dem Faktor $\frac{c}{4\pi}$.

Definiere ich endlich mit Abraham das über den unendlichen Raum erstreckte Integral

$$\mathfrak{G} = \frac{1}{c^2} \iiint \mathfrak{S} \; dv$$

als den *Impuls* des Elektrons,

$$\mathfrak{M} = \frac{1}{c^2} \iiint [\mathfrak{r}\mathfrak{S}] \, dv$$

als den *Drehimpuls*, bezogen auf den Mittelpunkt des Elektrons, und setzt sich die äußere Stoßschraube aus der Schiebekraft $\mathfrak{R}$ und der Drehkraft Θ zusammen, so liefern die dynamischen Grundgleichungen der vorstehenden Nummer die Impulsgleichungen des Elektrons:

$$\frac{d\mathfrak{G}}{dt} = \mathfrak{R},$$

$$\frac{d\mathfrak{M}}{dt} + [\mathfrak{q}\mathfrak{G}] = \Theta.$$

Formal stimmen also die Bewegungsgleichungen des Elektrons durchaus mit denjenigen eines starren Körpers in einer idealen Flüssigkeit überein.

Dennoch ist das elektrodynamische Problem weit komplizierter als dasjenige der Mechanik. Während nämlich hier die Komponenten von Impuls und Drehimpuls mit der jeweiligen Translations- bzw. Rotationsgeschwindigkeit linear zusammenhängen, sind der elektromagnetische Impuls und Drehimpuls durchaus keine linearen Funktionen der momentanen Geschwindigkeit. Vielmehr, da sie durch Integrale über das ganze Feld definiert sind, hängen sie von der Bewegung ab, die das Elektron von Anbeginn an bis zum gegenwärtigen Zeitpunkt ausgeführt hat. Nur in dem speziellen Fall der *quasistationären Bewegung*, wie bei langsamen Kathodenstrahlen, nehmen die in Rede stehenden Relationen lineare Form an.

163. *Polare und axiale Vektoren und Bivektoren.* — Ich nehme den in der vorigen Nummer gemachten Exkurs in die Elektrizitätslehre zum Anlaß, um von einem Einteilungsprinzip bei den Vektoren zu sprechen, welches Maxwell in die physikalische Richtung der Vektoranalysis eingeführt hat, und welches mit der Unterscheidung zwischen Vektor und Bivektor in der Graßmannschen Richtung der Vektoranalysis eng zusammenhängt. Maxwell unterscheidet nämlich zwischen translatorischen und rotatorischen oder wie man neuerdings, nach W. Voigt, sagt, zwischen polaren und axialen Vektoren. Auf diesen Unterschied kommt man, wenn man — was bisher allerdings nicht geschehen ist — *Inversionen des Koordinatensystems* in Betracht zieht.

Geht man vom Vektor als Differenz zweier Punkte aus und führt den Bivektor als äußeres Produkt zweier solcher Vektoren ein, so kann man nach der Veränderung fragen, welche Vektor und Bivektor erleiden, wenn das Rechtssystem durch das Linkssystem ersetzt wird. Es zeigt sich, daß der Vektor bei Inversion das Vorzeichen wechselt, während der Bivektor und folglich auch seine Ergänzung das Vorzeichen bewahren. Der Vektor a, definiert als Differenz zweier Punkte, hat *polaren* Charakter, seine Ergänzung liefert einen polaren Bivektor; der Bivektor $[bc]$, definiert als äußeres Produkt zweier solcher Vektoren, hat *axialen* Charakter, und seine Ergänzung $|[bc]$ liefert einen axialen Vektor. Daraus folgt, daß das äußere Produkt aus einem polaren und einem axialen Vektor, $[a | bc]$, zu einem polaren Bivektor und seine Ergänzung zu einem polaren Vektor führt, daß dagegen das äußere

Produkt aus zwei axialen Vektoren, $[|\,\mathbf{a}\,\mathbf{d}\,|\,\mathbf{b}\,\mathbf{c}] = |\,[\mathbf{a}\,\mathbf{d}\,\mathbf{b}\,\mathbf{c}]$, einen axialen Bivektor und seine Ergänzung einen axialen Vektor liefert. Will ich also über die Natur eines geometrischen oder dynamischen oder physikalischen Vektors etwas aussagen, so habe ich seine Entstehung bzw. seine Definition zu beachten.

In diesem Sinne ist der gebundene Vektor als Verbindung zweier Punkte polar, als Schnitt zweier Ebenen axial. Kraft bzw. Kräftepaar der Statik und entsprechend Schiebung bzw. Drehung der Kinematik besitzen polaren bzw. axialen Charakter; da in der Elektrizitätslehre der elektrische Vektor als polarer, der magnetische Vektor als axialer Vektor angesprochen wird, so ist der Poyntingsche Vektor polarer Natur.

Achtzehntes Kapitel.

Differentialoperator und Tensor mit Anwendungen auf die Mechanik des deformierbaren Körpers.

164. *Definition von Curl, Divergenz und Gradient.* — Für die mathematische Physik sind eine Reihe von Differentialformen von besonderer Wichtigkeit, die sich aus einem Vektor oder Skalar durch äußere oder innere Multiplikation mit einem vektoriellen oder skalaren Differentialoperator herleiten lassen.

Ich will zunächst die beiden wichtigsten Vektoren definieren, welche aus einem Vektor entspringen, wenn derselbe äußerlich oder innerlich mit einem *vektoriellen Differentialoperator* multipliziert wird.

Der Feldvektor

$$\mathfrak{a} = a_1 \mathfrak{e}_1 + a_2 \mathfrak{e}_2 + a_3 \mathfrak{e}_3$$

sei eine Funktion der Variabeln x, y, z, dann folgt

$$\frac{\partial \mathfrak{a}}{\partial x} = \frac{\partial a_1}{\partial x} \mathfrak{e}_1 + \frac{\partial a_2}{\partial x} \mathfrak{e}_2 + \frac{\partial a_3}{\partial x} \mathfrak{e}_3$$

$$\frac{\partial \mathfrak{a}}{\partial y} = \frac{\partial a_1}{\partial y} \mathfrak{e}_1 + \frac{\partial a_2}{\partial y} \mathfrak{e}_2 + \frac{\partial a_3}{\partial y} \mathfrak{e}_3$$

$$\frac{\partial \mathfrak{a}}{\partial z} = \frac{\partial a_1}{\partial z} \mathfrak{e}_1 + \frac{\partial a_2}{\partial z} \mathfrak{e}_2 + \frac{\partial a_3}{\partial z} \mathfrak{e}_3.$$

Multipliziere ich diese Gleichungen nacheinander *äußerlich* mit $\mathfrak{e}_1$ bzw. $\mathfrak{e}_2$, $\mathfrak{e}_3$, so ergibt sich durch Addition

$$\mathfrak{e}_1 \frac{\partial \mathfrak{a}}{\partial x} + \mathfrak{e}_2 \frac{\partial \mathfrak{a}}{\partial y} + \mathfrak{e}_3 \frac{\partial \mathfrak{a}}{\partial z} = \left(\frac{\partial a_3}{\partial y} - \frac{\partial a_2}{\partial z}\right) | \mathfrak{e}_1 + \left(\frac{\partial a_1}{\partial z} - \frac{\partial a_3}{\partial x}\right) | \mathfrak{e}_2 + \left(\frac{\partial a_2}{\partial x} - \frac{\partial a_1}{\partial y}\right) | \mathfrak{e}_3,$$

und das ist ein Bivektor, dessen Ergänzung nach **Maxwell** als *Curl* des Vektors $\mathfrak{a}$ bezeichnet wird:

$$\operatorname{curl} \mathfrak{a} = \left(\frac{\partial a_3}{\partial y} - \frac{\partial a_2}{\partial z}\right) \mathfrak{e}_1 + \left(\frac{\partial a_1}{\partial z} - \frac{\partial a_3}{\partial x}\right) \mathfrak{e}_2 + \left(\frac{\partial a_2}{\partial x} - \frac{\partial a_1}{\partial y}\right) \mathfrak{e}_3.$$

Die Curloperation läßt sich als die Ergänzung einer äußeren Multiplikation des Vektors **a** mit dem von Hamilton eingeführten *vektoriellen* Operator (sprich *nabla*)

$$\nabla = e_1 \frac{\partial}{\partial x} + e_2 \frac{\partial}{\partial y} + e_3 \frac{\partial}{\partial z}$$

auffassen, also

$$\text{curl } a = |\,[\nabla a].$$

Nehme ich statt des einfachen Vektors **a** den Bivektor $|\,a$, so tritt an die Stelle des Nabla-Operators seine Ergänzung und es wird, wegen $|\,[\,|\,\nabla\,|\,a] = [\nabla a]$

$$\text{curl } |\,a = [\nabla a] = |\,\text{curl } a,$$

d. h. der Curl zu der Ergänzung eines Vektors ist gleich der Ergänzung zu dem Curl des Vektors.

Multipliziere ich andrerseits die Gleichungen des obigen Gleichungstripels nacheinander *innerlich* mit e_1 bzw. e_2, e_3, so erhalte ich nach Addition

$$e_1 \,|\, \frac{\partial a}{\partial x} + e_2 \,|\, \frac{\partial a}{\partial y} + e_3 \,|\, \frac{\partial a}{\partial z} = \frac{\partial a_1}{\partial x} + \frac{\partial a_2}{\partial y} + \frac{\partial a_3}{\partial z},$$

und das ist ein Skalar, der nach W. K. Clifford die *Divergenz* des Vektors a genannt wird, also

$$\text{div } a = \frac{\partial a_1}{\partial x} + \frac{\partial a_2}{\partial y} + \frac{\partial a_3}{\partial z}.$$

Die Divergenzoperation läßt sich als eine innere Multiplikation des Vektors **a** mit dem *vektoriellen* Operator ∇ auffassen:

$$\text{div } a = [\nabla \,|\, a].$$

Nehme ich statt des Vektors **a** seine Ergänzung, so ist der Nabla-Operator wieder durch seine Ergänzung zu ersetzen, und es wird

$$\text{div } |\,a = [|\,\nabla\,\|\,a] = |\,[\nabla\,|\,a] = \text{div } a,$$

d. h. die Divergenz zu der Ergänzung eines Vektors ist gleich der Divergenz des Vektors selber.

Während also die Divergenzoperation den Vektor und Bivektor in Skalare verwandelt, läßt die Curloperation aus dem Vektor und dem Bivektor wieder einen Vektor bzw. Bivektor entspringen. Und zwar ist der Curl eines polaren (axialen) Vektors bzw. Bivektors offenbar axial (polar). Der Nabla-Operator ist stets polar.

Aus der Reihe anderer Differentialformen, die in der mathematischen Physik Verwendung finden, begnüge ich mich, noch eine herauszugreifen.

Multipliziere ich den vektoriellen Operator ∇ mit einem Skalar a, so erhalte ich

$$\nabla a = \frac{\partial a}{\partial x}\, \mathbf{e_1} + \frac{\partial a}{\partial y}\, \mathbf{e_2} + \frac{\partial a}{\partial z}\, \mathbf{e_3},$$

und das ist ein Vektor, der, negativ genommen, als *Gradient* oder *Gefälle* des Skalars a bezeichnet wird, also

$$\operatorname{grad} a = -\,\nabla a.$$

Hierdurch wird jedem Skalarfeld ein Vektorfeld zugeordnet. Das Quadrat des numerischen Wertes dieses Vektors wird durch die Summe $\left(\frac{\partial a}{\partial x}\right)^2 + \left(\frac{\partial a}{\partial y}\right)^2 + \left(\frac{\partial a}{\partial z}\right)^2$ angegeben, welche bekanntlich nichts anderes als der Lamésche Differentialparameter erster Ordnung ist.

165. *Deutung des Curls in der Kinematik des starren Körpers.* — Ich gehe aus von der kinematischen Grundgleichung des starren Körpers in Nr. **156**:

$$\mathbf{v} = \mathbf{v_0} + |\,\mathbf{u}\mathbf{r}$$

und erinnere daran, daß der Translationsvektor $\mathbf{v_0}$ und der Drehvektor $\mathbf{u}$ für alle Punkte des Körpers konstant sind. Nehme ich jetzt auf beiden Seiten den Curl, so erhalte ich wegen $\operatorname{curl} \mathbf{v_0} = 0$:

$$\operatorname{curl} \mathbf{v} = \operatorname{curl} |\,\mathbf{u}\mathbf{r}.$$

Um die rechte Seite auszuwerten, setze ich an

$$\mathbf{r} = x\mathbf{e_1} + y\mathbf{e_2} + z\mathbf{e_3}, \quad \mathbf{u} = p\mathbf{e_1} + q\mathbf{e_2} + r\mathbf{e_3},$$

so daß

$$|\,\mathbf{u}\mathbf{r} = (zq - yr)\, \mathbf{e_1} + (xr - zp)\, \mathbf{e_2} + (yp - xq)\, \mathbf{e_3}$$

wird; demnach

$$\text{curl} \mid \mathbf{u}\,\mathbf{r} = \left(\frac{\partial (yp - xq)}{\partial y} - \frac{\partial (xr - zp)}{\partial z} \right) \mathbf{e}_1 + \cdots$$

$$= 2p\,\mathbf{e}_1 + 2q\,\mathbf{e}_2 + 2r\,\mathbf{e}_3 = 2\mathbf{u},$$

d. h. der halbe Curl der Weggeschwindigkeit des starren Körpers ist nichts anderes als seine Drehgeschwindigkeit.

166. *Deutung des Curls in der Kinematik des deformierbaren Körpers.* — Beschränke ich die Betrachtung auf unendlich kleine Formänderungen, dann kann ich die Zustandsänderung eines elastischen Körpers als eine Superposition von Translation, Rotation und Dilatation auffassen. Führe ich nun den Verschiebungsvektor $u\,\mathbf{e}_1 + v\,\mathbf{e}_2 + w\,\mathbf{e}_3$ ein, so haben insbesondere die Komponenten der unendlich kleinen Rotation eines Volumelementes die Werte $\frac{1}{2}\left(\frac{\partial w}{\partial y} - \frac{\partial v}{\partial z} \right)$, $\frac{1}{2}\left(\frac{\partial u}{\partial z} - \frac{\partial w}{\partial x} \right)$, $\frac{1}{2}\left(\frac{\partial v}{\partial x} - \frac{\partial u}{\partial y} \right)$, und diese sind, doppelt genommen, nichts anderes als die Komponenten des Curls von $\mathbf{u}$, so daß ich sagen kann: der halbe Curl des Verschiebungsvektors eines deformierbaren Körpers gibt seine Drehgeschwindigkeit.

Deute ich den Vektor $u\,\mathbf{e}_1 + v\,\mathbf{e}_2 + w\,\mathbf{e}_3$ als den Geschwindigkeitsvektor einer Flüssigkeitsströmung, so liefert der halbe Curl desselben ein Maß für die Wirbel- oder Quirlintensität.

Dies ist der Grund, weshalb Maxwell das eine Mal die Bezeichnung rot $\mathbf{a}$ (sprich rotation $\mathbf{a}$), das andere Mal curl $\mathbf{a}$ in Vorschlag gebracht hat.

167. *Das quellenfreie und das wirbelfreie Feld.* — Verschwindet der Curl eines Feldvektors $\mathbf{a}$, so müssen seine Komponenten die Bedingungen erfüllen:

$$\frac{\partial a_3}{\partial y} - \frac{\partial a_2}{\partial z} = 0, \quad \frac{\partial a_1}{\partial z} - \frac{\partial a_3}{\partial x} = 0, \quad \frac{\partial a_2}{\partial x} - \frac{\partial a_1}{\partial y} = 0,$$

alsdann lassen sich die Komponenten a_1, a_2, a_3 als Ableitungen einer und derselben Funktion φ, der skalaren Potentialfunktion, auffassen. Ein Vektorfeld, das ein skalares Potential besitzt, heißt *potentiell* oder *wirbelfrei*.

Verschwindet die Divergenz eines Feldvektors **a**, so lassen sich seine Komponenten auf die Form bringen

$$a_1 = \frac{\partial \varphi_3}{\partial y} - \frac{\partial \varphi_2}{\partial z}, \quad a_2 = \frac{\partial \varphi_1}{\partial z} - \frac{\partial \varphi_3}{\partial x}, \quad a_3 = \frac{\partial \varphi_2}{\partial x} - \frac{\partial \varphi_1}{\partial y},$$

wo

$$\varphi = \varphi_1 \, e_1 + \varphi_2 \, e_2 + \varphi_3 \, e_3$$

das Vektorpotential des Vektorfeldes bedeutet. Man nennt ein solches Feld *solenoidal* oder *quellenfrei*.

Endlich, verschwindet der Gradient eines Skalars a, so ist

$$\frac{\partial a}{\partial x} = 0, \quad \frac{\partial a}{\partial y} = 0, \quad \frac{\partial a}{\partial z} = 0,$$

und man sagt, das Skalarfeld sei ohne *Gefälle*.

Läßt sich nun ein Vektorfeld **a** als Gradient eines Skalars φ ansehen,

$$\mathbf{a} = \operatorname{grad} \varphi,$$

so ist das Vektorfeld wirbelfrei, denn bilde ich

$$\operatorname{curl} \mathbf{a} = \operatorname{curl} \operatorname{grad} \varphi,$$

so erhalte ich

$$\operatorname{curl} \mathbf{a} = -\operatorname{curl}\left(\frac{\partial \varphi}{\partial x} e_1 + \frac{\partial \varphi}{\partial y} e_2 + \frac{\partial \varphi}{\partial z} e_3\right) = -\left(\frac{\partial^2 \varphi}{\partial y \, \partial z} - \frac{\partial^2 \varphi}{\partial z \, \partial y}\right) e_1 + \cdots,$$

d. h. curl **a** verschwindet in diesem Fall, also

$$\operatorname{curl} \operatorname{grad} \varphi = 0.$$

Nehme ich noch die Divergenz dieses Feldvektors, so wird

$$\operatorname{div} \operatorname{grad} \varphi = -\Delta \varphi,$$

wo Δ den wohlbekannten Laméschen Differentialparameter zweiter Ordnung $\frac{\partial^2 \varphi}{\partial x^2} + \frac{\partial^2 \varphi}{\partial y^2} + \frac{\partial^2 \varphi}{\partial z^2}$ bedeutet.

Dagegen, läßt sich ein Vektorfeld **a** als Curl eines anderen darstellen,

$$\mathbf{a} = \operatorname{curl} \varphi,$$

so ist dasselbe quellenfrei, denn bilde ich div **a** = div curl φ, so erhalte ich

$$\operatorname{div} \mathbf{a} = \operatorname{div} \left(\left(\frac{\partial \varphi_3}{\partial y} - \frac{\partial \varphi_2}{\partial z} \right) \mathbf{e}_1 + \left(\frac{\partial \varphi_1}{\partial z} - \frac{\partial \varphi_3}{\partial x} \right) \mathbf{e}_2 + \left(\frac{\partial \varphi_2}{\partial x} - \frac{\partial \varphi_1}{\partial y} \right) \mathbf{e}_3 \right)$$

$$= \frac{\partial^2 \varphi_3}{\partial y \, \partial x} - \frac{\partial^2 \varphi_2}{\partial z \, \partial x} + \frac{\partial^2 \varphi_1}{\partial z \, \partial y} - \frac{\partial^2 \varphi_3}{\partial x \, \partial y} + \frac{\partial^2 \varphi_2}{\partial x \, \partial z} - \frac{\partial^2 \varphi_1}{\partial y \, \partial z},$$

d. h. div a verschwindet in diesem Fall, also

$$\operatorname{div} \operatorname{curl} \boldsymbol{\varphi} = 0.$$

168. *Übungen.* — 1) Zu beweisen, daß

$$\operatorname{div} \mathbf{r} = 3, \qquad \operatorname{curl} \mathbf{r} = 0,$$

$$\operatorname{div}(m\mathbf{a}) = m \operatorname{div} \mathbf{a} - [\mathbf{a} \,|\, \operatorname{grad} m],$$

$$\operatorname{div}[\mathbf{a}\,\mathbf{b}] = [\mathbf{b} \,|\, \operatorname{curl} \mathbf{a}] - [\mathbf{a} \,|\, \operatorname{curl} \mathbf{b}],$$

$$\operatorname{curl}(m\mathbf{a}) = m \operatorname{curl} \mathbf{a} - |\,[\operatorname{grad} m \quad \mathbf{a}].$$

2) Der Gaußsche Satz spricht die Transformation eines Raumintegrals in ein Oberflächenintegral aus. In der Sprache der gewöhnlichen Analysis lautet er:

$$\int \left(\frac{\partial a_1}{\partial x} + \frac{\partial a_2}{\partial y} + \frac{\partial a_3}{\partial z} \right) dv = -\int \big(a_1 \cos(n, x) + a_2 \cos(n, y)$$
$$+ a_3 \cos(n, z) \big) \, ds,$$

wo dv ein Element des begrenzten Raumes v, ds ein Element seiner Oberfläche und n die nach *innen* gerichtete Normale dieser Oberfläche bedeuten. Fasse ich hier a_1, a_2, a_3 als die Komponenten des Vektors $\mathfrak{S}$ auf, dessen nach der Richtung n gemessene Komponente $\mathfrak{S}_n$ genannt werde, dann nimmt der Satz die einfache Gestalt an

$$\int \operatorname{div} \mathfrak{S} \, dv = -\int \mathfrak{S}_n \, ds.$$

3) Bezeichnen X, Y, Z; L, M, N die Komponenten des vom Elektron erregten elektrischen bzw. magnetischen Feldes, v_1, v_2, v_3 die Geschwindigkeitskomponenten für die Punkte des Elektrons, dann lauten die Lorentzschen Feldgleichungen in Koordinatenform wie folgt

$$\frac{1}{c}\frac{\partial X}{\partial t} = \frac{\partial N}{\partial y} - \frac{\partial M}{\partial z} - \frac{4\pi\varrho}{c}\,v_1, \qquad -\frac{1}{c}\frac{\partial L}{\partial t} = \frac{\partial Z}{\partial y} - \frac{\partial Y}{\partial z},$$

$$\frac{1}{c}\frac{\partial Y}{\partial t} = \frac{\partial L}{\partial z} - \frac{\partial N}{\partial x} - \frac{4\pi\varrho}{c}\,v_2, \qquad -\frac{1}{c}\frac{\partial M}{\partial t} = \frac{\partial X}{\partial z} - \frac{\partial Z}{\partial x},$$

$$\frac{1}{c}\frac{\partial Z}{\partial t} = \frac{\partial M}{\partial x} - \frac{\partial L}{\partial y} - \frac{4\pi\varrho}{c}\,v_3, \qquad -\frac{1}{c}\frac{\partial N}{\partial t} = \frac{\partial Y}{\partial x} - \frac{\partial X}{\partial y},$$

$$\frac{\partial X}{\partial x} + \frac{\partial Y}{\partial y} + \frac{\partial Z}{\partial z} = 4\pi\varrho, \qquad \frac{\partial L}{\partial x} + \frac{\partial M}{\partial y} + \frac{\partial N}{\partial z} = 0,$$

wo ϱ die räumliche Dichte der Elektrizität bedeutet. In der Vektorsprache ziehen sich diese Gleichungen zusammen zu der Form:

$$\frac{1}{c}\frac{\partial \mathfrak{E}}{\partial t} = \operatorname{curl} \mathfrak{H} - \frac{4\pi\varrho}{c}\,\mathfrak{v}, \qquad -\frac{1}{c}\frac{\partial \mathfrak{H}}{\partial t} = \operatorname{curl} \mathfrak{E},$$

$$\operatorname{div} \mathfrak{E} = 4\pi\varrho, \qquad \operatorname{div} \mathfrak{H} = 0.$$

Für den freien Äther sowie für Dielektrika ist $\varrho = 0$ zu setzen. In diesem Falle, wo sich also in dem betrachteten Raum keine elektrischen Ladungen vorfinden, ist das elektromagnetische Vektorfeld quellenfrei; und die Gleichungen nehmen die Max-well-Hertzsche Form an.

4) Die Bewegungsgleichungen elastischer Körper haben die klassische Form

$$\mu\,\frac{d v_1}{d t} = \mu X - \frac{\partial X_x}{\partial x} - \frac{\partial X_y}{\partial y} - \frac{\partial X_z}{\partial z},$$

$$\mu\,\frac{d v_2}{d t} = \mu Y - \frac{\partial Y_x}{\partial x} - \frac{\partial Y_y}{\partial y} - \frac{\partial Y_z}{\partial z},$$

$$\mu\,\frac{d v_3}{d t} = \mu Z - \frac{\partial Z_x}{\partial x} - \frac{\partial Z_y}{\partial y} - \frac{\partial Z_z}{\partial z},$$

wo X, Y, Z die Komponenten der auf ein Volumenelement des Körpers wirkenden äußeren Kraft, bezogen auf die Masseneinheit, $X_x, X_y, X_z, Y_x, \ldots$ die Komponenten der Drucke, welche auf die Flächenelemente eines Volumenelementes ausgeübt werden, bezogen auf die Flächeneinheit, und μ die Dichtigkeit dieses Elementes bezeichnen. Um diese Gleichungen vektoriell zu kondensieren, multipliziere ich sie mit e_1, e_2, e_3 und führe den Geschwindigkeitsvektor

$$\mathfrak{v} = v_1\,e_1 + v_2\,e_2 + v_3\,e_3,$$

den Vektor der äußeren Kraft, bezogen auf die Masseneinheit,

$$\mathfrak{P} = X e_1 + Y e_2 + Z e_3$$

und die Vektoren der resultierenden Spannungen, bezogen auf die Flächeneinheit,

$$\mathfrak{P}_1 = X_x\,e_1 + Y_x\,e_2 + Z_x\,e_3,$$
$$\mathfrak{P}_2 = X_y\,e_1 + Y_y\,e_2 + Z_y\,e_3,$$
$$\mathfrak{P}_3 = X_z\,e_1 + Y_z\,e_2 + Z_z\,e_3$$

ein, dann zieht sich das Gleichungssystem in die eine Gleichung zusammen:

$$\mu\,\frac{d\mathfrak{v}}{dt} = \mu\,\mathfrak{P} - \frac{\partial \mathfrak{P}_1}{\partial x} - \frac{\partial \mathfrak{P}_2}{\partial y} - \frac{\partial \mathfrak{P}_3}{\partial z},$$

welche zum unmittelbaren Ausdruck bringt, daß an jeder Stelle des Körpers für ein Volumenelement mit den Kanten e_1, e_2, e_3 die Summe sämtlicher einwirkenden Kräfte verschwinden muß (vgl. V. Fischer, Journ. f. d. reine u. angew. Math. 126, 233—239).

169. *Algebraische Multiplikation.* — Die bisherigen Entwickelungen stehen im Zeichen der äußeren und inneren Multiplikation, und diese beiden Produktarten genügen, um die Bewegung des starren Körpers zu beherrschen. Die Mechanik der deformierbaren Körper verlangt die Einführung einer dritten Multiplikationsart, und das ist die *algebraische Multiplikation extensiver Größen.*

Zwei extensive Größen heißen algebraisch multipliziert, wenn für die Einheiten, aus denen sie abgeleitet sind, das kommutative Gesetz

$$e_i\,e_k = e_k\,e_i$$

für beliebige Werte der Indizes besteht.

Ich will zum Schlusse meiner Vorlesungen noch hierauf kurz eingehen, beschränke aber die Betrachtung auf die algebraische Multiplikation freier Vektoren.

Ich bezeichne das algebraische Produkt der beiden Vektoren $\mathbf{a}$, $\mathbf{b}$ durch $\mathbf{a} \cdot \mathbf{b}$, also unter Zuhilfenahme eines zwischen $\mathbf{a}$ und $\mathbf{b}$ gesetzten Punktes, so daß nunmehr zwischen dem äußeren Produkt $[\mathbf{a}\,\mathbf{b}] = \mathbf{a}\,\mathbf{b}$, dem inneren Produkt $[\mathbf{a}\,|\,\mathbf{b}] = \mathbf{a}\,|\,\mathbf{b}$ und dem algebraischen Produkt $\mathbf{a} \cdot \mathbf{b}$ zu unterscheiden ist.

Nehme ich jetzt die beiden Vektoren in der Darstellung

$$\mathbf{a} = a_1 \mathbf{e}_1 + a_2 \mathbf{e}_2 + a_3 \mathbf{e}_3$$
$$\mathbf{b} = b_1 \mathbf{e}_1 + b_2 \mathbf{e}_2 + b_3 \mathbf{e}_3,$$

so folgt durch algebraische Multiplikation

$$\mathbf{a} \cdot \mathbf{b} = a_1 b_1 \mathbf{e}_1^2 + a_2 b_2 \mathbf{e}_2^2 + a_3 b_3 \mathbf{e}_3^2 + (a_2 b_3 + a_3 b_2)\, \mathbf{e}_2 \cdot \mathbf{e}_3$$
$$+ (a_3 b_1 + a_1 b_3)\, \mathbf{e}_3 \cdot \mathbf{e}_1 + (a_1 b_2 + a_2 b_1)\, \mathbf{e}_1 \cdot \mathbf{e}_2,$$

und hier sind die Produkte der Einheiten $\mathbf{e}_1$, $\mathbf{e}_2$, $\mathbf{e}_3$, nämlich

$$\mathbf{e}_1^2, \quad \mathbf{e}_2^2, \quad \mathbf{e}_3^2, \quad 2\,\mathbf{e}_2 \cdot \mathbf{e}_3, \quad 2\,\mathbf{e}_3 \cdot \mathbf{e}_1, \quad 2\,\mathbf{e}_1 \cdot \mathbf{e}_2,$$

als sechs neue, linear voneinander unabhängige Einheiten aufzufassen. Demnach hängt das algebraische Produkt zweier freier Vektoren von sechs Koordinaten ab, ebenso wie das äußere Produkt zweier Punkte oder der gebundene Vektor. Während aber zwischen den sechs Koordinaten des letzteren die bekannte Linienkoordinatenidentität besteht, sind die sechs Koordinaten des algebraischen Produktes voneinander unabhängig.

170. *Tensor.* — Ich nenne das Produkt $\mathbf{a} \cdot \mathbf{b}$ nach dem Vorgange von J. W. Gibbs und W. Voigt einen *Tensor*[1]) und die skalaren Größen

$$a_1 b_1, \quad a_2 b_2, \quad a_3 b_3, \quad \tfrac{1}{2}(a_2 b_3 + a_3 b_2), \quad \tfrac{1}{2}(a_3 b_1 + a_1 b_3), \quad \tfrac{1}{2}(a_1 b_2 + a_2 b_1)$$

die *Tensorkoordinaten* oder *Tensorkomponenten.*

---

1) Der Name „Tensor" wird von Hamilton in abweichender Bedeutung gebraucht, nämlich um die Länge des Vektors $\mathbf{a}$ zu bezeichnen. Statt dessen habe ich von dem „numerischen Wert" oder auch Betrag des Vektors $\mathbf{a}$ gesprochen.

Der Tensor läßt sich als ein Vektor im Raume von sechs Dimensionen auffassen. Will ich diese Auffassung auch in der Schreibweise zum Ausdruck bringen, dann kann ich das System der Einheiten e_1^2, e_2^2, e_3^2, $2\,e_2 \cdot e_3$, $2\,e_3 \cdot e_1$, $2\,e_1 \cdot e_2$ durch ε_1, ε_2, ε_3, ε_4, ε_5, ε_6 ersetzen und diese Einheiten analogen Bedingungen unterwerfen, wie sie von den Einheiten im R_3 erfüllt werden:

$$[\varepsilon_i \mid \varepsilon_i] = 1, \quad [\varepsilon_i\,\varepsilon_k] = 0 \quad (i,\,k = 0,\,1,\,\ldots\,6, \quad i \gtrless k).$$

Der Tensor hat dann die folgende Darstellung

$$a_1\,b_1\,\varepsilon_1 + a_2\,b_2\,\varepsilon_2 + a_3\,b_3\,\varepsilon_3$$
$$+ \tfrac{1}{2}\,(a_2\,b_3 + a_3\,b_2)\,\varepsilon_4 + \tfrac{1}{2}\,(a_3\,b_1 + a_1\,b_3)\,\varepsilon_5 + \tfrac{1}{2}\,(a_1\,b_2 + a_2\,b_1)\,\varepsilon_6.$$

171. *Deutung des Tensors in der Kinematik der Kontinua.* — Ich betrachte die Zustandsänderung eines elastischen Körpers im Zeitelement. Da die Bewegung des Körpers als eines starren keine elastischen Kräfte hervorruft, will ich von der Translation und Rotation absehen und mich auf die *homogene* Deformation beschränken. Diese ist durch sechs, voneinander unabhängige Größen, die Dehnungen und Gleitungen, bestimmt, welche unter der Voraussetzung, daß die Formänderung und Rotation unendlich klein sei, die Werte annehmen

$$x_x = \frac{\partial u}{\partial x}, \qquad y_z = z_y = \frac{\partial v}{\partial z} + \frac{\partial w}{\partial y},$$
$$y_y = \frac{\partial v}{\partial y}, \qquad z_x = x_z = \frac{\partial w}{\partial x} + \frac{\partial u}{\partial z},$$
$$z_z = \frac{\partial w}{\partial z}, \qquad x_y = y_x = \frac{\partial u}{\partial y} + \frac{\partial v}{\partial x}.$$

Ich kann daher den Tensor als die homogene Deformation des elastischen Körpers deuten. Und in dem Fall, wo die Dehnungen und Gleitungen obige Werte annehmen, läßt sich der Tensor als algebraisches Produkt des Verschiebungsvektors und des Nabla-Operators:

$$\frac{\partial}{\partial x}\,e_1 + \frac{\partial}{\partial y}\,e_2 + \frac{\partial}{\partial z}\,e_3 \cdot u\,e_1 + v\,e_2 + w\,e_3$$

auffassen. Und umgekehrt stellt jedes solches algebraisches Produkt den Deformationstensor bei einer unendlich kleinen

Formänderung des elastischen Körpers dar, die mit einer unendlich kleinen Rotation verbunden ist (vgl. W. Voigt, Göttinger
Nachrichten 1904, 495—513).

172. *Die lineare Vektorfunktion.* — Tensoren treten nicht
bloß in der Elastizitätslehre auf, sie spielen überall da in
der mathematischen Physik eine Rolle, wo lineare Beziehungen
zwischen Vektorfeldern, d. h. lineare Vektorfunktionen auftreten.

Der Vektor $\mathfrak{b} = b_1\,\mathfrak{e}_1 + b_2\,\mathfrak{e}_2 + b_3\,\mathfrak{e}_3$ heißt eine *lineare
Vektorfunktion* des Vektors $\mathfrak{a} = a_1\,\mathfrak{e}_1 + a_2\,\mathfrak{e}_2 + a_3\,\mathfrak{e}_3$, wenn
zwischen ihren Komponenten lineare Beziehungen bestehen
der Form

$$b_1 = b_{11}\,a_1 + b_{12}\,a_2 + b_{13}\,a_3,$$
$$b_2 = b_{21}\,a_1 + b_{22}\,a_2 + b_{23}\,a_3,$$
$$b_3 = b_{31}\,a_1 + b_{32}\,a_2 + b_{33}\,a_3.$$

Ist nun $b_{ik} = b_{ki}$, so läßt sich das Koeffizientensystem der
linearen Vektorfunktion als Komponenten eines Tensors ansehen.
Und ganz allgemein gilt der Stokessche Satz, den ich mich begnüge hier anzuführen, daß sich jede lineare Vektorfunktion
als Summe eines Tensors und eines Vektors darstellen läßt.

Um auch auf eine Verwendung von Tensor und linearer
Vektorfunktion im Gebiete der Elektrizitätslehre hinzuweisen,
sei bemerkt, daß, wie Abraham gefunden, die Beziehung
zwischen Kraft und Beschleunigung in der Dynamik des
Elektrons durch eine lineare Vektorfunktion dargestellt werden
kann, sowie daß die elektromagnetische Masse, das Koeffizientensystem dieser linearen Vektorfunktion, ein Tensor von rota-
torischer Symmetrie ist, dessen Symmetrieachse .durch die
Bewegungsrichtung des Elektrons bestimmt ist.